高等院校卓越计划系列丛书

结 构 力 学

（第Ⅱ册）

陈水福 陈 勇 杨骊先 编著

中国建筑工业出版社

图书在版编目(CIP)数据

结构力学（第Ⅱ册）/陈水福，陈勇，杨骊先编著. —北京：中国建筑工业出版社，2015.10
（高等院校卓越计划系列丛书）
ISBN 978-7-112-18470-5

Ⅰ. ①结… Ⅱ. ①陈… ②陈… ③杨… Ⅲ. ①结构力学-高等学校-教材 Ⅳ. ①O342

中国版本图书馆 CIP 数据核字(2015)第 223482 号

本书根据高等学校力学基础课程教学指导分委员会制订的"结构力学课程教学基本要求"和高等学校土木工程学科专业指导委员会编制的"高等学校土木工程本科指导性专业规范"编撰而成。全书共 14 章，分Ⅰ、Ⅱ两册。第Ⅰ册共 8 章，主要内容包括平面杆件体系的组成方式、静定结构的内力和位移计算、超静定结构的基本分析方法及其应用。第Ⅱ册共 6 章，主要内容包括力矩分配法及其他实用分析法、超静定分析续论，以及矩阵位移法、结构动力、稳定和极限荷载计算等专题。

本书贯彻以读者为中心的宗旨，融入了作者经多年思考和总结的"四多四少"（多图释、少文叙；重逻辑、少推理；增情感、少刻板；重能力、少技巧）的教学思想和理念，具有鲜明的以工科思维为主体并融合部分人性化思想的特色和风格。书中每个章节的逻辑关系均经过精心设计，按照一条主线、几条副线的思路展开，环环相扣，娓娓道来，期望达到专业角度的引人入胜。

本书可作为普通高等学校土木、水利、交通、海洋、航空航天、工程力学等工程学科的结构力学教材，也可供相关专业的工程技术人员参考使用。

责任编辑：赵梦梅
责任设计：张 虹
责任校对：张 颖 赵 颖

高等院校卓越计划系列丛书

结构力学

（第Ⅱ册）

陈水福 陈 勇 杨骊先 编著

＊

中国建筑工业出版社出版、发行（北京西郊百万庄）
各地新华书店、建筑书店经销
北京红光制版公司制版
北京市书林印刷有限公司印刷

＊

开本：787×1092毫米 1/16 印张：15¾ 字数：382千字
2016 年 1 月第一版 2016 年 1 月第一次印刷
定价：**30.00** 元
ISBN 978-7-112-18470-5
(27721)

前　言

　　时代的进步、信息化与全球化的共同推动，促使我们的工作、生活与学习方式不断发生着深刻的变化。反映到教学上，我们的课堂面对面、手把手时间减少了，而学生自主学习、社会实践的机会大大增加了。这一变化无疑对"教"与"学"两方面都提出了更高的要求。然而，教师的满堂灌、学生的教一点学一点的传统习惯似乎并未得到根本改变。就"教"而言，我们的教材尚存在"窄"、"专"、"独"以及应试烙印明显、读者读来无趣等不足，难以适应以学生自主学习为主，面向能力培养的教学要求。另外，课堂、课后、评价方式等也存在很大的提升空间。笔者近年来也一直在揣摩教学特别是教材方面的改进问题，但是要真正落到实处，还确实不是件容易的事。

　　近几年，笔者忙里偷闲读到日本著名推理小说家东野圭吾先生撰写的几本推理小说。其间得知，工科出身的东野先生改行写作后的早期作品并不畅销，但是后来他写作时，注意将看似严密但相对枯燥的推理改为简单的一条逻辑贯穿主线，再充实人性与情感方面的描写，果然就大受读者欢迎。笔者相信，推理小说的创作以及是否受读者欢迎的规律与专业书籍的撰写在很多方面是相通的。

　　去年春节前后，笔者回到家里经常发现当时读小学五年级的儿子拿着好几册厚厚的《明朝那些事儿》读得津津有味。据说这些书讲的多是正史，那么其中必有吸引人的地方能让一个小学生对正史着迷。特地借来拜读了两册，发现确实有一些不同之处：首先是语言亲近、平实，似在讲故事；第二是加入了趣味和情感。而这两个方面应该是任何一个读者都不会抵触的。

　　十年前，拜读过一册日本学者和泉正哲教授撰写的《建筑结构力学》。书中大量概念清晰、通俗易懂的关于作用力及弯、剪、扭变形的卡通式图片和形象化图形，给笔者留下了深刻的印象。这些图片不仅大大增加了读者的兴趣，也使得原本显得深奥、枯燥的理论变得简单易懂。这从一个侧面说明，力学教材是可以做到让看似枯燥乏味的力学知识变得有趣易懂的。

　　对于人性和情感问题，结构力学属于自然科学，它与情感有关联吗？笔者认为答案是肯定的。当然，这种情感应该是一种拟人的"情感"，是与人类社会或社会普遍规则相互沟通时所表现出的一种共性的表述。例如，人类早期自给自足时代的状况更接近于自然界中的静定结构，他们必须依靠个体或小部落独立抵御外部环境影响，独立维持生计及稳定、平衡。而当今的社会更类似于一个紧密依存、相互约束的超静定结构。超静定结构在外力作用下的内力分布严格遵循刚度大分担内力就大的"能者多劳"规律，否则结构就不能维持平衡或保持协调。这和人类社会所遵循或追求的"能者多劳"规则是一致的，否则社会就很难达到稳定与和谐。结构力学中还有很多概念，例如"自由度"、"约束"、"频率"、"承载力"等等，与社会学中的相应概念都有许多共通之处。因此在结构力学教学与教材中，如果能从这些共性之处出发，对一些力学概念按照人们的生活常识加以类比解释，或许是一个让读者更易接受和理解的方式。

本书就是在上面的一些思考，并逐渐勾画出书本的整体风格和特色后开始撰写的。

撰写过程中，尝试将下面的一些理念和特点贯穿到整本书的每个章节：

1. 多图释，少文叙。能够用图形加以解释、阐明的，尽量用插图、图解等说明；而相应的文字叙述就尽可能简化，明了即可。整体语言方面，讲究简练、直接、平实，与读者亲近，避免居高临下，但又不失严谨。

2. 重逻辑，少推理。注重前后文的逻辑关系，对能够根据生活常识或专业常识就可以讲清的概念、原理，就直接按照简单逻辑关系阐明，避免一开始就采用冗长或绕弯的层层推理予以叙述或论证；一些不必细述的推导、验证工作留给读者自主完成或结合参考书完成。

3. 增情感，少刻板。对一些关键知识点和转折点，设计构思部分拟人化、形象化的卡通式图片，使得相关叙述既富有情感，又蕴含力学概念和哲理，减少刻板，加深读者的印象，增进读者的兴趣。

4. 重能力，少技巧。注重对结构概念的阐述和对读者能力的培养，将概念分析与方法运用及归纳、延伸有机地结合起来；强调分析方法的普遍性、规律性及其内在关联性，而非带有一定偶然的技巧性。鉴于计算机分析方法的普遍应用，对一些偏重于技巧但缺乏规律性的方法尽量不讲或少讲。

在此书稿即将出版之际，特别感谢另两位作者杨骊先和陈勇的通力合作与辛勤付出。还要感谢妻子丁继青和儿子陈丁亮的支持。创作期间，冥思苦想之中突然出现的一些创意会第一时间与他们分享、交流，其中的一些卡通式图片会首先让儿子阅读，他也很乐意给出自己的理解或诠释。今年是笔者从教、也是从事结构力学教学的第二十个年头，也将此书作为献给自己和献给读者的一份礼物。希望读者能分享自己二十年来逐渐积累的一些体会和感悟，并对你们有用或能产生更新的思维与拓展，也希望大家提出宝贵的意见和建议。

陈水福

2014 年 10 月

E-mail：csf@zju.edu.cn

本书特色及简介

本书内容涵盖高等学校力学基础课程教学指导分委员会制订的"结构力学课程教学基本要求"和高等学校土木工程学科专业指导委员会编制的"高等学校土木工程本科指导性专业规范"所规定的全部教学内容和相应知识点。第Ⅱ册撰写时延续第Ⅰ册的特点，力求全面贯彻以读者为中心的教学宗旨，融入作者经多年思考和总结的"四多四少"（多图释、少文叙；重逻辑、少推理；增情感、少刻板；重能力、少技巧）的教学理念，努力形成鲜明的以工科思维为主体并融合部分人性化思想的特色和风格。

在第Ⅱ册中，这些特色和风格的主要体现如下：

1. 对各章节的逻辑关系进行了重新优化，通常按照一条主线、几条副线的思路展开，环环相扣，娓娓道来，期望达到专业角度的引人入胜。

2. 注重对读者解决问题能力的培养。强调分析方法的普遍性和规律性，而非带有一定偶然的技巧性；引导读者在分类、分步、分层完成力学分析的同时，注意培养他们对分析方法、受力特性等进行归纳、总结和实际应用的能力。

3. 在一些关键知识点及内容转折点之处，设计构思了部分形象化、拟人化的卡通式图片。通过对概念、原理的生动诠释，帮助读者更直观、形象地完成认知和理解；或者结合工程案例用幽默、诙谐的方式提出问题，引导读者带着问题快速进入新内容的角色中。

4. 在力学原理和分析方法的表述方面，增加了通过拟人化手法对结构的力学行为进行直观、形象及人性化诠释的内容，以帮助读者更好地掌握原理与方法的内在机理及本质所在。

5. 对各专业名词的定义或解释均力求在一定背景之下作出，并且尽可能地给出之所以如此命名的直观缘由或逻辑关系，而非简单地下定义或逐条列出名词解释。

6. 在保持自身特色的同时，充分吸收了美、欧、日等一些发达国家先进教材的优点，例如丰富的图像表现，配有完整图题和二级标题的插图方式的运用，对结构简图的来由、背景、应用等的必要交代，与工程实际的紧密结合，类型多样的例题、习题等。

7. 根据认知的规律性及面向能力培养的目标，对各章习题作出了层次化和精细化的设计与编排。除了安排必要的思考题外，将每章的习题从易到难分为三个层次：分析与运用题、归纳与综合题、拓展与探究题。其中前者属于直接运用相关概念、方法，或稍加分析、判断后便可解决的问题；第二类属于需对前后知识进行归纳、综合，再加以应用的题目；后者属于要对相关概念、方法进行延伸、扩展，或具有一定探索性和研究性的习题与小课题，其中有的题目具有一定难度，有的则需要读者自身体验或结合工程实践，或通过小组合作才能更好地完成。各习题序号中未加标记的属于分析与运用题，序号后加"∗"

的属于归纳与综合题，序号后加"∗∗"的属于拓展与探究题。

8. 为使教材更具逻辑性、可读性和深入性，本书第Ⅱ册在各章节的内容安排和陈述方式上作出了以下全新的改进：

（1）将力矩分配法与剪力分配法的应用范围从逻辑关系上予以统一，前者用于无结点线位移或虽有此位移但可不作为基本未知量的梁和刚架结构，后者用于无结点转角或虽有此转角但可不作为基本未知量的刚架结构；同时将两种方法的计算原理及分析步骤也统一起来。

（2）将有剪力的力矩分配与无剪力的力矩分配从原理、方法及计算步骤上予以统一。

（3）对于刚性横梁在各跨间未完全贯通的多跨多层刚架，提出了一种与多结点力矩分配法相类似的多结点剪力分配渐近算法。

（4）从工程结构是如何支承和传递荷载这一基本概念出发，对超静定结构的承载方式和受力特性进行了新的更为直观形象的诠释与总结，例如"协同"、"分担"、"能者多劳"等更具人性化思想的概念的运用及相关结论的归纳等。

（5）就超静定结构的内力校核问题，提出了先作定性校核、再作定量校核的建议，并给出了具体的方法和路径，同时将定性校核与结构的定性分析联系起来。

（6）对荷载的传力路径作出了更为合理、明确的解释和定义，并总结了如何依据传力路径进行超静定结构定性分析的实用方法。

（7）对超静定结构的定性分析或称概念分析作出了更为具体、直观的阐述，总结了几种简便实用的定性分析方法，并加以实际应用。

（8）通过对超静定结构内力变化规律的分析，将工程结构抵御荷载及其他外部作用的措施简单归纳为两类：一是"抗"，二是"放"，并加以对比和应用。

（9）直接采用功的互等定理建立起超静定结构影响线的比拟作法，显示出了更为简单、实用的特点。

（10）在结构的矩阵位移法分析中，将直接按照元素的物理意义确定整体刚度元素和整体等效结点荷载元素的方法从原理和算法上统一起来，称之为结点平衡法，并与计算机分析中的单元集成法形成对比，同时作为后者的一个局部校核方法。

（11）在用能量法进行稳定计算的阐述中，将基于势能驻值原理的变分问题直接转化为对独立位移参量的微分计算问题，并给出了统一的可直接操作的势能驻值方程，从而建立起一个具有明确物理含义和具体列式，且对有限和无限自由度体系均适用的统一算法。

全书共 14 章，分Ⅰ、Ⅱ两册，此为第Ⅱ册。第Ⅱ册共 6 章，主要内容包括力矩分配法和超静定结构的其他实用分析方法、超静定分析续论，以及矩阵位移法、结构动力计算、稳定计算和极限荷载等专题。

第Ⅱ册的第 9、10、13、14 章由陈水福撰写，第 11 章由陈勇和杨骊先共同撰写，第12 章由陈勇和陈水福共同撰写。书中带人物的卡通式图片由陈水福构思设计，图中涉及的人物由研究生吴晶晶绘制，杨骊先作了校核和部分修改。研究生沈言帮助绘制了书中的部分插图，并计算和校核了一部分例题和习题，研究生史卓然、夏俞超等帮助完成了部分习题的计算和核对工作。全书由陈水福统稿，优化了各章节的逻辑关系，统一了文字表述和插图方式，修改和补充了部分例题和习题。

　　本书的撰写和出版得到了浙江大学建筑工程学院的专项资助和中国建筑工业出版社的大力支持，在此表示诚挚的感谢。

　　限于作者水平，书中一定存在许多不足之处，敬请读者批评指正。

作　者

2015 年 3 月

主要符号表

A	面积
a	振幅（单自由度）
C	弯矩传递系数、广义阻尼系数
$\boldsymbol{C}$	阻尼矩阵
c	支座位移、黏滞阻尼系数
c_r	临界阻尼系数
d	节间长度
E	弹性模量
F	动力荷载、荷载幅值
$\boldsymbol{F}$	结点力向量、荷载幅值向量
F_D	阻尼力
$\overline{\boldsymbol{F}}^e$	局部坐标系下的单元杆端力向量
$\boldsymbol{F}^e$	整体坐标系下的单元杆端力向量
F_H	水平推力
F_I	惯性力
F_N	轴力
F_P	集中荷载
$\boldsymbol{F_P}$	荷载引起的固端力向量
F_Q	剪力
F_Q^D	分配剪力
F_Q^F	固端剪力
F_{Pcr}	临界荷载
F_{Pe}	欧拉临界荷载
F_P^+	可破坏荷载
F_P^-	可接受荷载
F_{Pu}	极限荷载
F_R	支座反力
F_x	x 方向（水平向）分力
F_y	y 方向（竖向）分力、弹性恢复力
f	矢高、工程频率

G	剪切模量
I	截面惯性矩、惯性力幅值
$\mathbf{I}$	单位矩阵
i	弯曲线刚度
K	整体刚度系数、临界荷载系数
$\mathbf{K}$	整体刚度矩阵、结构刚度矩阵
$\mathbf{K}^e$	单元贡献矩阵
k	刚度系数、抗力影响系数、剪应力分布不均匀系数
$\overline{\mathbf{k}}^e$	局部坐标系下的单元刚度矩阵
$\mathbf{k}^e$	整体坐标系下的单元刚度矩阵
M	力矩、力偶矩、弯矩、广义质量
$\mathbf{M}$	结构质量矩阵
M^F	固端弯矩
M_s	弹性极限弯矩、屈服弯矩
M_u	塑性极限弯矩、极限弯矩
m	质量
$\overline{m}$	单位杆长的质量
$\mathbf{P}$	整体结点荷载向量、整体等效结点荷载向量
$\mathbf{P}^e$	单元等效结点荷载贡献向量
$\mathbf{p}$	单元等效结点荷载向量
q	均布荷载集度、三角形分布荷载最大集度
R	半径
S	转动刚度、冲量
$\mathbf{S}$	整体几何刚度矩阵
s	弧长、单元几何刚度元素
$\mathbf{s}$	单元几何刚度矩阵
T	周期、动能
$\mathbf{T}$	坐标变换矩阵
t	时间、温度
$\mathbf{t}$	坐标变换子矩阵
U	应变能
u	x 方向位移、轴向位移
V	势能
v	y 方向位移、速度
W	功、重量、弹性截面模量
W_s	塑性截面模量

Y	位移幅值、振型分量值
X	多余未知力
$\boldsymbol{Y}$	位移幅值向量、主振型向量、主振型矩阵
y	位移、位移函数
y_{st}	静位移
$\boldsymbol{y}$	质点位移向量
Z	影响线量值、未知结点位移
α	材料线膨胀系数、初始相位角、方位角、截面形状系数
β	动力系数
Δ	广义位移、结点位移分量
$\boldsymbol{\Delta}$	结点位移向量
$\boldsymbol{\Delta}_{P}$	荷载引起的结点位移向量
$\overline{\boldsymbol{\Delta}}^{e}$	局部坐标系下的单元杆端位移向量
$\boldsymbol{\Delta}^{e}$	整体坐标系下的单元杆端位移向量
δ	柔度系数、位移影响系数
$\boldsymbol{\delta}$	柔度矩阵
ε	轴向应变（正应变）
ε_{s}	屈服应变
γ	平均剪应变、容重
η	正则坐标、临界荷载修正系数
φ	截面倾角、弦转角、形状函数
λ	单元定位向量元素、特征根、长细比
$\boldsymbol{\lambda}$	单元定位向量
κ	曲率
μ	分配系数、计算长度系数
Π	总势能
θ	截面转角、荷载频率
ρ	材料密度
σ_{b}	强度极限
σ_{s}	屈服应力
σ_{u}	极限应力
ω	自振圆频率
ξ	阻尼比

目　录

第9章 力矩分配法及其他实用分析法

第7章和第8章讨论了力法和位移法的基本原理及其在各类超静定结构中的应用。从这些分析中看到，力法和位移法是通过求解关于基本未知量的方程并做叠加计算获得结构的内力解答的。作为基本解法，力法和位移法的最大优点是其通用性和统一性。但是，若从手算或定性分析的角度看，这两种方法的计算较为繁琐，而且最后内力是通过基本未知量间接得到的，在受力概念上有时显得并不那么直观。本章将介绍由这两种方法演变而来的其他一些实用分析方法，包括**力矩分配法**、**剪力分配法**、**力矩分配法与位移法的联合**、**力法与位移法的联合**（即**混合法**）等。这些方法有的受力概念更为直接明了，且可避免求解基本方程；有的虽需求解方程，但方程数目明显减少，表现出了直观、简便和实用的特点。

9-1 力矩分配法

9-1-1 概念和原理

前已述及，工程结构是支承和传递荷载的骨架体系。在静定结构中，这种支承和传递主要表现为"独立和单向"（参见4-4节）；而在超静定结构中则有所不同，此时更多地表现为一种"协同"，即"协调和共同分担"。例如图9-1a所示的无侧移刚架，根据结点A的力矩平衡，作用于该结点的外力偶M必由汇交于此的三个杆端共同承担（图9-1b）。那么，三者该如何分担呢？结论是需要达成变形协调，而利用位移法容易验证，满足变形协调的分担原则是"能者多劳"，即各杆端所分担的力矩大小与杆件在该端抵抗转动的能力成正比。这种抵抗能力就是第6-7节所述的抗力影响系数或称刚度系数，这里是为了抵抗杆端转动，故称之为**转动刚度系数**，简称**转动刚度**，用S表示，例如AB杆在A端的转动刚度可记为S_{AB}。

图9-2给出了四种不同支承情况的等截面直杆在A端的转动刚度，其中前三种

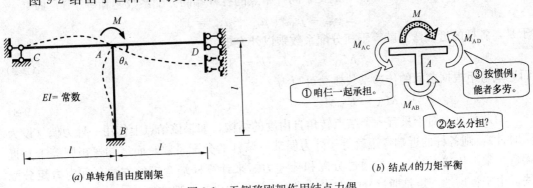

(a) 单转角自由度刚架   (b) 结点A的力矩平衡

图9-1 无侧移刚架作用结点力偶

1

（图 9-2a、b、c）的值很容易由形常数表 7-1 获得，而第四种（图 9-2d）的微小转动并未受到 B 端轴向约束的限制，故其转动刚度为零。通常我们将杆件中主动发生转角的一端称为**近端**（图中 A 端），而另一端称为**远端**（图中 B 端）。显然，当近端发生转动时，远端一般也会产生弯矩，这就像是将近端的弯矩按一定比例传递给了远端，因此把远端与近端的弯矩之比称为近端向远端的**传递系数**，而远端的弯矩又称为**传递弯矩**。杆件 AB 由 A 向 B 的传递系数一般用 C_{AB} 表示，图 9-2 中已标出各杆件的远端弯矩和传递系数。由图可见，等截面直杆的转动刚度与杆件的线刚度 i 及远端的支承情况有关；而传递系数只与远端的支承情况有关。

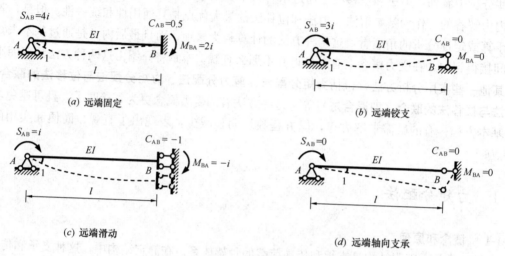

(a) 远端固定 (b) 远端铰支

(c) 远端滑动 (d) 远端轴向支承

图 9-2 等截面直杆的转动刚度和传递系数

回过头来讨论图 9-1a 的刚架，它属于只有一个结点转角自由度的结构。因结点 A 没有线位移，故三杆的受力方式与图 9-2a、b、c 的情况完全一致。这样，依据"能者多劳"的原则，就可以直接按照三杆转动刚度的相对大小，确定出各杆端所需分担的力矩的比例系数，即

$$\mu_{Ak} = \frac{S_{Ak}}{\Sigma S_{Aj}} \quad (k、j = B、C、\cdots) \tag{9-1}$$

式中 ΣS_{Aj} 表示汇交于 A 点的各杆端的转动刚度之和。上述对外力矩的分担也可看成是将该力矩按上面的比例系数直接分配给三个杆端，故该比例系数又称为各杆在近端的**力矩分配系数**，简称**分配系数**。显然，汇交于同一结点的各杆端的分配系数之和等于 1，即

$$\Sigma \mu_{Aj} = \mu_{AB} + \mu_{AC} + \mu_{AD} = 1$$

于是，各杆的近端弯矩就等于其分配系数乘以外力矩：

$$M_{Ak} = \mu_{Ak} M \quad (k = B、C、\cdots) \tag{9-2}$$

而远端弯矩根据前面的传递系数概念可写为

$$M_{kA} = C_{Ak} M_{Ak} = C_{Ak} \mu_{Ak} M \quad (k = B、C、\cdots) \tag{9-3}$$

由此可见，对于只有一个结点转角自由度的结构，如果该结点上作用一外力偶（设为顺时针），则各杆的近端弯矩就等于外力偶乘以该杆的分配系数，而远端弯矩则等于其近端弯矩乘以传递系数。这种通过分配和传递力矩来计算杆端弯矩的方法，称为**力矩分配法**。由于各近端弯矩是通过分配方式得到的，故又称之为**分配弯矩**。

实际上，图 9-1a 刚架若采用位移法计算，则根据刚结点 A 三个杆端均有相同的转角这一协调条件，可知刚架只有一个结点角位移未知量 θ_A。由此容易作出基本结构在 $\theta_A = 1$ 作用下的弯矩 $\overline{M}_1$ 图，如图 9-3a 所示；而基本结构在外力偶 M 单独作用下只有附加刚臂上有约束力矩，各杆 $M_P = 0$。于是，由位移法典型方程容易求得结点角位移为

$$\theta_A = \frac{M}{S_{AB} + S_{AC} + S_{AD}} = \frac{M}{\sum S_{Aj}}$$

因 $M_P = 0$，故将 $\overline{M}_1$ 图中的杆端弯矩乘上 θ_A 即得各杆端的最终弯矩，显然该弯矩表达式与式（9-2）、（9-3）完全相同，这就证明了力矩分配法的正确性。刚架的最终弯矩图如图 9-3b 所示。

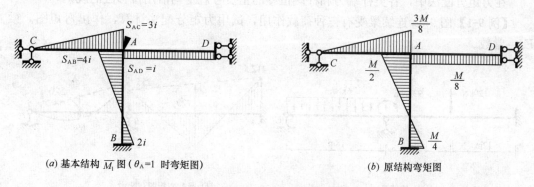

(a) 基本结构 $\overline{M}_1$ 图（$\theta_A = 1$ 时弯矩图）   (b) 原结构弯矩图

图 9-3　刚架内力的位移法验证

如果图 9-1a 的刚架承受一般荷载（图 9-4a），那么利用位移法基本结构可将其转化为

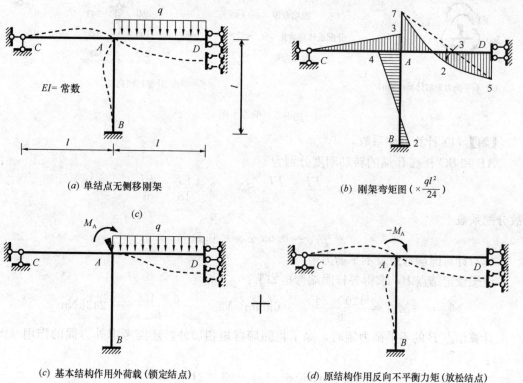

(a) 单结点无侧移刚架

(b) 刚架弯矩图（$\times \dfrac{ql^2}{24}$）

(c) 基本结构作用外荷载（锁定结点）

(d) 原结构作用反向不平衡力矩（放松结点）

图 9-4　无侧移刚架作用一般荷载

图 9-4c、d 两步的叠加，其中第一步是附加刚臂，这样在荷载作用下刚臂上会产生约束力矩，而原结构并无此力矩，故又称之为**不平衡力矩**，用 M_A 表示，并以顺时针方向为正，显然它就等于结点 A 各杆端的固端弯矩之代数和；第二步是将上一步添加的刚臂放松，这就相当于将反向的不平衡力矩（又称**平衡力矩**）施加于原结构的结点 A 上。以上两步可简称为**锁定结点**和**放松结点**，而后一步便可按前面的分配和传递算法完成计算。

经过上述两步计算，结构各杆端的最后弯矩就等于第一步的固端弯矩加上第二步的分配或传递弯矩，由此绘出结构的最后弯矩图如图 9-4b 所示。对于这种单个结点的情况，两步计算完成后，各结点弯矩已完全平衡，故此时的力矩分配法是一种精确算法。

在力矩分配法中，各类杆端力和杆端位移的正负号规定均沿用位移法的规则。

【例 9-1】 图 9-5a 连续梁受有三种荷载作用，试用力矩分配法计算，作出弯矩图。梁 $EI=$ 常数。

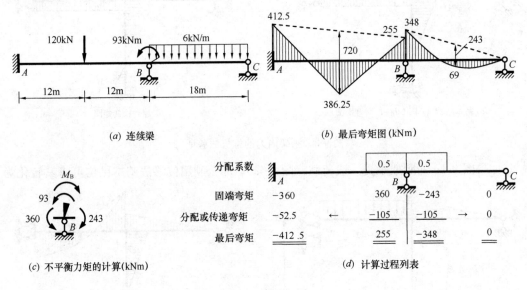

图 9-5　例 9-1 图

【解】（1）计算分配系数

AB 和 BC 杆在 B 端的转动刚度分别为

$$S_{BA} = 4 \times \frac{EI}{24} = \frac{EI}{6}, \quad S_{BC} = 3 \times \frac{EI}{18} = \frac{EI}{6}$$

故分配系数

$$\mu_{BA} = 0.5, \quad \mu_{BC} = 0.5$$

（2）计算固端弯矩及不平衡力矩

设想锁定结点 B，求得各杆固端弯矩如下：

$$M_{BA}^F = -M_{AB}^F = \frac{120 \times 24}{8} = 360 \text{kNm}, \quad M_{BC}^F = -\frac{6 \times 18^2}{8} = -243 \text{kNm}$$

计算结点 B 的不平衡力矩时，除了将固端弯矩相加外，还需考虑外力偶的作用（图 9-5c）：

$$M_B = (360 - 243) + 93 = 210 \text{kNm}$$

（3）分配和传递计算

为清晰起见，具体计算过程通常在计算简图上用列表方式给出，如图 9-5d 所示。

（4）结构的最后弯矩图如图 9-5b 所示。

9-1-2　多个结点的力矩分配

对于具有多个刚结点又无结点线位移未知量的结构（例如连续梁和无侧移刚架），只要依次对每个结点使用上述单结点的基本运算，也可完成各杆端弯矩的计算。

现以图 9-6a 所示的连续梁为例阐述其具体做法：

（1）同时锁定各个刚结点，求出固端弯矩和各结点的不平衡力矩，这里结点 B、C 的不平衡力矩分别记为 M_B、M_C（图 9-6b）；

（2）每次放松一个结点，例如先放松结点 B（图 9-6c），并对平衡力矩（$-M_B$）进行分配和传递，此时结点 C 上会产生新传递来的不平衡力矩，将其与 M_C 合并后记为 M_C'；

（3）接着放松结点 C（图 9-6d），此时应重新锁定结点 B，然后对（$-M_C'$）进行分配和传递。这样就完成了一个轮次的力矩分配计算，此轮结束后会在结点 B 上产生剩余的不平衡力矩 M_B'（图 9-6d）；

（4）对 M_B' 及后续的 M_C' 重复上述过程，直至残余的不平衡力矩可忽略不计为止。结构的最后弯矩就等于其固端弯矩加上同一杆端各轮的分配或传递弯矩。

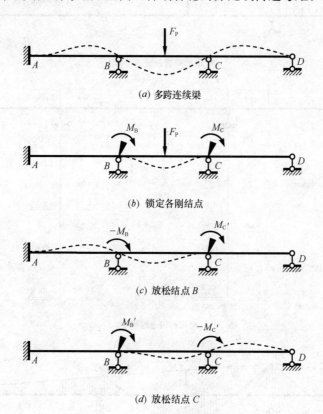

(a) 多跨连续梁

(b) 锁定各刚结点

(c) 放松结点 B

(d) 放松结点 C

图 9-6　多结点力矩分配图解

【例 9-2】用力矩分配法计算图 9-7a 所示带伸臂的三跨连续梁，并作出弯矩图。梁各跨的相对线刚度已标于图中。

【解】该连续梁右边有一伸臂段 DE，是静定的。根据静力等效原则可解除伸臂段，得到等效的三跨连续梁如图 9-7b 所示。以下对该等效梁进行分析。

（1）分配系数

结点 B 两个杆端的转动刚度相对值为：

$$S_{BA} = 4i_{AB} = 4 \times 2 = 8$$
$$S_{BC} = 4i_{BC} = 4 \times 3 = 12$$

故分配系数为

$$\mu_{BA} = \frac{S_{BA}}{S_{BA} + S_{BC}} = \frac{8}{8+12} = 0.4, \ \mu_{BC} = 0.6$$

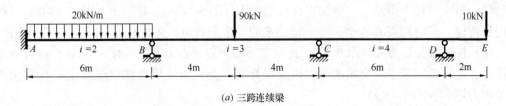

(a) 三跨连续梁

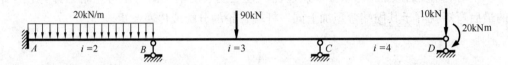

(b) 解除伸臂段的等效梁

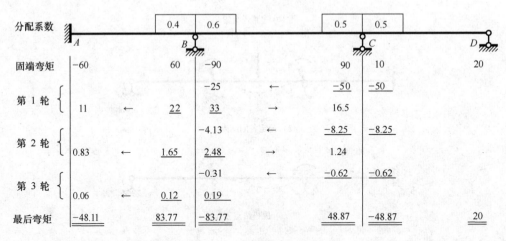

(c) 分配和传递过程

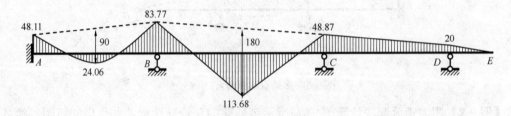

(d) 最终弯矩图（kNm）

图 9-7 例 9-2 图

6

同理可求得结点 C 两个杆端的分配系数如下：

$$\mu_{CB} = 0.5,\ \mu_{CD} = 0.5$$

上述分配系数已标于图 9-7c 的第一行中。

（2）固端弯矩

同时锁定结点 B 和 C，利用载常数表 7-2 可求得各杆件的固端弯矩如下：

$$M_{BA}^F = -M_{AB}^F = \frac{20 \times 6^2}{12} = 60\text{kNm}$$

$$M_{CB}^F = -M_{BC}^F = \frac{90 \times 8}{8} = 90\text{kNm}$$

$$M_{CD}^F = \frac{1}{2} \times 20 = 10\text{kNm}$$

这里 CD 杆 C 端的弯矩可由传递系数的概念算得。这些固端弯矩已标于图 9-7c 的第二行中。

（3）分配和传递

各轮分配和传递的计算过程如图 9-7c 所示。因结点 C 的不平衡力矩的绝对值 $M_C = 90 + 10 = 100$kNm 大于结点 B 的绝对值 30kNm，故首先放松结点 C。各轮计算中，一旦某结点上的不平衡力矩已经得到分配和传递，则在分配弯矩之下画一横线，表明此前弯矩已经平衡，此后只需考虑新传递来的弯矩。

（4）最终弯矩

本例完成三轮计算后，残余的不平衡力矩与初始不平衡力矩相比已非常小，故计算到此结束。将三轮的分配或传递弯矩与固端弯矩相加，即得各杆端的最终弯矩。在该弯矩下画两道横线表示结构已最终平衡。结构的最后弯矩图如图 9-7d 所示。

（5）讨论

对于伸臂段 DE，本例采用了依据静力等效关系将其解除，再对余下部分进行分析的方法。如果不解除 DE 段，则可采用以下的处理方法：先同时锁定 B、C、D 三个结点，求出固端弯矩和不平衡力矩，其中 $M_C = 90$kNm，$M_D = -20$kNm；再同时放松 B、D 两个结点，并完成分配和传递，因不相邻的两个结点的分配和传递并不相互影响，故总是可以同时放松。此后计算中，不再锁定结点 D，这样对于 CD 杆，远端 D 相当于铰支端，故应按一端固定一端铰支的形式计算其转动刚度和分配系数。读者可依此方法完成计算，并与前一方法比较。

【例 9-3】用力矩分配法计算图 9-8a 所示对称刚架，并作弯矩图。各杆 $E =$ 常数。

【解】该刚架为一对称刚架，且受正对称荷载作用，故可取出半边结构如图 9-8b 所示。此半边结构为无侧移刚架，可采用力矩分配法计算。

（1）分配系数

对于图 9-8b 的半边结构，结点 B 三个杆端的转动刚度相对值分别为

$$S_{BA} = 3i_{BA} = 3 \times \frac{8I}{6} = 4I,\ S_{BC} = 4i_{BC} = 4I,\ S_{BE} = 4i_{BE} = 2I$$

由此求得分配系数如下：

$$\mu_{BA} = 0.4,\ \mu_{BC} = 0.4,\ \mu_{BE} = 0.2$$

同理可求得结点 C 各杆端的转动刚度和分配系数为：

$$S_{CB} = 4i_{BC} = 4I,\ S_{CD} = i_{CD} = \frac{8I}{4} = 2I,\ S_{CF} = 4i_{CF} = 2I$$

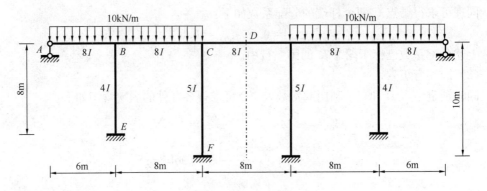

(a) 对称刚架作用对称荷载

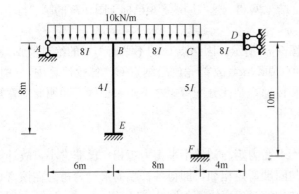

(b) 半边刚架

图 9-8　例 9-3 刚架及半边结构

$$\mu_{CB} = 0.5, \ \mu_{CD} = 0.25, \ \mu_{CF} = 0.25$$

（2）固端弯矩

$$M_{BA}^F = \frac{ql^2}{8} = \frac{10 \times 6^2}{8} = 45\text{kNm},$$

$$M_{CB}^F = -M_{BC}^F = \frac{ql^2}{12} = \frac{10 \times 8^2}{12} = 53.3\text{kNm}$$

（3）分配和传递

半边结构的分配和传递计算过程列于图 9-9a 中。因结点 C 的初始不平衡力矩较大，故先放松该结点；本例经两轮计算，即获得了较满意的结果。

（4）根据对称性，作出原结构的最终弯矩图如图 9-9b 所示。

从以上分析可见，对于多个结点的情况，力矩分配法属于位移法的一种**渐近方法**。它具有收敛快、精度高等特点，对于一般结构，通常经过 2 到 3 轮的计算就可得到满意的结果。

上面讨论的都是荷载作用的情况。如果连续梁和无侧移刚架承受支座移动、温度改变等外部作用，那么锁定各刚结点后，可查形常数和载常数表得到由这些外因引起的固端弯矩和不平衡力矩，而之后的分配和传递计算与荷载作用时完全相同，不再赘述。读者可结合书后习题完成这类问题的分析。

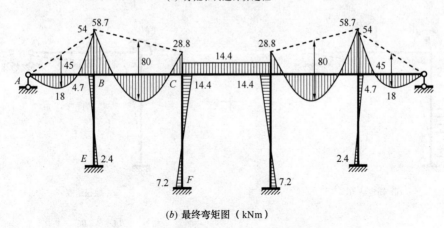

$$
\begin{array}{cccccc}
BA & BE & BC & CB & CF & CD \\
0.4 & 0.2 & 0.4 & 0.5 & 0.25 & 0.25
\end{array}
$$

A   B   C   D

BA	BE	BC		CB	CF	CD	
45		−53.3		53.3			
		−13.3	←	−26.7	−13.3	−13.3	→ 13.3
8.6	4.4	8.6	→	4.3			
		−1.1		−2.1	−1.1	−1.1	→ 1.1
0.4	0.3	0.4					
54.0	4.7	−58.7		28.8	−14.4	−14.4	14.4
	↓				↓		
	2.2				−6.7		
	0.2				−0.5		
	2.4 E				−7.2		

F

(a) 分配和传递计算过程

(b) 最终弯矩图（kNm）

图 9-9　例 9-3 计算过程与最终弯矩图

9-2　力矩分配法的拓展应用

9-2-1　无剪力力矩分配

力矩分配法是通过分配和传递外力矩获得杆端弯矩的。因此，如果将结构中的所有刚结点锁定后，各杆都转化为图 9-2 所列的几类杆件或与之等价的杆件，那么就可以直接采用该方法计算。实际上，图 9-2 中的杆件可归为两类：一是**两端无相对线位移之杆**（图 9-2a、b），这里所说的相对线位移是指垂直于杆轴的位移或称相对横向位移；二是有相对线位移但剪力可由静力平衡条件确定的杆件，简称**剪力静定杆**（图 9-2c、d）。有些刚架虽具有未知的结点线位移，但是所有杆件都归为这两类杆件，那么仍可直接运用力矩分配法

9

计算。

例如图 9-10a 所示刚架，结点 B 的转角 θ_B 和水平线位移 Δ 均为未知，但 BC 杆两端无相对线位移，而 AB 杆虽有相对线位移，但属剪力静定杆。这样，只要锁定结点 B 的转角，则 AB 杆就等价于下端固定上端滑动的杆件，其固端弯矩及转动刚度、传递系数均可按此类杆件方便地求得，参见图 9-10e（第 I 册例 8-21 中已论及此类杆件）；而位移 Δ 对 BC 杆来说属于刚体位移，并不影响其受力。于是，对这类结构照样可按力矩分配法"先锁定再放松"的一般步骤进行计算（图 9-10c、d）。当然这里仅锁定结点转角，而不固定

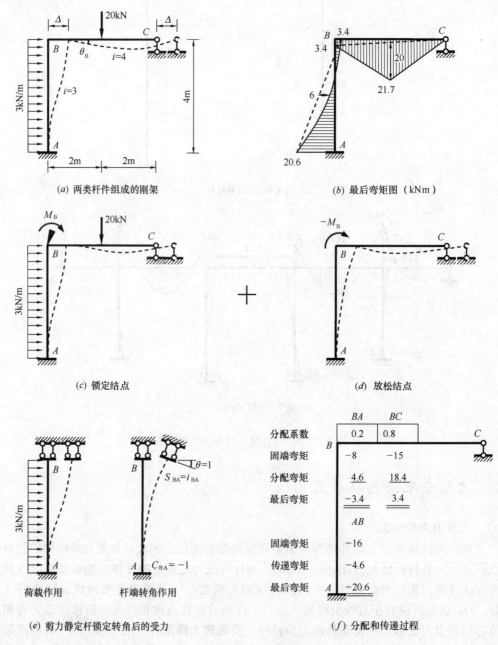

(a) 两类杆件组成的刚架　　　　　　　　(b) 最后弯矩图（kNm）

(c) 锁定结点　　　　　　　　　　　　(d) 放松结点

(e) 剪力静定杆锁定转角后的受力　　　　　(f) 分配和传递过程

图 9-10　无剪力力矩分配示例

结点线位移。

该刚架两杆件的转动刚度相对值、传递系数、分配系数和固端弯矩如下（参见图 9-10c）：

$$S_{BA} = i_{AB} = 3, \ S_{BC} = 3i_{BC} = 12; \ C_{BA} = -1, \ C_{BC} = 0$$

$$\mu_{BA} = \frac{3}{15} = 0.2, \ \mu_{BC} = \frac{12}{15} = 0.8$$

$$M_{AB}^F = -\frac{3 \times 4^2}{3} = -16 \text{kNm}, \ M_{BA}^F = -\frac{3 \times 4^2}{6} = -8 \text{kNm}$$

$$M_{BC}^F = -\frac{3 \times 20 \times 4}{16} = -15 \text{kNm}$$

力矩分配的具体计算过程如图 9-10f。在第二步放松结点、进行分配和传递的过程中，剪力静定杆 AB 始终处于无剪力状态，故这种力矩分配又称为**无剪力力矩分配**。求得杆端弯矩后，利用区段叠加法可绘出此刚架的最终弯矩图，如图 9-10b 所示。

【例 9-4】图 9-11a 所示刚架受水平结点荷载的作用，试采用合适的方法计算，作出弯矩图。

【解】此为对称刚架承受一般荷载的情况。为简化计算，将荷载分解为一组正对称和

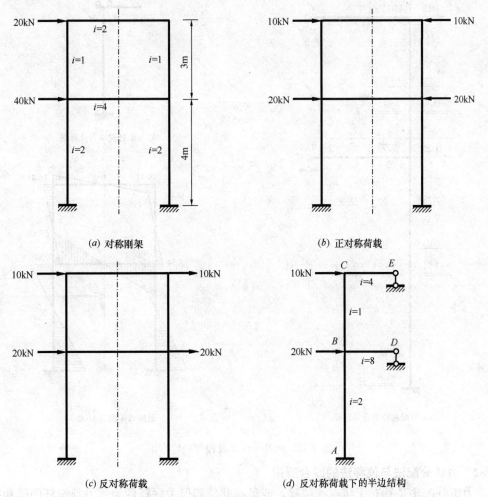

(a) 对称刚架

(b) 正对称荷载

(c) 反对称荷载

(d) 反对称荷载下的半边结构

图 9-11　例 9-4 刚架及半边结构

一组反对称的叠加（图 9-11b、c），其中前者在忽略轴向变形的条件下并无弯矩，故无需计算就可获得内力，显然其上、下横杆的轴力分别为 $-10kN$、$-20kN$；后者则可取出半边结构分析，如图 9-11d 所示。该半边结构只包含此前提到的两类杆件，故可实施无剪力的力矩分配计算。

该半边结构两个结点的分配系数和各杆件的固端弯矩已列于图 9-12a 中。需注意的是，在计算剪力静定杆的固端弯矩时，应将滑动端的剪力视为作用于该端的集中荷载，这是因为刚架各结点的水平位移并未被约束住，故上层的水平荷载将传至以下各层，例如对 AB 杆，其固端力的计算应按图 9-12b 进行。具体计算时，先放松结点 B，得到三个杆端的分配弯矩，对立柱再往上和下分别传至结点 C 和结点 A；然后锁定结点 B、放松结点 C，求得分配弯矩后再回传至结点 B，这样就完成了一轮计算。这里共进行了一轮半计算，就获得了较满意的结果。计算过程参见图 9-12a 列表。

根据求得的杆端弯矩并利用对称性，可作出原结构的最终弯矩图如图 9-12c 所示。

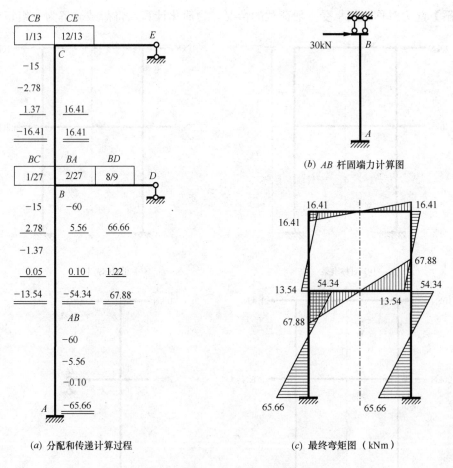

(a) 分配和传递计算过程

(b) AB 杆固端力计算图

(c) 最终弯矩图（kNm）

图 9-12　例 9-4 计算过程与最终弯矩

9-2-2　力矩分配法与位移法的联合应用

力矩分配法是针对无结点线位移，或虽有此位移但关联杆件为剪力静定杆的梁和刚架

12

建立的，对于一般的有结点线位移的梁和刚架结构，该方法不能直接运用。但是，如果将力矩分配法与位移法联合应用，就能解决这个问题。下面以图 9-13a 所示的刚架为例予以阐述。

该刚架有三个独立的结点位移：结点 B、C 的角位移和两者共有的水平线位移。这里将两种方法联合，只取结点线位移 Z_1（←）为基本未知量；其相应的基本结构就是只附加支座链杆以约束此线位移的结构，如图 9-13b 所示。设基本结构在 $Z_1=1$ 和荷载单独作用下在附加支座链杆上产生的约束力分别为 k_{11} 和 F_{1P}（图 9-13c、d），则根据原结构在附加约束上的约束力为零的条件，可写出此联合法的基本方程如下：

$$k_{11}Z_1 + F_{1P} = 0 \tag{a}$$

显然，该方程与具有一个基本未知量的位移法典型方程形式一致。

为确定系数 k_{11} 和自由项 F_{1P}，需作出基本结构在 $Z_1=1$ 和荷载分别作用下的弯矩图：$\overline{M}_1$ 图和 M_P 图。由于基本结构的结点线位移已被约束，故其弯矩图可采用力矩分配法作出，其中 $Z_1=1$ 作用的情况属于刚架发生已知侧移的计算，可将之转化为无侧移刚架发生已知支座位移的计算。其固端弯矩可从形常数表中查得，而后续计算与荷载作用时完全相

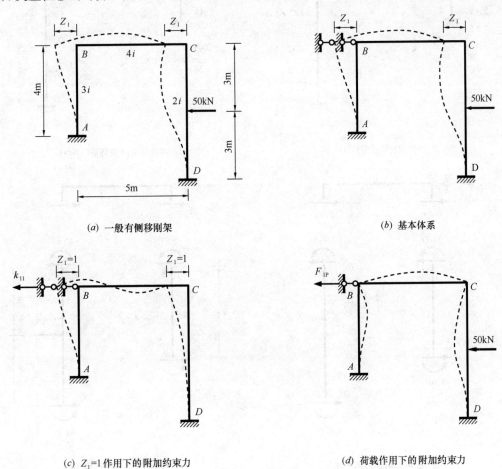

(a) 一般有侧移刚架   (b) 基本体系

(c) $Z_1=1$ 作用下的附加约束力   (d) 荷载作用下的附加约束力

图 9-13 力矩分配法与位移法联合应用示例

同。两种情况的力矩分配过程列于图 9-14a、b 中。

为求 k_{11} 和 F_{1P}，先求出两种情况下两立柱的上端剪力（图 9-14c、d）。对于 $Z_1=1$ 的情况，

$$F_{QBA}=-\frac{M_{BA}+M_{AB}}{l}=-\frac{2.68i+3.59i}{4}=-1.57i$$

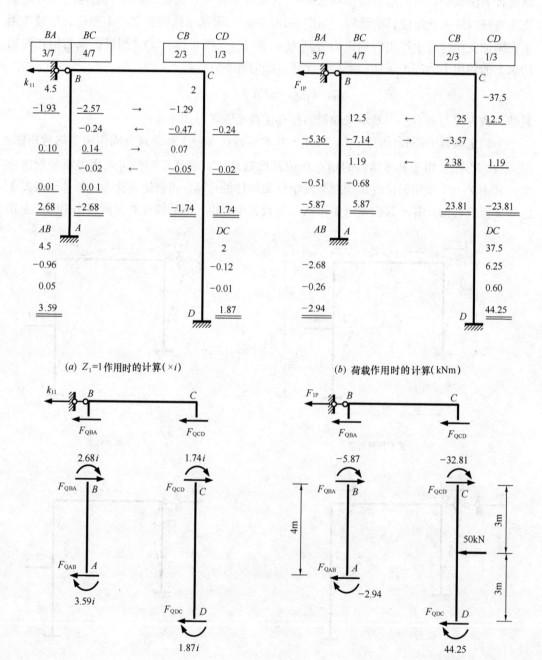

(a) $Z_1=1$ 作用时的计算(×i)

(b) 荷载作用时的计算(kNm)

(c) $Z_1=1$ 作用时的隔离体

(d) 荷载作用时的隔离体

图 9-14 力矩分配法计算系数和自由项

$$F_{QCD} = -\frac{M_{CD} + M_{DC}}{l} = -\frac{1.74i + 1.87i}{6} = -0.60i$$

再在柱顶处截开，取截面以上部分为隔离体（图 9-14c），由水平投影平衡可求得 k_{11} 如下：

$$k_{11} = -F_{QBA} - F_{QCD} = 1.57i + 0.60i = 2.17i$$

采用同样方法可求得 F_{1P} 为（参见图 9-14d）

$$F_{1P} = -2.20 - 21.59 = -23.79\text{kN}$$

有了 k_{11} 和 F_{1P}，解方程式（a）得到基本未知量

$$Z_1 = -\frac{F_{1P}}{k_{11}} = \frac{10.96}{i}$$

结构的最后弯矩可由以下叠加法算得：

$$M = \overline{M}_1 Z_1 + M_P \tag{b}$$

例如对于 D 端，利用式（b）有

$$M_{DC} = 1.87i \times \frac{10.96}{i} + 44.25 = 64.75 \text{ kNm}$$

结构的最后弯矩图如图 9-15 所示。

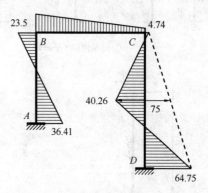

图 9-15　刚架最后弯矩图（kNm）

从以上分析看到，力矩分配法与位移法的联合是按照位移法的分析步骤进行的，但在系数和自由项的计算中运用了力矩分配法。所以，该方法也可以看成是位移法的一种延伸应用，其本质还是位移法，只是基本未知量和基本结构的选取与普通做法有所不同：基本未知量只包含结点线位移，相应的基本结构是仅附加支座链杆以约束结点线位移的结构；基本结构的内力计算均采用力矩分配法进行。从手算角度看，通过这种联合应用，能够达到减少基本未知量、简化位移法计算的目的。

9-3　剪力分配法

前面讨论的力矩分配法主要用于无结点线位移或虽有此位移但可不作为基本未知量的结构。与此对应，如果结构中无结点转角或虽有此转角但可不作为基本未知量，那么是否有类似的实用分析方法呢？答案是肯定的，该方法称为**剪力分配法**。

9-3-1　单层排架的剪力分配

图 9-16a 所示为顶端铰接的单层排架结构。如果忽略横梁的轴向变形，则该排架只有一个结点线位移 Δ。用水平截面将各柱顶处切开，根据上半部分的水平平衡（图 9-16b），可知侧向力 F_P 将由三柱的剪力共同承担。利用位移法容易验证，其分担原则仍是"能者多劳"，即三者按照其顶端抵抗侧移能力的相对大小进行分担。该抵抗力就是柱子在顶端的**侧移刚度**，定义为使柱顶发生单位侧移所需施加的侧向力。对于一端固定一端自由的等截面柱（图 9-16c），或者工程中常用的单阶变截面柱（图 9-16d），利用位移计算式并考虑与柔度系数的相互关系，可以求得其侧移刚度分别为

$$k = \frac{3i}{h^2} = \frac{3EI}{h^3} \text{（等截面柱）} \tag{9-4a}$$

$$k = \frac{3EI_x}{h^3} \cdot \frac{1}{1 + \left(\dfrac{I_x}{I_s} - 1\right)\left(\dfrac{h_s}{h}\right)^3} \quad (\text{单阶变截面柱}) \qquad (9\text{-}4b)$$

式中下标 x、s 分别表示单阶柱的下段和上段。

正如第Ⅰ册 6-7 节所述，上述侧移刚度也可按照图 9-16e 的方式计算。对于等截面柱的情况，其 k 值很容易由形常数表求得。

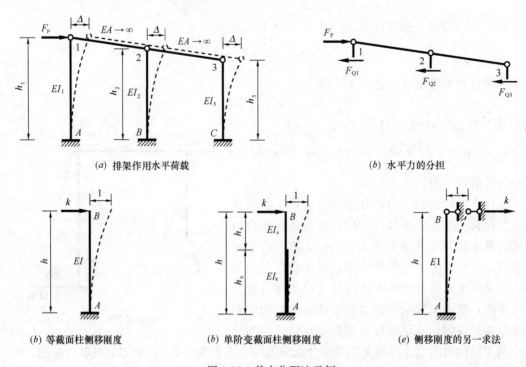

图 9-16　剪力分配法示例

有了各柱的侧移刚度，就可以按照其相对大小求出各柱对侧向力 F_P 的分担比例，即

$$\mu_j = \frac{k_j}{\sum k_j} \quad (j=1、2、\cdots) \qquad (9\text{-}5)$$

式中 $\sum k_j$ 表示同一层各关联柱的侧移刚度之和。由于所分配的侧向力对各柱均表现为剪力，故称该比例系数为**剪力分配系数**。显然，同一层各关联柱的剪力分配系数之和等于 1。

对于图 9-16a 的排架，依据分配系数可求得三柱分担的剪力分别为

$$F_{Q1} = \mu_1 F_P, \quad F_{Q2} = \mu_2 F_P, \quad F_{Q3} = \mu_3 F_P$$

或

$$F_{Qj} = \mu_j F_P \quad (j=1、2、\cdots) \qquad (9\text{-}6)$$

这种由分配方式计算柱内剪力的方法称为**剪力分配法**，而各杆分配得到的剪力又称为**分配剪力**，可用 F_Q^D 表示。该剪力计算式很容易由位移法获得验证，读者不妨自行导出。

若要进一步计算柱底弯矩，则利用柱内无荷载、柱顶弯矩为零的条件，由分配剪力可求得：

$$M_{A1} = -F_{Q1} h_1 = -\mu_1 F_P h_1, \quad M_{B2} = -\mu_2 F_P h_2, \quad M_{C3} = -\mu_3 F_P h_3$$

如果图 9-16a 的排架承受一般水平荷载作用（图 9-17a），那么利用先固定结点（图 9-17c）再予以放松（图 9-17d）的两步算法，同样可以实现剪力分配计算。其中，第一步是附加支座链杆以约束横梁的线位移，这样在荷载作用下附加链杆上将产生约束力，它就等于各柱上端的固端剪力之和，沿结点位移正方向为正；第二步是解除附加支座链杆，这就相当于将反号的附加约束力施加于结点之上。显然第二步计算就可按照上面的剪力分配法完成。两步计算完成后，结构的最后杆端力（剪力、弯矩）就等于第一步的固端力加上第二步求得的杆端力。

对于单阶变截面柱的情况，其载常数可查阅文献［2］或相关计算手册获得。

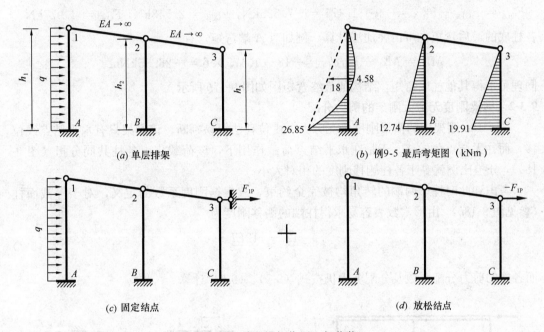

(a) 单层排架

(b) 例9-5 最后弯矩图（kNm）

(c) 固定结点

(d) 放松结点

图 9-17　单层排架作用一般荷载

【例 9-5】图 9-17a 所示排架，若 $h_1 = 6$m，$h_2 = 5$m，$h_3 = 4$m，各柱 EI＝常数，$q = 4$kN/m，试用剪力分配法计算，并作弯矩图。

【解】（1）求剪力分配系数

三柱的侧移刚度分别为

$$k_{1A} = \frac{3EI}{h_1^3} = \frac{EI}{72}, \ k_{2B} = \frac{3EI}{h_2^3} = \frac{3EI}{125}, \ k_{3C} = \frac{3EI}{h_3^3} = \frac{3EI}{64}$$

故各柱的剪力分配系数

$$\mu_{1A} = \frac{1000}{6103}, \ \mu_{2B} = \frac{1728}{6103}, \ \mu_{3C} = \frac{3375}{6103}$$

（2）计算固端剪力和附加约束力

由载常数表得到 1A 柱的固端弯矩和剪力为：

$$M_{A1}^F = -\frac{4 \times 6^2}{8} = -18 \text{kNm}, \ F_{Q1A}^F = -\frac{3 \times 4 \times 6}{8} = -9 \text{kN}$$

因此，附加约束力 $F_{1P} = -9$kN。

（3）计算分配剪力

根据分配系数求出各柱的分配剪力如下：

$$F_{Q1A}^D = \mu_{1A}(-F_{1P}) = 1.475\text{kN}$$

$$F_{Q2B}^D = \mu_{2B}(-F_{1P}) = 2.548\text{kN}$$

$$F_{Q3C}^D = \mu_{3C}(-F_{1P}) = 4.977\text{kN}$$

（4）最后剪力和弯矩

将各柱端的固端剪力与分配剪力相加，可得最后剪力为

$$F_{Q1A} = F_{Q1A}^F + F_{Q1A}^D = -9 + 1.475 = -7.525\text{kN}, \quad F_{Q2B} = 2.548\text{kN}, \quad F_{Q3C} = 4.977\text{kN}$$

各柱底的最后弯矩也可由叠加法计算，例如对 A 端弯矩，有

$$M_{A1} = M_{A1}^F - F_{Q1A}^D h_1 = -18 - 1.475 \times 6 = -26.85\text{kNm}$$

同理可求得其他柱底弯矩，结构的最终弯矩图如图 9-17b 所示。

9-3-2　横梁刚度无穷大刚架的剪力分配

图 9-18a 刚架中的横梁刚度为无穷大，由位移法容易判断，该刚架只有水平结点线位移，而并无结点角位移。于是在水平结点荷载作用下，该荷载将由各柱共同分担（图 9-18a），分担比例就等于各柱侧移刚度的相对大小。

考虑到此时柱子两端的转角均被完全约束，故根据刚度系数的定义，对于等截面柱（参见图 9-18b），由形常数表容易求得柱端的侧移刚度为

$$k = \frac{12i}{h^2} = \frac{12EI}{h^3} \tag{9-7}$$

而各柱的剪力分配系数及分配剪力仍按式（9-5）、（9-6）计算。

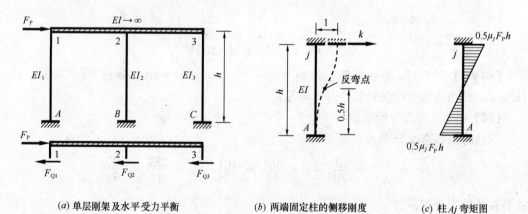

（a）单层刚架及水平受力平衡　　　（b）两端固定柱的侧移刚度　　　（c）柱 Aj 弯矩图

图 9-18　刚性横梁结构的剪力分配

这类柱子的两端均无角位移，故发生侧移时其反弯点，也即弯矩零点就位于柱子中点（图 9-18b）。于是根据反弯点位置及柱内已求得的剪力就可求出柱端弯矩（参见图 9-18c）：

$$M_{Aj} = M_{jA} = -F_{Qj}\frac{h}{2} = -\frac{\mu_j F_P h}{2}$$

这种利用反弯点位置和已知剪力计算杆端弯矩的方法又称为**反弯点法**。

如果这类刚架承受一般水平荷载，例如图 9-19a 的情况，那么同样可采用"先固定再放松"的叠加算法完成剪力分配计算（图 9-19c、d）。当 $I_1 = I_2 = I_3$ 时该刚架的最后弯矩图如图 9-19b 所示，其中刚性横梁的内力无法用刚度方程计算，但可依据平衡条件确定。该刚架横梁在结点 E 处的两个杆端弯矩属于超静定，不能唯一确定其数值，这里按两端承担相同的弯矩标出。

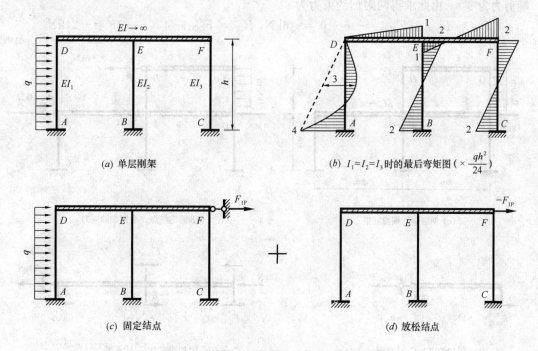

(a) 单层刚架　　　　　　　　　(b) $I_1 = I_2 = I_3$ 时的最后弯矩图（$\times \dfrac{qh^2}{24}$）

(c) 固定结点　　　　　　　　　(d) 放松结点

图 9-19　单层刚性横梁结构作用一般荷载

对于多层刚架的情况，如果同一层的横梁在各跨之间是贯通的，那么采用先固定各层梁端结点，再一次性放松的方法仍可完成剪力分配计算，下面以一个两层刚架为例进行阐述。

【例 9-6】 用剪力分配法计算图 9-20a 所示刚架，并作弯矩图。各立柱 EI ＝常数。

【解】（1）求剪力分配系数

上层两柱的侧移刚度为

$$k_{GD} = k_{HE} = \frac{12EI}{h^3} = \frac{3EI}{16}$$

故剪力分配系数

$$\mu_{GD} = \mu_{HE} = 0.5$$

同理可求得下层三柱的剪力分配系数

$$\mu_{DA} = \mu_{EB} = \mu_{FC} = \frac{1}{3}$$

（2）计算固端剪力和附加约束力

添加水平支座链杆以固定两层刚性梁（图 9-20b），求出立柱 DG 的固端剪力如下：

$$F_{QDG}^F = -F_{QGD}^F = \frac{3 \times 4}{2} = 6kN$$

其余各柱的固端剪力均为零。刚架各层横梁上的附加约束力等于与该层梁相交的各柱的固端剪力之和（图9-20c、d），若梁端另有外力作用，还需加上该外力产生的约束力。这里与GH梁相交的柱端有两个，而与DEF梁相交的柱端有5个（参见图9-20d，其中4个固端剪力为零），由此求得两附加约束力为

$$F_{1P} = F_{QGD}^F + F_{QHE}^F = -6 + 0 = -6kN, \quad F_{2P} = F_{QDG}^F + 4 \times 0 - 18 = -24kN$$

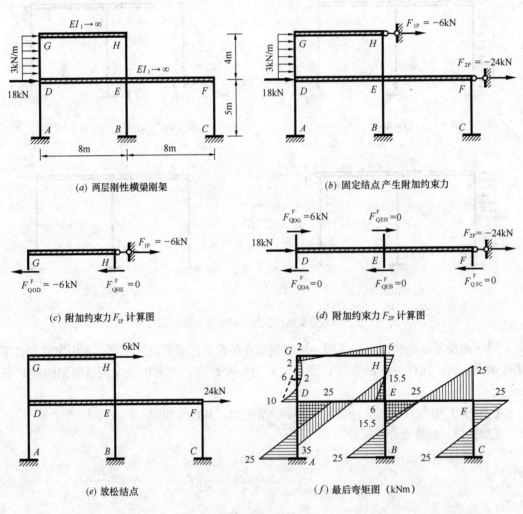

(a) 两层刚性横梁刚架

(b) 固定结点产生附加约束力

(c) 附加约束力 F_{1P} 计算图

(d) 附加约束力 F_{2P} 计算图

(e) 放松结点

(f) 最后弯矩图 （kNm）

图9-20　例9-6图

（3）计算分配剪力

同时放松两个结点，也即将反向的附加约束力施加于原结构（图9-20e）。此时上层两柱承担的总剪力为6kN，而下层三柱承担的总剪力为两层水平外力之和30kN。由剪力分配系数可求得各柱的分配剪力如下：

$$F_{QGD}^D = F_{QHE}^D = 0.5 \times 6 = 3kN, \quad F_{QDA}^D = F_{QEB}^D = F_{QFC}^D = \frac{1}{3} \times 30 = 10kN$$

（4）最后剪力和弯矩

刚架各柱端的最后剪力等于固端剪力与分配剪力之和，而柱的分配剪力沿柱长保持不变，故有

$$F_{QGD} = F_{QGD}^F + F_{QGD}^D = -6 + 3 = -3\text{kN}, \quad F_{QDG} = F_{QDG}^F + F_{QDG}^D = 9\text{kN}$$

$$F_{QHE} = F_{QEH} = 3\text{kN}, \quad F_{QDA} = F_{QAD} = F_{QEB} = F_{QBE} = F_{QFC} = F_{QCF} = 10\text{kN}$$

各柱端的最后弯矩等于固端弯矩与分配剪力产生的弯矩之和，而由反弯点法，后者就等于分配剪力乘以柱高的一半。据此有

$$M_{GD} = M_{GD}^F - F_{QGD}^D \cdot \frac{h_{GD}}{2} = \frac{3 \times 4^2}{12} - 3 \times 2 = -2\text{kNm}$$

$$M_{DG} = M_{DG}^F - F_{QDG}^D \cdot \frac{h_{DG}}{2} = -\frac{3 \times 4^2}{12} - 3 \times 2 = -10\text{kNm}$$

$$M_{HE} = M_{EH} = 0 - 3 \times 2 = -6\text{kNm}$$

$$M_{DA} = M_{AD} = M_{EB} = M_{BE} = M_{FC} = M_{CF} = 0 - 10 \times 2.5 = -25\text{kNm}$$

结构的最后弯矩图如图 9-20f 所示。

由该例可见，对于刚性横梁在每一层的各跨间均贯通的刚架，上层对下层而言仅起到传递水平剪力的作用，而下层对上层来说只提供了一个刚体位移。因此，采用一次性放松就可完成整个剪力分配计算，而且与单层刚架一样其计算结果是精确的。

如果刚性横梁在某些楼层上不是完全贯通的，那么采用一次性放松的方法并不能直接获得各柱的剪力分配系数，此时可仿照 9-1-2 节多结点力矩分配的渐近算法进行计算。例如图 9-21a 所示的刚架，下层横梁在第一跨上并未连通，故可采用以下逐个放松的**渐近方法**计算：

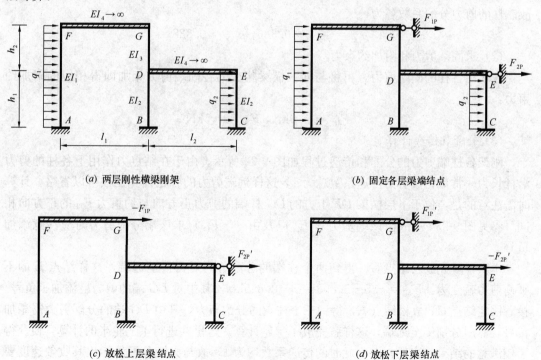

(a) 两层刚性横梁刚架　　　　　　　(b) 固定各层梁端结点

(c) 放松上层梁结点　　　　　　　(d) 放松下层梁结点

图 9-21　横梁未贯通时的剪力分配（渐近法）示例

（1）附加水平支座链杆以固定各层横梁的端部结点，求出固端剪力和梁端结点处的附加约束力（或称**不平衡剪力**），上、下两层结点处的约束力分别记为 F_{1P}、F_{2P}（图9-21b）；

（2）每次放松一个结点，例如先放松结点 G（图 9-21c），并对反向约束力（$-F_{1P}$）进行分配和传递，传递系数总为 1；此时结点 E 上增加了新的约束力，合并后记为 F'_{2P}；

（3）再放松结点 E（图 9-21d），并重新固定结点 G，然后对（$-F'_{2P}$）进行分配和传递。这样就完成了一个轮次的剪力分配计算，且在结点 G 上产生了剩余约束力 F'_{1P}（图 9-21d）。

（4）对 F'_{1P} 及后续的 F'_{2P} 重复上述过程，直至残余的约束力可忽略不计为止。各柱的最后剪力就等于其固端剪力加上同一杆端各轮的分配或传递剪力，而柱端弯矩就等于其固端弯矩加上该端各轮的分配或传递剪力之和乘以柱高的一半。

【例 9-7】图 9-21a 所示刚架，设 $h_1 = 5\text{m}$, $h_2 = 4\text{m}$；$EI_1 = 6EI$, $EI_2 = 2EI$, $EI_3 = EI$；$q_1 = q_2 = 2\text{kN/m}$，试用剪力分配法计算，作出弯矩图。

【解】（1）求剪力分配系数

与上层横梁相交的两柱的侧移刚度为

$$k_{FA} = \frac{12 \times 6EI}{9^3} = \frac{8EI}{81}, \quad k_{GD} = \frac{12EI}{4^3} = \frac{3EI}{16}$$

可求得两柱的剪力分配系数如下：

$$\mu_{FA} = 0.345, \quad \mu_{GD} = 0.655$$

同理，与下层横梁相交的三柱的侧移刚度分别为

$$k_{DB} = k_{EC} = \frac{12 \times 2EI}{5^3} = \frac{24EI}{125}, \quad k_{DG} = \frac{3EI}{16}$$

故三柱的剪力分配系数各为

$$\mu_{DB} = \mu_{EC} = 0.336, \quad \mu_{DG} = 0.328$$

（2）求固端剪力和附加约束力

先求出各柱的固端剪力，再将与同一横梁相交的各固端剪力相加即得相应的附加约束力：

$$F_{1P} = -9\text{kN}, \quad F_{2P} = -5\text{kN}$$

（3）分配和传递计算

刚架各柱端剪力的分配和传递过程如图 9-22 所示。由于在结点力作用下各柱的剪力沿杆长为一常数，故剪力传递系数总为 1，这样远端剪力的各轮计算往往可以省略。计算时需注意的是，位于下层横梁 DE 上方的 DG 杆端的剪力正方向与约束力 F_{2P} 的正方向相同（参见图 9-23a），故由该端剪力求 F_{2P} 以及由（$-F_{2P}$）求该端分配剪力时应注意添加负号。

本次计算先放松结点 G，得到两个柱端的分配剪力后再传至远端，这样结点 E 的不平衡剪力就变为：$F'_{2P} = -5 - 5.895 = -10.895\text{kN}$，其中对 DG 端的剪力已添加了负号。接着固定结点 G，放松结点 E，得到三个柱端的分配剪力，其中 DG 端的分配剪力需添加负号，然后分别传至远端，这样就完成了一轮计算。这里共进行了三轮半的计算，便获得了较满意的结果。当然，由于此时的传递系数均为 1，故与力矩分配法相比其收敛速度要略慢些。

22

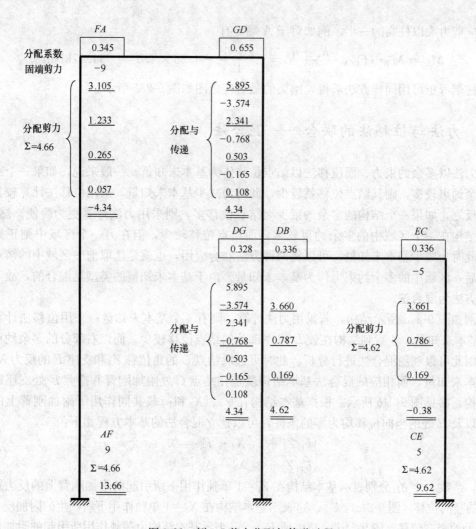

图 9-22 例 9-7 剪力分配与传递过程

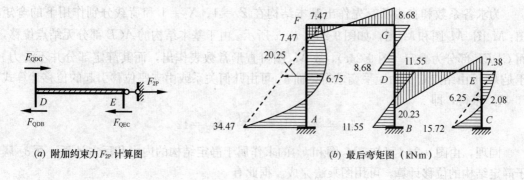

(a) 附加约束力 F_{2P} 计算图

(b) 最后弯矩图（kNm）

图 9-23 例 9-7 内力图

（4）最后剪力和弯矩的计算

各柱端最后剪力的计算参见图 9-22。各柱端弯矩的计算仍可依据叠加原理及反弯点法进行，也即最后弯矩等于固端弯矩与分配或传递剪力产生的柱端弯矩之和，而后者就等

于相应剪力乘以柱高的一半。例如对于 A 端，有

$$M_A = M_A^F - F_{QFA}^D \cdot \frac{h_1 + h_2}{2} = -\frac{2 \times 9^2}{12} - 4.66 \times 4.5 = -34.47 \text{kNm}$$

其他柱端弯矩可用同样方法求得，刚架的最后弯矩图如图 9-23b 所示。

9-4　力法与位移法的联合——混合法

力法以多余约束力、而位移法以结点位移作为基本未知量。一般来说，如果一个结构的多余约束较多，则其结点位移就较少，此时为减少基本未知量，采用位移法计算较为方便。反之，如果一个结构的多余约束少而结点位移多，则采用力法计算更为简便。然而，有的结构在一个区域中的多余约束较多，而结点位移较少，但在另一个区域中则正好相反。此时为减少基本未知量，可以将两种方法联合应用，也就是选取前一区域中的结点位移和后一区域中的多余约束力作为基本未知量。由于基本未知量的类型是混合的，故又称这种方法为**混合法**。

例如图 9-24a 所示结构，若采用力法计算，则有 4 个基本未知量；采用位移法计算有 3 个基本未知量。注意到结构在铰 D 以左部分的结点位移较少，而以右部分的多余约束较少，因此可以利用混合法进行分析。此时可选取结点 C 的角位移 Z_1 和支座 F 的反力 X_2 作为基本未知量，而相应的混合法基本结构就是在结点 C 处附加刚臂并撤除 F 处支座链杆的结构，参见图 9-24b 所示。根据基本结构在 Z_1、X_2 和荷载共同作用下附加刚臂上的反力矩以及 F 处的竖向位移均为零的条件，可以建立混合法的基本方程如下：

$$\begin{cases} k_{11}Z_1 + k'_{12}X_2 + F_{1P} = 0 \\ \delta'_{21}Z_1 + \delta_{22}X_2 + \Delta_{2P} = 0 \end{cases} \tag{9-8}$$

式中，系数 k_{11}、δ'_{21} 分别表示基本结构在 $Z_1 = 1$ 单独作用下所引起的附加刚臂上的反力矩及 F 处的竖向位移（图 9-24c），k'_{12}、δ_{22} 表示基本结构在 $X_2 = 1$ 单独作用下所产生的附加反力矩及 F 处的竖向位移（图 9-24d）；自由项 F_{1P}、Δ_{2P} 表示基本结构由荷载作用所引起的附加反力矩及沿 X_2 方向的位移（图 9-24e）。根据反力位移互等定理，有 $k'_{12} = -\delta'_{21}$。

为求各系数和自由项，先作出基本结构在 $Z_1 = 1$、$X_2 = 1$ 和荷载分别作用下的弯矩图：$\overline{M}_1$ 图、$\overline{M}_2$ 图和 M_P 图，如图 9-25a、b、c 所示。由于基本结构的 ACB 部分无结点位移，而 $CDEF$ 部分为静定（图 9-24c），故 $\overline{M}_1$ 图可查形常数表作出，而其静定部分并不受力。于是 k_{11} 可由结点 C 的力矩平衡求得，而 δ'_{21} 可由几何关系或由支座位移引起的位移计算式（6-11）求得，即

$$k_{11} = 4i + 4i = \frac{4EI}{3}, \quad \delta'_{21} = 12$$

同理，由图 9-24d 可知，$\overline{M}_2$ 图和 k'_{12} 的求作属于静定结构的内力和反力计算，而 δ_{22} 属于静定结构的位移计算，可用图乘法完成。据此有

$$k'_{12} = -12$$

$$EI\delta_{22} = \frac{1}{2} \times 6 \times 12 \times \frac{2 \times 12 - 6}{3} + \frac{1}{2} \times 6 \times 6 \times \frac{2 \times 6 - 12}{3} + \frac{1}{2} \times 6 \times 6 \times \frac{2}{3} \times 6$$

$$= 288$$

基本结构在荷载作用下的 M_P 图可利用载常数和静力关系绘出，F_{1P} 则用结点力矩平衡

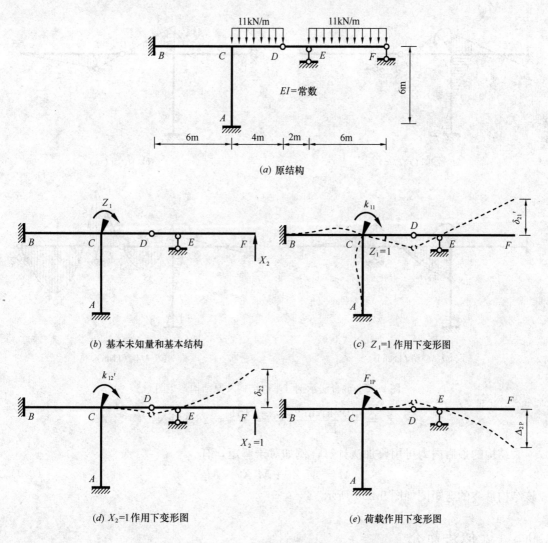

(a) 原结构

(b) 基本未知量和基本结构

(c) $Z_1=1$ 作用下变形图

(d) $X_2=1$ 作用下变形图

(e) 荷载作用下变形图

图 9-24　混合法示例（基本结构及系数、自由项含义）

求得，而 Δ_{2P} 可用图乘法算出：

$$F_{1P}=308\text{kNm}$$

$$EI\Delta_{2P}=-\frac{1}{2}\times4\times308\times\frac{2}{3}\times12-\frac{2}{3}\times4\times22\times\frac{12}{2}-\frac{1}{2}\times2\times198\times\frac{2}{3}\times6$$

$$-\frac{1}{3}\times6\times198\times\frac{3}{4}\times6=-7854$$

将上述系数和自由项代入混合法基本方程，有

$$\begin{cases}\dfrac{4EI}{3}Z_1-12X_2+308=0\\[2mm]12EIZ_1+288X_2-7854=0\end{cases}$$

解方程得

25

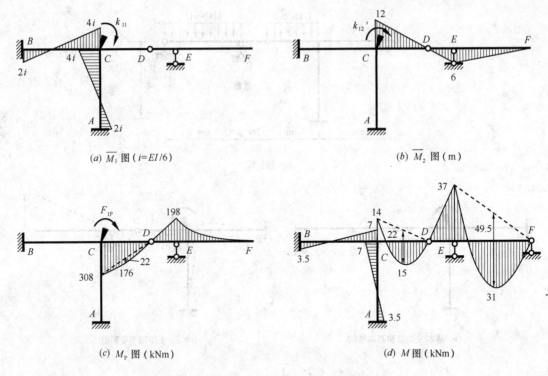

(a) $\overline{M}_1$ 图（$i=EI/6$）

(b) $\overline{M}_2$ 图（m）

(c) M_p 图（kNm）

(d) M 图（kNm）

图 9-25　混合法示例（基本结构及原结构弯矩图）

$$Z_1 = \frac{10.5\text{kNm}^2}{EI}, \quad X_2 = \frac{161}{6} = 26.83\text{kN}$$

结构的最后内力可用叠加法计算，例如对于弯矩，有

$$M = \overline{M}_1 Z_1 + \overline{M}_2 X_2 + M_P \tag{9-9}$$

该结构最终的弯矩图如图 9-25d 所示。

9-5　近似法简介

前面介绍的分析方法主要用于结构的精确计算。然而在实际工程的方案选择、初步设计等阶段，工程师们更希望能快速获取结构的大致或近似结果，而非花较长时间去获得精确解答。此时采用**近似法**或下一章介绍的定性分析法进行简单、粗略的计算往往是最佳的选择。本节简要介绍两种针对多跨多层刚架的近似算法，主要阐述其计算要点；读者若有需要，可参考文献［6］中的算例进行演练。

9-5-1　竖向荷载下多跨多层刚架的近似计算

对于多跨多层刚架（图 9-26a），如果跨数较多或接近于对称，或者横梁的线刚度相对立柱来说大很多，那么在竖向荷载作用下其侧移一般很小，可予以忽略。这样，刚架的内力就可以采用力矩分配法近似计算。但如果刚架的层数较多，则计算工作量仍很大。考虑到多层刚架每层横梁上的竖向荷载对其他各层的影响较小，可将其忽略，这样就可以对刚架进行图 9-26b 所示的分层计算。

分层计算法的基本假定和计算要点为：

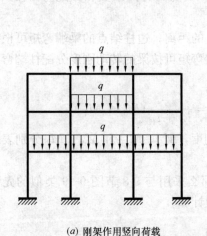
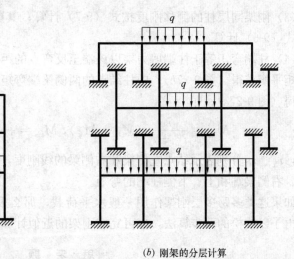

（a）刚架作用竖向荷载　　　　　　　　（b）刚架的分层计算

图 9-26　分层计算法图解

（1）忽略刚架的侧移，忽略梁上荷载对其他各层的影响，从而将刚架分解为一层层计算；

（2）各分层计算均采用力矩分配法进行。计算时，刚架柱的远端都假设为固定，这一般与实际不符，故将除底层外的上层各柱的线刚度乘以折减系数 0.9，相应的传递系数由 1/2 改为 1/3；

（3）各柱同属上下两个分层刚架，故柱的最后弯矩应由上下两部分叠加而成；

（4）分层计算得到的弯矩，在各结点上通常不能完全平衡，如有必要可对各结点的不平衡弯矩再作一次分配，但不再传递。

9-5-2　水平荷载下多跨多层刚架的近似计算

多跨多层刚架在水平结点荷载作用下，如果梁的线刚度比柱的线刚度大很多，则可以忽略结点转角，采用 9-3-2 节的剪力分配法（即**反弯点法**）进行近似计算。

该近似计算的基本条件及计算要点如下：

（1）当梁与柱的线刚度之比足够大（一般≥3）时，可采用该方法。

（2）因底层柱完全固定，故其反弯点可适当提高，例如提高至柱的 3/5 或 2/3 高度处；上层柱的反弯点一般仍设在柱的中点（图 9-27a）。

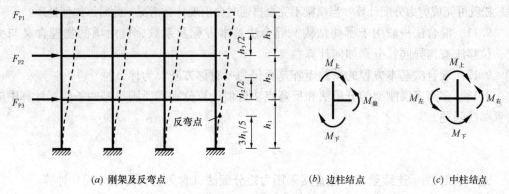

（a）刚架及反弯点　　　　　　　　（b）边柱结点　　　　　（c）中柱结点

图 9-27　反弯点法图解

（3）刚架同层柱的侧移刚度按式（9-7）计算；其剪力分配系数和分配剪力按式（9-5）、式（9-6）计算。

（4）柱端弯矩等于柱端剪力乘以该端至反弯点的距离；边柱结点的梁端弯矩可根据结点力矩平衡求得（图9-27b），中柱结点的两侧梁端弯矩可按梁的转动刚度分配柱端弯矩之和求得（图9-27c），即

$$M_{左} = \frac{i_{左}}{i_{左} + i_{右}}(M_{上} + M_{下}), \quad M_{右} = \frac{i_{右}}{i_{左} + i_{右}}(M_{上} + M_{下})$$

式中，$i_{左}$、$i_{右}$分别表示结点左侧梁和右侧梁的线刚度，$M_{左}$、$M_{右}$和$M_{上}$、$M_{下}$分别表示结点左、右侧梁端和上、下侧柱端的弯矩。

如果这类多跨多层刚架作用一般水平荷载，那么采用与9-3节图9-19类似的先固定结点再予以放松的两步算法，也可完成刚架的近似计算。

思 考 题

9.1 杆件的杆端转动刚度及传递系数分别与哪些因素有关？结构中同一结点各杆端的力矩分配系数是否完全独立？

9.2 无侧移结点上的外力矩向各杆端作出分配的原则是"能者多劳"，如果不符合这一原则会出现什么情况？为什么？试举例加以说明。

9.3 当杆中有荷载而结点上又有外力偶时，应如何计算结点不平衡力矩？

9.4 多结点力矩分配计算中，当放松某一结点时为何要重新锁定其相邻结点？是否存在相邻结点可同时放松的情况？不相邻结点为何可以同时放松？

9.5 在力矩分配法中，求得杆端弯矩后如何进一步计算结点转角？

9.6 支座移动和温度改变时，应如何利用力矩分配法进行计算？

9.7 如果结构中既有两端无相对线位移之杆又有剪力静定杆，那么其力矩分配和传递是否与一般的连续梁和无侧移刚架相同？计算时应注意哪些问题？

9.8 为什么说力矩分配法与位移法的联合本质上还是位移法？计算时与一般位移法有何异同？

9.9 剪力分配法适用于哪些结构？该方法的计算原理及步骤与力矩分配法具有很好的相似性，如何理解和运用这种相似性？

9.10 对于横梁刚度无穷大的多跨多层刚架，当各层横梁沿每跨均贯通时，为何采用一次性放松就可完成剪力分配计算？当横梁不完全贯通时会出现什么情况？此时该如何处理？

9.11 混合法一般用于哪些结构？混合法基本方程及系数、自由项的物理含义与力法、位移法有何异同？分别如何计算？

9.12 混合法基本方程的系数矩阵是否仍为一对称方阵？为什么？

9.13 多跨多层刚架的分层法和反弯点法近似计算分别需要满足哪些条件？计算中应注意哪些问题？

习 题

9-1 判断图示连续梁是否能直接采用力矩分配法（含无剪力力矩分配）计算。

9-2 判断图示刚架能否直接采用力矩分配法（含无剪力力矩分配）计算。若能则求

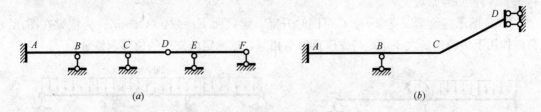

题 9-1 图

出各杆端的力矩分配系数。设各杆线刚度均为 i。

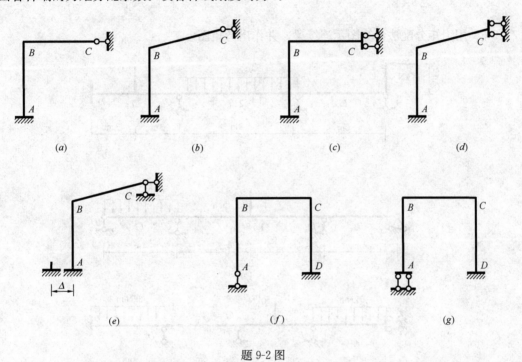

题 9-2 图

9-3 试确定图示结构中结点 A 各杆端的力矩分配系数。各杆 $EI=$常数。

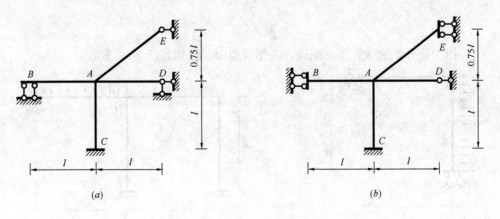

题 9-3 图

9-4 用力矩分配法计算图示连续梁，作出弯矩图，并求出支座 B 的反力和 B 截面的转角。各杆 EI＝常数。

9-5 图示连续梁，支座 B、C 可同时升降，梁截面 $EI＝24000\mathrm{kNm}^2$。为使梁在图示荷载作用下中跨的最大正弯矩与支座负弯矩相等，试确定两支座的位移调整量。

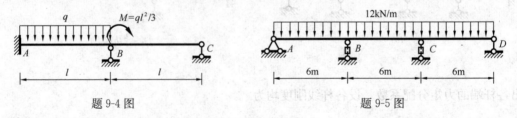

题 9-4 图　　　　　　　　　　　　　　　　题 9-5 图

9-6 用力矩分配法计算图示连续梁，并作出弯矩图。

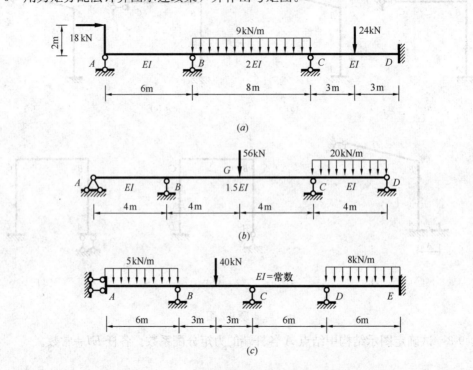

(a)

(b)

(c)

题 9-6 图

9-7 用力矩分配法计算图示刚架，并作弯矩图。已知各杆 EI＝常数。

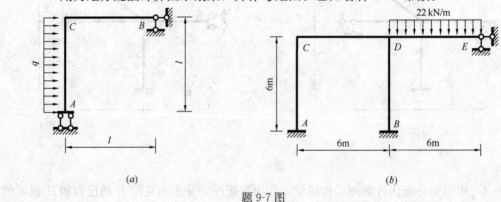

(a)　　　　　　　　　　　　　　　(b)

题 9-7 图

30

9-8* 题 9-7b 图所示刚架（无外荷载），设 AC 杆和 CDE 杆的温度都均匀升高了 10℃，其余部位温度不变。试用力矩分配法计算，作出刚架的弯矩图。已知立柱 AC、BD 的截面为 $b \times h = 0.4\text{m} \times 0.4\text{m}$ 的矩形，梁 CD、DE 为 $b \times h = 0.3\text{m} \times 0.6\text{m}$ 的矩形；材料弹性模量 $E = 3 \times 10^4 \text{MPa}$，温度线膨胀系数 $\alpha = 1.0 \times 10^{-5}\text{℃}^{-1}$。

9-9 用无剪力力矩分配法计算图示刚架，并作出弯矩图。除注明外各杆 EI=常数。

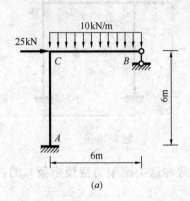
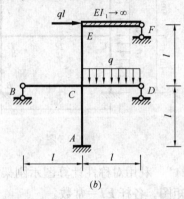

(a)　　　　　　　　　　　(b)

题 9-9 图

9-10 用力矩分配法求作图示结构的弯矩图，各杆 EI=常数。注意两类杆件的区分。

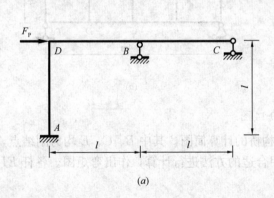
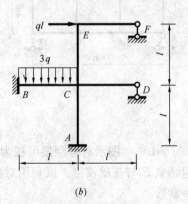

(a)　　　　　　　　　　　(b)

题 9-10 图

9-11 采用力矩分配法计算图示对称结构，作出弯矩图。各杆 EI=常数。

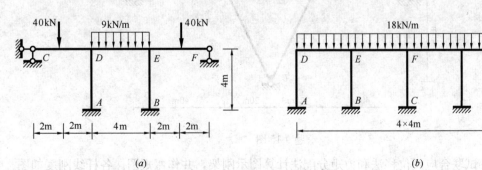
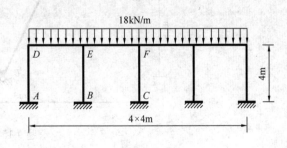

(a)　　　　　　　　　　　(b)

题 9-11 图

9-12 利用对称性求作图示刚架的弯矩图。各杆 E＝常数，惯性矩如图所标示。

9-13 图示刚架各杆 EI＝常数，为使柱顶产生 $l/300$ 的侧移，试用力矩分配法计算，作出弯矩图，并求出 F_P 的大小。

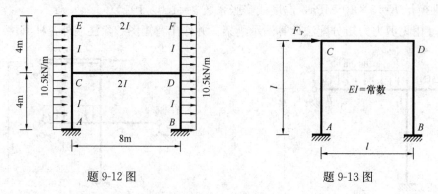

题 9-12 图　　　　　　　　　题 9-13 图

9-14* 利用对称性计算图示刚架结构（工程中常称这类刚架为**空腹桁架**）的内力，作出弯矩图。各杆 EI＝常数。

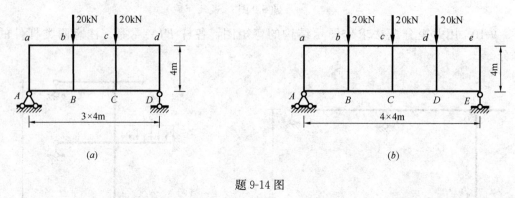

题 9-14 图

9-15* 图示对称刚架可视为一 V 形刚构桥的计算简图，其中 B、C、E 均为刚结点，但结点 E 与基础铰接。试利用对称性并采用合适的方法进行计算，作出弯矩图。各杆 EI ＝常数。

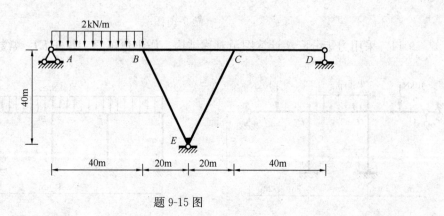

题 9-15 图

9-16 试联合应用位移法和力矩分配法计算图示刚架，并作弯矩图。各杆线刚度如图所示。

9-17* 图示刚架，为使横梁水平位移为零，试确定集中荷载的大小。已知各杆 $EI=$ 常数。

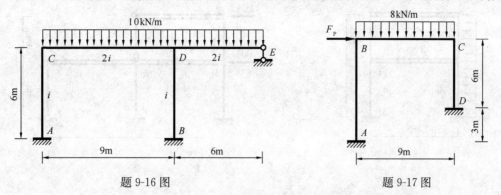

题 9-16 图　　　　　　　　　　题 9-17 图

9-18 用剪力分配法计算图示排架，作出弯矩图，并求出链杆的轴力。

9-19 试用剪力分配法计算图示斜坡排架，作出弯矩图。忽略斜杆轴向变形。

9-20 用剪力分配法计算图示具有刚性横梁的单层刚架，作出弯矩图。

9-21 用剪力分配法计算图示具有刚性横梁的刚架，并作弯矩图。各立柱 $EI=$ 常数。

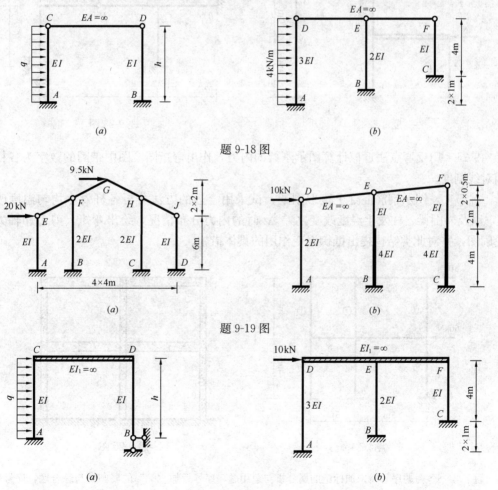

(a)　　　　　　　　　　(b)

题 9-18 图

(a)　　　　　　　　　　(b)

题 9-19 图

(a)　　　　　　　　　　(b)

题 9-20 图

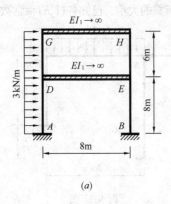

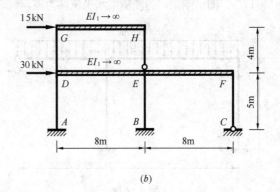

(a)

(b)

题 9-21 图

9-22*　用剪力分配法计算图示刚架，并作弯矩图。

9-23　试用混合法计算图示刚架结构，并作出弯矩图。各杆 $EI=$ 常数。

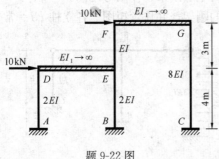

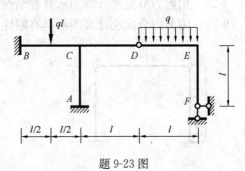

题 9-22 图　　　　　　　　题 9-23 图

9-24　用反弯点法近似计算图示刚架的内力，作出弯矩图。图中带圈的数字为各杆的相对线刚度。

9-25**　图示钢筋混凝土矩形刚架，试采用合适的方法分析各杆发生均匀温度改变 t_0，以及外围梁、柱发生温度改变之差 Δt 时的内力分布情况，绘出弯矩、剪力和轴力的轮廓图，并对此类结构提出抵御温变作用的具体措施。

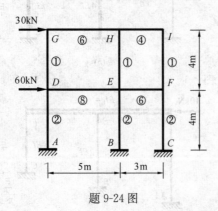

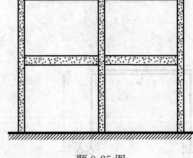

题 9-24 图　　　　　　　　题 9-25 图

注：本书各习题序号后未加标记的属分析与运用题，序号后加 "＊" 的属归纳与综合题，序号后加 "＊＊" 的属拓展与探究题，参见 "本书特色及简介" 第 7 条说明。

第 10 章　超静定分析续论

本章进一步讨论超静定结构的内力和变形分析问题。首先探讨如何在内力计算的基础上进行超静定结构的位移计算，如何进行内力校核；然后从超静定结构的实用分析方法及受力概念出发，探讨这类结构的定性分析问题，接着对超静定结构的一般特性作一总结；最后讨论超静定结构内力影响线的绘制及其应用。

10-1　超静定结构的位移计算

第 6 章所述的单位荷载法和位移计算公式（6-3）、公式（6-4）同样适用于超静定结构。以图 10-1a 所示的两跨连续梁为例，设想其弯矩图已采用力法、位移法或力矩分配法等作出，现欲求左跨跨中截面 K 的竖向位移 Δ_K。为求此位移，除了将原结构的内力状态作为实际状态，还需在 K 点施加单位力作为虚拟状态，并作出其弯矩 $\overline{M}$ 图（图10-1b）。该过程相当于还要解算一个超静定问题，计算显得麻烦。那么是否还有更简便的计算方法

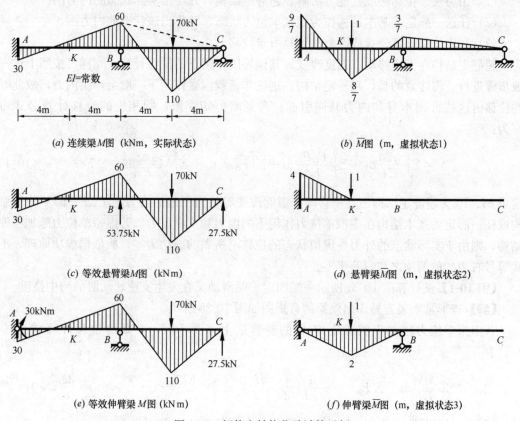

(a) 连续梁 M 图（kNm，实际状态）

(b) $\overline{M}$ 图（m，虚拟状态1）

(c) 等效悬臂梁 M 图（kN·m）

(d) 悬臂梁 $\overline{M}$ 图（m，虚拟状态2）

(e) 等效伸臂梁 M 图（kN·m）

(f) 伸臂梁 $\overline{M}$ 图（m，虚拟状态3）

图 10-1　超静定结构位移计算示例

呢？答案是肯定的。

该梁为两次超静定结构，由已知内力可进一步求出支座 B、C 处的反力。现解除这两个支座约束，代之以支座反力，得到图 10-1c 所示的静定悬臂梁结构。该梁在外荷载及两个支座反力作用下的内力及变形与原结构是完全等效的，故求原结构 K 点的位移就等价于求该悬臂梁 K 点的位移。为此在悬臂梁的 K 点施加单位力，并作出相应的 $\overline{M}$ 图如图 10-1d。由图乘法得：

$$\Delta_{\mathrm{K}} = \Sigma \int \frac{\overline{M}M_{\mathrm{P}}}{EI} \mathrm{d}s = \frac{1}{EI} \times \frac{1}{2} \times 4 \times 4 \times \frac{2 \times (-30) + 1 \times 15}{3} = -\frac{120 \ \mathrm{kNm}^3}{EI}(\uparrow)$$

同理，若解除支座 A 处的转角约束和支座 C 处的链杆约束，并代之以相应的约束反力，则可将原结构的位移计算转化为图 10-1e 所示的静定伸臂梁的位移计算。该伸臂梁施加单位力后的 $\overline{M}$ 图如图 10-1f，按图乘法，有：

$$\Delta_{\mathrm{K}} = \Sigma \int \frac{\overline{M}M_{\mathrm{P}}}{EI} \mathrm{d}s = \frac{1}{EI} \times \frac{1}{2} \times 2 \times 8 \times \frac{30 - 60}{2} = -\frac{120 \ \mathrm{kNm}^3}{EI}(\uparrow)$$

可见上述两种情况的计算结果完全一样，都等于原结构在 K 点的位移。读者不妨对单位力施加于原结构的情况进行验算，也即将图 10-1a 与 b 相图乘，此时可获得同样的结果，但计算要麻烦不少。

由此可见，利用单位荷载法进行超静定结构的位移计算，可将单位力施加于任一静定的基本结构上来获取虚拟状态的内力。于是，超静定结构位移计算的一般步骤可归纳为：

（1）用力法、位移法或其他方法解算超静定结构，并绘出实际状态的内力图；

（2）任选一静定的基本结构作为虚拟单位力状态，并作出该状态的内力图；

（3）利用位移计算公式或图乘法计算所求位移。

超静定结构在支座移动、温度改变等其他外因作用下的位移计算，同样可按照上述一般步骤进行。需注意的是，超静定结构在这些非荷载因素作用下一般会产生内力，故此时的位移由这些外因本身和内力共同引起。若忽略剪切变形，则相应的位移计算公式可写为：

$$\Delta = \Sigma \int \frac{\overline{M}M}{EI} \mathrm{d}s + \Sigma \int \frac{\overline{F}_{\mathrm{N}}F_{\mathrm{N}}}{EA} \mathrm{d}s + \Sigma \int \overline{F}_{\mathrm{N}} \alpha t_0 \mathrm{d}s + \Sigma \int \overline{M} \frac{\alpha \Delta t}{h} \mathrm{d}s - \Sigma \overline{F}_{\mathrm{R}} c \qquad (10\text{-}1)$$

这里 M、F_{N} 为超静定结构由支座移动、温度改变等外因引起的内力，$\overline{M}$、$\overline{F}_{\mathrm{N}}$、$\overline{F}_{\mathrm{R}}$ 为原结构或任一静定的基本结构在虚拟单位力作用下的内力和支座反力。若虚拟单位力施加于原结构，则由于实际状态的外力在虚拟状态的位移上所做的虚功为零，故依据虚功原理，上式等号右边的前两项之和恒等于零。

【例 10-1】试计算图 10-2a 所示一端固定一端滑动梁在发生支座转动时的跨中挠度。

【解】查形常数表容易作出该梁的弯矩图如图 10-2b 所示。

若虚拟单位力施加于解除支座 B 的悬臂梁上（图 10-2c），则由位移计算式（10-1），有

$$\Delta_{\mathrm{C}} = \Sigma \int \frac{\overline{M}M}{EI} \mathrm{d}s - \Sigma \overline{F}_{\mathrm{R}} c = -\frac{1}{EI} \left(\frac{1}{2} \times \frac{l}{2} \times \frac{l}{2} \right) \times \frac{EI\theta}{l} - \left(-\frac{l}{2} \times \theta \right) = \frac{3l\theta}{8}(\downarrow)$$

若以图 10-2d 的铰支梁作用单位力的状态作为虚拟状态，则有

$$\Delta_C = \sum \int \frac{\overline{M}M}{EI}ds - \sum \overline{F}_R c = \frac{1}{EI}\left(\frac{1}{2} \times \frac{l}{2} \times \frac{l}{2} + \frac{l}{2} \times \frac{l}{2}\right) \times \frac{EI\theta}{l} - 0 = \frac{3l\theta}{8}(\downarrow)$$

若将虚拟单位力作用于原结构，则利用简化后的位移计算式，有

$$\Delta_C = -\sum \overline{F}_R c = -\left(-\frac{3l}{8} \times \theta\right) = \frac{3l\theta}{8}(\downarrow)$$

可见三种方法的计算结果完全相同。

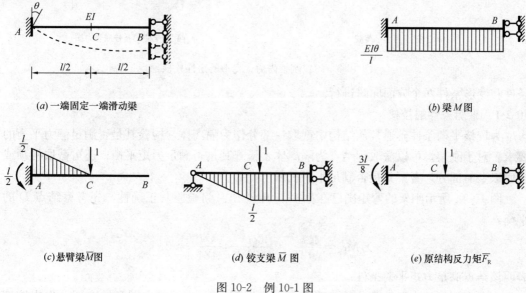

(a) 一端固定一端滑动梁   (b) 梁 M 图

(c) 悬臂梁 $\overline{M}$ 图   (d) 铰支梁 $\overline{M}$ 图   (e) 原结构反力矩 $\overline{F}_R$

图 10-2　例 10-1 图

最后需要说明的是，除了单位荷载法，还可以采用位移法计算各类结构的位移。计算时，可将位移计算点设置为结点，再用位移法求得结点位移；也可以在求得结点位移后由相邻结点间的位移函数求出中间任一点的位移。该方法在计算机分析中尤显方便。

10-2　超静定内力计算的校核

超静定内力计算的环节多、计算量大，为保证结果的正确性，应注重各环节和最后内力的校核。在计算环节，应关注基本结构不同内力图以及各系数、自由项计算结果、基本方程求解结果等的校核；在力矩分配法或剪力分配法中，应注意各结点分配系数、不平衡力矩或剪力以及各杆端分配弯矩或剪力等的校核。对于最后内力，可先作定性校核，再进行定量验算。

定性校核是从受力概念出发对计算结果的正确性进行定性判断。例如图 10-3a 所示刚架只受一个水平均布荷载的作用，此时柱顶横梁必有一个与荷载同向的位移，刚结点 C 还伴有一个顺时针的微小转动（参见图中变形虚线）。因此，如果采用位移法分析，就可直接对结点位移指向的正确性作出判断。再从受力角度看，因刚架梁有一向右运动的趋势，故柱底 A、B 的左侧纤维受拉，并存在方向向左的抵抗剪力（图 10-3b）。这就进一步判断了柱底内力的指向，其他内力也可采用类似方法判断。关于超静定结构的定性分析，可进一步参见 10-3 节。

定性校核无误后再进行最后内力的**定量校核**。对于超静定结构，定量校核需要从平衡

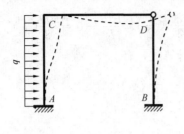

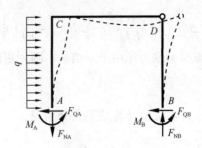

(a) 刚架作用水平荷载   (b) 刚架变形及柱底受力图

图 10-3 门式刚架内力、变形的定性校核

条件和变形条件两个方面同时进行。

10-2-1 平衡条件的校核

为校核平衡条件，通常从结构中截取一部分作为隔离体，检验其是否满足静力平衡的要求。对于刚架，可以截取刚结点为隔离体，检查其是否满足力矩平衡；还可截取柱顶或柱底以上的部分，考察其是否满足水平投影平衡等。

图 10-4a 所示刚架的弯矩图已在例 8-15 中绘出。为检验其正确性，先考察结点 D 的平衡：

$$\Sigma M_D = \frac{18ql^2}{424} + \frac{36ql^2}{424} - \frac{54ql^2}{424} = 0$$

表明该结点满足力矩平衡条件。

再考察刚架柱底以上部分的投影平衡。根据例 8-15 中的剪力图和轴力图，作出该部分的水平和竖向受力图如图 10-4b。由

$$\Sigma F_x = ql - \frac{152ql}{212} - \frac{60ql}{212} = 0$$

$$\Sigma F_y = \frac{36ql}{212} - \frac{9ql}{212} - \frac{27ql}{212} = 0$$

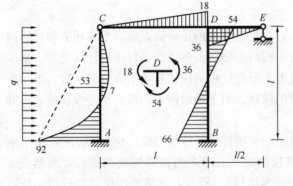

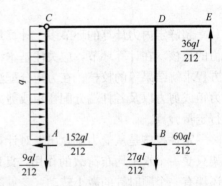

(a) 刚架弯矩图及结点D弯矩$\left(\times \dfrac{ql^2}{424}\right)$ (b) 柱底以上部分受力图（不含弯矩）

图 10-4 刚架平衡条件校核示例

可见该部分满足水平和竖向的投影平衡条件。采用同样方法还可以对刚架的其他部分进行校核，这里不再赘述。

由于超静定结构中存在多余约束，使得其独立平衡方程的数目少于未知力的个数，因此即使平衡条件全部满足，也不能保证内力结果是完全正确的，还需校核其变形条件的正确性。

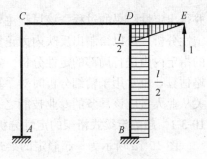

图10-5 静定基本结构 $\overline{M}$ 图

10-2-2 变形条件的校核

变形条件的校核一般以结构中的已知位移为对象，考察计算得到的位移是否与实际位移一致。例如为检验图10-4a 所示刚架弯矩图的正确性，可由该弯矩图计算出 E 点的竖向位移，检验其是否为零。为此将虚拟单位力施加于静定的基本结构上（图10-5），并作出其弯矩 $\overline{M}$ 图。由图乘法得

$$\Delta_E = \sum \int \frac{\overline{M}M}{EI} ds = \frac{1}{EI}\left[\frac{1}{2} \times l \times \left(\frac{54ql^2}{424} - \frac{66ql^2}{424} \right) \times \frac{l}{2} + \frac{1}{2} \times \frac{l}{2} \times \frac{36ql^2}{424} \times \frac{2}{3} \times \frac{l}{2} \right] = 0$$

可见支座 E 的位移与实际位移一致。

对于具有封闭框格的刚架，利用框格上任一截面的相对转角为零这一条件进行弯矩图的校核通常是最方便的。以图10-6a 所示刚架为例，其杆端弯矩已于例9-3中求得，现将弯矩图重绘于此图中。为求封闭框格 $EBCF$ 任一截面上的相对转角，在该截面处切开，再解除其他部位的多余约束，这样在一对单位力偶作用下只有封闭框格上存在单位弯矩，其余部位的弯矩均为零，如图10-6b 所示。于是，根据相对转角为零的条件应有

$$\sum \oint \frac{\overline{M}M}{EI} ds = \sum \oint \frac{M}{EI} ds = \sum \frac{A_M}{EI} = 0$$

这表明任一封闭框格上各杆弯矩图的面积 A_M 除以抗弯刚度 EI 的代数和应等于零。将图10-6a 中的弯矩值代入上式，可算得其值为零，说明该刚架的封闭框格满足这一变形条件。

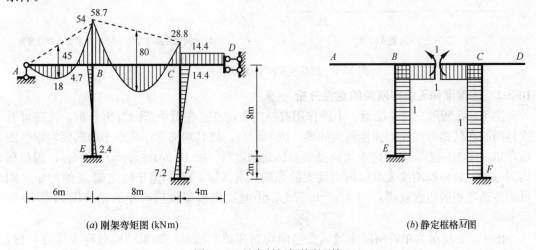

(a) 刚架弯矩图 (kNm)　　　　　　　　　　(b) 静定框格 $\overline{M}$ 图

图10-6 具有封闭框格的刚架

10-3 超静定结构的定性分析

结构的**定性分析**是根据力学概念和相关实用分析方法对结构的大致受力状况进行判断

并得出定性结果的过程。该过程主要依靠受力概念进行，故也称为**概念分析**。经过完整的定性分析，可以绘制出反映内力正负号及其相对大小的内力轮廓图；当然也可以对结构中的指定内力进行局部的定性分析。定性分析多用于方案设计、初步设计时对结构受力的粗略估算，也常用于精细分析时对手算或电算结果的校核。定性分析能力是结构工程师及相关从业人员应该具备的专业技能之一。

10-3-1　超静定梁式桁架的定性分析

图 10-7a 所示为一超静定的梁式桁架，其支座反力和任一节间的内力合力是静定的。为定性分析各杆件的内力，以第二节间为例，取出节间以左部分为隔离体如图 10-7b 所示。该节间的总剪力和结点附近的总弯矩如图 10-7c 所示。首先总剪力 $0.5F_P$ 将由两斜杆的竖向分力分担，且这种分担必然是协同的，也就是两竖向分力必与总剪力同向，而不会出现异向即"帮倒忙"的情况，否则变形将无法协调。至于两竖向分力或两斜杆内力的相对大小，则同样遵循"能者多劳"的原则，也就是轴向刚度大者承担内力就大。设想 CF 杆为一根拉索，即其抗压刚度为零，则总剪力将完全由 ED 杆承担。

再看上、下弦杆的受力，它们与斜杆在结点处的水平分力将共同承担总弯矩 $1.5F_Pd$。这样，下弦杆 CD 必受拉力，而上弦杆 EF 必受压力，力的大小范围容易由节间长度与桁高的相对大小以及斜杆的相对刚度作出判断。

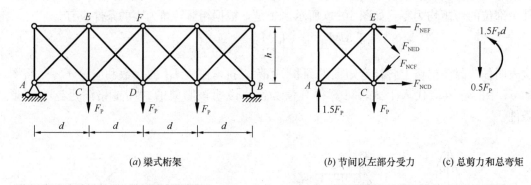

(a) 梁式桁架　　　　　　　　(b) 节间以左部分受力　　　　(c) 总剪力和总弯矩

图 10-7　超静定梁式桁架定性分析示例

10-3-2　连续梁和无侧移刚架的定性分析

图 10-8a 所示三跨连续梁，中跨作用有一均布荷载。先看中跨的弯矩分布，该跨可看成是两端在转角方向受到弹性约束的梁（图 10-8b），故其端部弯矩应小于两端固定梁的固端弯矩（图 10-8d）。又从两个边跨提供的转动刚度看（图 10-8c），显然 $k_{BA} > k_{CD}$，因荷载均匀分布，故根据刚度大承担内力就大的原则，有 $M_B > M_C$。至于固定端 A 的弯矩，则可按传递弯矩的概念获得，即 $M_A = 0.5M_B$。由此绘出该梁最后弯矩的轮廓图如图 10-8e 所示。

图 10-9a 所示为单跨两层刚架承受竖向均布荷载的情形。如果结构对称或接近对称，则刚架将无侧移或侧移很小可予忽略，此时运用力矩分配和传递的概念进行定性分析是方便的。先看上层梁单独作用均布荷载的情况（图 10-9c），此时该梁的端部弯矩可按图 10-8a 连续梁中跨的类似方法判断，容易得知其两端弯矩相等，且小于两端固定梁的端部弯矩。有了结点 E、F 的弯矩，将其向本层柱的下端传递。因下端并非完全固定，故传递系数小于 0.5，这样就得到了 M_{CE} 的大致数值。再将 M_{CE} 作为一个主动施加的力矩，该力矩

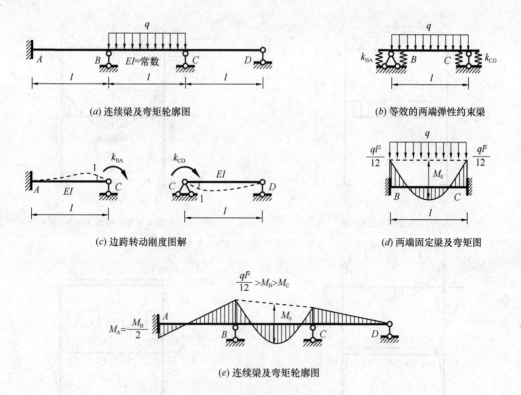

图 10-8　连续梁弯矩定性分析示例（$M_0 = ql^2/8$）

将由结点 C 的另两个杆端一起分担，于是就获得了 M_{CA}、M_{CD} 的大致数值。最后将 M_{CA} 向 A 端传递，就得到了 M_A。刚架右半边的弯矩可用同样方法获得（图 10-9c）。

采用类似方法可绘出此刚架下层梁单独作用均布荷载时的弯矩轮廓图，如图 10-9d 所示。由图 10-9c、d 可见，当刚架某一层梁上单独作用竖向荷载时，该梁及与该梁相交的柱端将产生较大的弯矩，而其他楼层梁及柱端上的弯矩都比较小。

将两组荷载作用下的弯矩图叠加，即得原结构的最终弯矩轮廓图，如图 10-9b 所示。

10-3-3　有侧移刚架的定性分析

图 10-10a 所示为两层刚架承受水平结点荷载的情况。此时各梁柱结点处均有侧移，但无竖向位移，故其变形曲线较为直观并易于绘出。假设同层柱的抗弯刚度彼此相等，而梁是左右对称的，则梁的反弯点将出现在中点，柱的反弯点将出现在中点略偏上位置，其原因是这些柱的下端转动约束要强于或略强于上端。据此可绘出刚架的变形曲线如图 10-10a 虚线所示，由图即可确定出各杆件的弯矩受拉侧。

以柱的反弯点为分割点从上往下取出隔离体进行分析（图 10-10b），根据静力平衡条件容易确定出反弯点处的内力方向和数值大小。因上层水平荷载要向下逐层传递，故下层的受力要总体大于上层。于是整个刚架的内力便由此确定，其弯矩轮廓图如图 10-10c 所示。

在水平结点荷载作用下，刚架各柱在反弯点处的轴力大小及符号还可采用**悬臂梁法**进行判断。此时可将整个刚架视为一根直立的悬臂梁，并由梁截面正应力的分布规律判断柱子轴力的大小，该方法对多跨且层数较多的刚架更显实用。例如图 10-11a 所示的多跨多层刚架，设定梁和柱的反弯点位于各杆件中点或接近中点处。用一水平截面将刚架沿同层

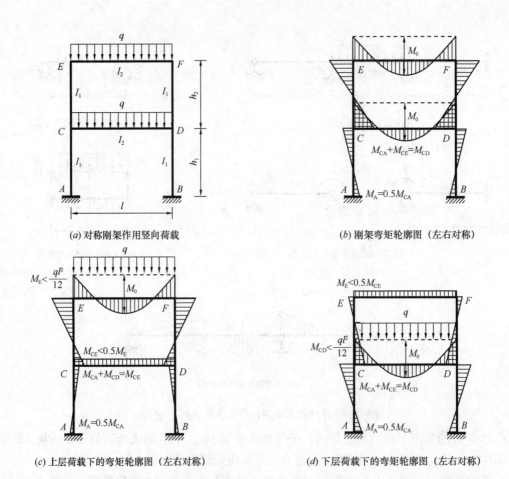

(a) 对称刚架作用竖向荷载

(b) 刚架弯矩轮廓图（左右对称）

(c) 上层荷载下的弯矩轮廓图（左右对称）

(d) 下层荷载下的弯矩轮廓图（左右对称）

图 10-9　无侧移刚架定性分析示例（$M_0 = ql^2/8$）

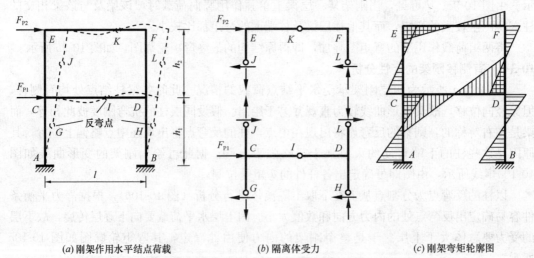

(a) 刚架作用水平结点荷载

(b) 隔离体受力

(c) 刚架弯矩轮廓图

图 10-10　有侧移刚架定性分析示例一（反弯点法）

柱的反弯点处切开，如图 10-11b 所示，该截面由四根柱的离散横截面组成。根据各离散柱截面的面积及其间距大小，容易求得整体截面的形心轴位置如图中所标示。根据整体截面上正应力的线性分布规律，各柱轴力也近似呈现同样的线性关系，即各柱轴力与其到整

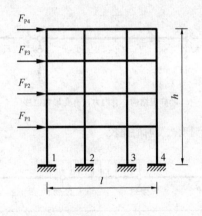

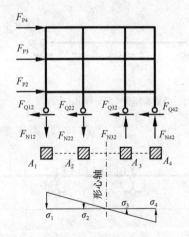

(a) 多跨多层刚架　　　　　　　　　(b) 反弯点上部受力及柱轴力分布

图 10-11　有侧移刚架定性分析示例二（悬臂梁法）

体截面形心轴的距离成正比，由此可估算出各轴力的大小。

在水平方向，同层各柱共同承担该层的总剪力，而各柱的剪力大小可依据其侧移刚度的相对大小进行估算。如果同层柱的 EI＝常数，梁又为等截面，则中柱的端部约束要强于边柱，于是其侧移刚度也要大些，因此中柱分担的剪力要大于边柱，照此方法便可完成各层柱的内力判断。而刚架各层横梁位于反弯点处的内力以及各梁端弯矩的分布则可按前述的反弯点法进一步判断。该刚架各封闭框格的弯矩轮廓图与图 10-10c 单个框格的图形类似。

如果有侧移刚架作用一般水平荷载，则通过与 9-3 节类似的先固定各层侧移再予以放松的方法，同样可将其转化为一个无侧移刚架的问题和一个有侧移刚架作用水平结点荷载的问题的叠加，两者可分别按上一小节和本小节的定性分析方法进行估算。

10-4　超静定结构的一般特性

超静定结构是具有多余约束的几何不变体系。多余约束的存在使得超静定结构具有与静定结构诸多不同的受力特征。本节先通过与静定结构的对比阐述超静定结构的一般特性，然后对荷载因素和非荷载因素作用下超静定结构的内力变化规律作一讨论。

10-4-1　超静定结构的受力和变形特性

（1）与静定结构的"零荷载零内力"特性不同，超静定结构在荷载以外的其他因素，如支座移动、温度改变、材料收缩和制造误差等因素作用下一般都会引起内力。这是由于这类结构所存在的多余约束限制了结构的自由变形，而一旦外部主动施加了这种本受约束的变形或位移，结构内部就自然会产生约束反力及内力，如图 10-12 所示。

（2）区别于静定结构的"局部平衡"特性，超静定结构具有"协同"的特征，即每一部分上的荷载一般总由关联的各部分共同分担，分担的原则是"能者多劳"，以便达成各部分之间的变形协调。该"协同"特征使得超静定结构与相应的静定结构相比，其内力分布更趋均匀，内力峰值更小，例如图 10-13 所示的情况。

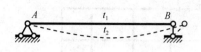

(a) 静定结构：变形自由，无内力

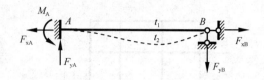

(b) 超静定结构：有内力，有变形和位移

图 10-12　静定与超静定结构发生温度改变时的比较

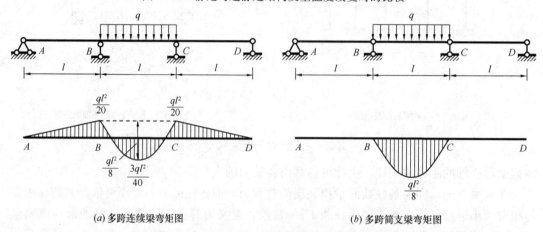

(a) 多跨连续梁弯矩图

(b) 多跨简支梁弯矩图

图 10-13　超静定与静定结构内力分布的比较

超静定结构的这一受力特性还可以从荷载的**传力路径**角度得到解释。与静定结构单一的传力路径不同，超静定结构某一几何不变部分上的荷载一般总有多条路径向外传力。这里所说的一条路径是指能够与该荷载维持平衡的最少数目的几个传力方向所组成的路线，其中有的传力方向可被不同路径共用。例如图 10-14a 所示刚架，其上作用的荷载可以认为有两条路径向基础传力：一是沿 A 端的三个传力方向（图 10-14b），二是沿 B 端的两个方向和 A 端的竖向（图 10-14c），其中 A 端的竖向由两条路径兼用。

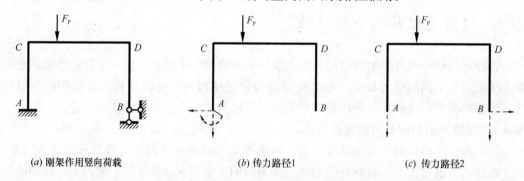

(a) 刚架作用竖向荷载

(b) 传力路径1

(c) 传力路径2

图 10-14　超静定结构传力路径图解

第 4 章提及，结构的传力路径越简单、直接，则其承受和传递荷载的效率就越高，结构性能越趋于合理。该结论同样适用于超静定结构。就超静定结构中某一荷载的多条传力路径而言，荷载倾向于沿路线更短、作用更直接、更不易引起较大变形的路径上传递。例如图 10-14a 的刚架，路径 1（图 10-14b）对荷载 F_P 而言更为简短、直接，故荷载将主要由该路径传递，而路径 2（图 10-14c）所占的比重就相对小些。由此得到的内力分布状态

与上面按"协同"和"能者多劳"原则得到的结果是一致的。

（3）区别于静定结构的"截面及材料无关性"，超静定结构的内力需要同时考虑平衡条件和变形条件才能确定，故总与杆件截面和材料性质有关。这已在前几章的分析中得到验证。

（4）与静定结构任一约束遭受破坏即成为几何可变体系，从而立刻丧失承载力不同，超静定结构的局部破坏若首先发生在多余约束上，则结构仍能维持几何不变，并仍然具有继续承载的能力。因此，从抵御突然破坏的角度看，超静定结构具有更强的防护能力。

（5）从变形或维持原有变形状态的能力方面看，多余约束的存在使得超静定结构与相应的静定结构相比，具有更强的刚度性能（图 10-15）和稳定性能（图 10-16）。

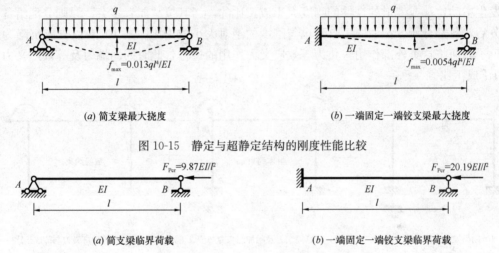

(a) 简支梁最大挠度 　　　　　　　　　(b) 一端固定一端铰支梁最大挠度

图 10-15　静定与超静定结构的刚度性能比较

(a) 简支梁临界荷载 　　　　　　　　　(b) 一端固定一端铰支梁临界荷载

图 10-16　静定与超静定结构的稳定性能比较

10-4-2　超静定结构的内力变化规律

（1）荷载作用时的变化规律

第 8 章述及，超静定结构在荷载作用下的内力分布仅与各杆件的刚度比值有关，而与刚度的绝对大小无关；在各关联杆件中，相对刚度大者承担内力更大。该规律与抗力大分担内力就大的"能者多劳"原则正好吻合。例如图 10-17a 所示刚架，梁上受有均布荷载 q 的作用。显然若梁、柱抗弯刚度按同一比例增大或减小，则刚架内力并不改变；但若刚度

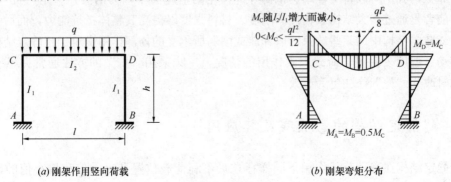

(a) 刚架作用竖向荷载 　　　　　　　　(b) 刚架弯矩分布

图 10-17　荷载作用下结构内力分布示例

比值发生改变，则弯矩分布将随之改变。当梁、柱刚度之比 I_2/I_1 增大时，柱对梁端的转动约束减弱，梁端及柱内弯矩减小，而梁的跨中弯矩增大（图 10-17b），故总体仍呈现相对刚度大承担内力就大的分布规律。显然，通过适当调整梁与柱的刚度比值，可使刚架的内力分布更趋合理。

（2）其他外因作用时的变化规律

超静定结构在支座移动、温度改变等非荷载因素作用下的内力变化状况与荷载作用时有所不同，此时的内力不仅与杆件之间的刚度比值有关，而且内力大小最终是与杆件刚度的绝对值成正比的，该结论在第 8-8 节中已有总结。究其原因，是因为荷载表现为一种主动的外力，该力可由结构的各个部分按"能者多劳"的原则直接分担；而其他外部因素首先表现为一种主动的位移或变形作用，然后才转化为等效的广义力作用，当然该广义力是与发生主动位移或变形的杆件的刚度大小成正比的，当其按"能者多劳"原则分配给各个部分后，各部分所分担的内力自然也与刚度的绝对大小成正比。图 10-18 以支座沉降为例给出了如何将这类外部作用转化为等效广义力作用的过程，此时的固端力及等效广义力均与 EI 成正比。

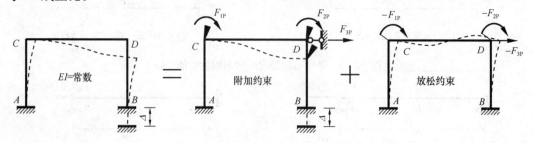

图 10-18　其他外因作用效应的分解

鉴于其他外因的作用性质与荷载作用有所不同，故为抵御这些作用所采取的措施自然也不相同。在其他外因作用下，单纯采用增大截面刚度的方法往往并不十分有效，因为此时结构内力也会随之增大。为抵御支座移动、温度改变等的作用，工程中常采取设置沉降缝、温度缝、释放结构中的局部关联约束、尽可能降低沉降量或温差变化等综合措施予以控制。

实际上，我们可以将工程结构抵御外部作用的措施简单归为两类：一是"抗"，二是"放"。前者是通过增大结构或构件的刚度、材料强度以提高其整体抵抗能力，而后者是通过解除或减弱结构中的某些约束，以释放或削弱所承受的外部作用。对于超静定结构发生支座移动、温度改变等非荷载因素作用的情况，一味采用"抗"的方法通常并不十分奏效，此时改为"放"往往更为有效。

10-5　超静定结构的影响线及其应用

超静定结构在移动荷载作用下同样存在最不利荷载位置及最大值和最小值的确定问题。该问题一般仍需借助影响线才能更好地解决。本节先讨论超静定结构内力影响线的绘制方法，然后作为应用探讨连续梁的最不利荷载位置及内力包络图的确定问题。

10-5-1 超静定结构的影响线

　　绘制超静定结构内力影响线的基本方法有两种：一种是直接应用力法、位移法、力矩分配法等超静定结构的解法，求出所求量值随单位荷载作用位置变化的函数，**即影响函数或影响线方程**，再由此绘出影响线图形，此为**直接法**；另一种是利用虚功原理将所求量值的影响线转化或比拟为承载杆件的位移图线，该法称为**比拟法**或**挠度法**。其中，前一方法与静定结构影响线绘制的静力法相对应，所不同的是现要同时考虑静力条件和变形条件才能获得量值的影响函数；后一方法则与静定内力影响线绘制的机动法相对应，所不同的是这里的位移图线并非机构运动形成的直线或折线，而是解除了与所求量值对应约束后的静定或超静定结构的弹性挠曲线，需要进行静定或超静定的位移计算才能获得此弹性曲线。

　　例如要绘制图 10-19a 所示两端固定梁支座 B 竖向反力 F_{yB}（↑）的影响线，若采用直接法，则先用力法或查载常数表求出 F_{yB} 的影响线方程为

$$F_{yB} = \frac{3lx^2 - 2x^3}{l^3}(\uparrow)$$

再由该方程绘出影响线图形，如图 10-19b 所示。

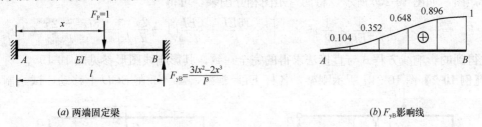

(a) 两端固定梁　　　　　　　　　　　　　　　　　　(b) F_{yB}影响线

图 10-19　直接法作影响线示例

　　上述影响线若采用比拟法绘制，则与静定结构的机动法类似，先解除与所求量值 $Z = F_{yB}$ 对应的约束（图 10-20a 下方），并沿 Z 正方向施加适当的作用力 Z_1 使其发生单位位移 $\delta_Z = 1$，由此得到的受力状态记为状态 Ⅱ，而原结构作用 $F_P = 1$ 的状态记为状态 Ⅰ（图 10-20a 上方）。设状态 Ⅱ 中与 F_P 作用点对应位置沿 F_P 正方向的位移为 δ'_{P1}，则对两状态应用功的互等定理，有

$$F_P\delta'_{P1} + Z\delta_Z = 0 \quad 或 \quad \delta'_{P1} + Z = 0$$

式中等号右边为零说明状态 Ⅱ 的外力在状态 Ⅰ 的位移上所做的虚功为零。

　　上式中，因 $F_P = 1$ 的位置是移动的，故与 F_P 对应的状态 Ⅱ 的位移 δ'_{P1} 的竖标位置也是改变的，而该竖标连线就是整个杆件的位移图线。据此可将上式改写为

$$Z(x) = -\delta'_{P1}(x) \tag{10-2}$$

该式表明，影响线 $Z(x)$ 图线就等于解除与 Z 对应约束后的结构沿 Z 正方向发生单位位移而得到的沿 F_P 相反方向的位移图线。由于 $F_P = 1$ 以向下为正，因此若位移图线位于承载杆件的基线以上，则位移 δ'_{P1} 为负，而影响线是正的，这与习惯上将正值影响线绘于基线上方正好一致。

　　这种利用影响线与位移图线之间的比拟关系来绘制影响线的方法，称为**比拟法**或**挠度法**。由该方法可直观、快速地获得影响线的轮廓形状，若要进一步获取影响线的竖标，则需求得位移图线的函数式或控制点的位移值。对于超静定力，这属于解除约束后的静定或

47

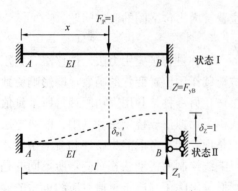

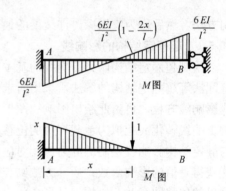

(a) 单位力状态Ⅰ和单位位移状态Ⅱ   (b) 位移状态与单位力状态弯矩图

图 10-20　比拟法作影响线原理及示例

超静定结构的位移计算。

对于图 10-20a 中的位移图线，由形常数表可作出该状态以及静定的虚拟单位力状态的弯矩图，如图 10-20b 所示。将两弯矩图相互图乘，可得

$$F_{yB} = -\delta'_{P1}(x) = \frac{1}{EI} \times \frac{1}{2}x^2 \times \frac{1}{3}\left[2 \times \frac{6EI}{l^2} + \frac{6EI}{l^2}\left(1 - \frac{2x}{l}\right)\right] = \frac{3lx^2 - 2x^3}{l^3}(\uparrow)$$

由此得到的影响线方程式与直接法求得的完全一致，其影响线图形参见图 10-19b。

【例 10-2】 图 10-21a 所示刚架，各杆 EI＝常数，$F_P = 1$ 在 BCD 上移动，试绘制 F_{yC}

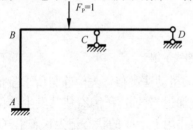

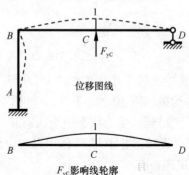

(a) 超静定刚架   (b) F_{yC} 位移图线及影响线轮廓

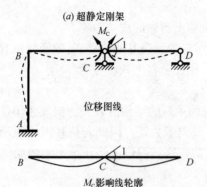

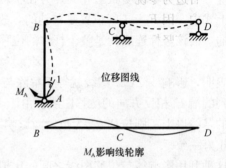

(c) M_C 位移图线及影响线轮廓   (d) M_A 位移图线及影响线轮廓

图 10-21　例 10-2 图

（↑）、M_C（下侧受拉为正）和 M_A（右侧受拉为正）的影响线轮廓。

【解】为作 F_{yC} 的影响线，解除 C 处的支座约束，并代之以约束反力 F_{yC}（↑）。该解除约束后的结构沿 F_{yC} 正方向的位移图线就是此影响线的轮廓形状（图 10-21b）。

同理可绘出解除与 M_C、M_A 对应约束后的结构的位移图线及相应的影响线轮廓，分别如图 10-21c、d 所示。

10-5-2 连续梁的最不利荷载位置及内力包络图

连续梁是工程中最常用的结构形式之一。当连续梁主要承受货物、人群等活载作用时，通常将活载简化为一系列集度不变但可任意断续布置的可动均布荷载。此时利用影响线的轮廓形状即可获得梁上内力或反力的最不利荷载位置。

例如图 10-22a 所示的五跨连续梁，若要确定第 3 跨间某截面弯矩（下侧受拉为正）

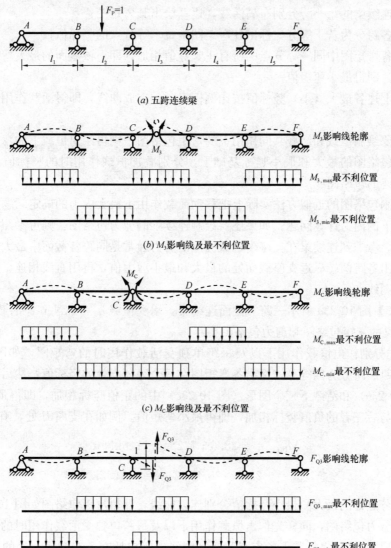

(a) 五跨连续梁

(b) M_3 影响线及最不利位置

(c) M_C 影响线及最不利位置

(d) F_{Q3} 影响线及最不利位置

图 10-22　连续梁影响线轮廓及最不利荷载位置

M_3 的最不利荷载位置，则先绘出 M_3 影响线的轮廓线如图 10-22b 虚线所示。由该轮廓线可知，只要将可动均布荷载布满第 1、3、5 跨即得其最大值的最不利位置。有了最不利位置，则利用固定荷载作用下的内力计算方法求出相应的量值，就得其最大值或最小值，而无需逐一确定影响线的竖标。对于超静定结构，后者的确定工作往往更为复杂和繁琐。同理，根据影响线的形状，该梁第 1 跨、第 5 跨某截面弯矩 M_1、M_5 的最不利荷载位置与上述 M_3 的最不利位置相同。其他量值如 M_C、F_{Q3} 的影响线轮廓及最不利位置如图 10-22c、d 所示。

由图 10-22b、c 可见，在作为可动均布荷载的活载作用下，连续梁任一截面弯矩的最不利位置对于梁上某一跨来说，要么是该跨布满荷载，要么是不布荷载。利用这一特性可以简化弯矩包络图的绘制，其主要步骤可归纳如下：

（1）将连续梁的每一跨分别布满活载，逐一绘出其弯矩图；

（2）将各跨分为若干等分，标出各弯矩图中每个等分点的竖标值；

（3）将各弯矩图中同一等分点的所有正竖标值相加，即得该截面的最大弯矩值；将全部负值相加，即得最小弯矩值；

（4）将上述各最大（小）竖标值按比例标出，并连成曲线，即得活载作用下的弯矩包络图；

（5）若要绘制恒载和活载共同作用下的弯矩包络图，则再绘出恒载下的弯矩图，然后在上述活载包络图的最大和最小竖标基础上，分别叠加恒载作用时的竖标值，并连成曲线，即得最终的包络图线。

这一绘制包络图的近似方法实际上把移动荷载作用下最大内力的确定问题简化成了一个固定荷载下的内力计算问题。如果还要绘制连续梁的剪力包络图，则可参照弯矩包络图的方法作出。考虑到连续梁在支座附近截面上的剪力通常是同跨各截面中最大的，因此实用上只需求出各跨两端靠近支座截面处的最大和最小剪力值，再用直线相连，即得剪力包络图的近似图线。

【例 10-3】 图 10-23a 所示三跨等截面连续梁，承受恒载 $q_0=8\text{kN/m}$、活载 $q=12\text{kN/m}$。试绘制梁的弯矩包络图和剪力包络图。

【解】 先分别作出恒载作用下以及每跨单独受活载作用时的弯矩图，如图 10-23b、c 所示；再将每一跨分为四等分，标出各弯矩图在每个等分点处的竖标值。然后将恒载下的竖标（图 10-23b）和活载下三个图形（图 10-23c）中的正值竖标相加，即得最大弯矩值；将前者竖标与后三者的负值竖标相加，即得最小弯矩值。例如在支座 B 处，有

$$M_{B,\max}=-28.8+7.2=-21.6\text{kNm}$$

$$M_{B,\min}=-28.8-28.8-21.6=-79.2\text{kNm}$$

最后将各等分点处的最大和最小竖标值分别连以曲线，即得弯矩包络图如图 10-23d 所示。

为绘制剪力包络图，同样先作出恒载作用下以及每跨单独受活载作用时的剪力图（读者可自行完成），然后将恒载下各支座截面（中间支座包括左、右截面）处的剪力竖标与活载下三个图形中的正（负）值竖标累加，即得最大（小）剪力值。将各支座截面处的最大和最小剪力竖标值分别用直线相连，可得剪力包络图的近似图线如图 10-24 所示。

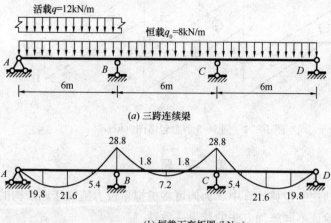

(a) 三跨连续梁

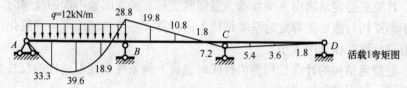

(b) 恒载下弯矩图 (kNm)

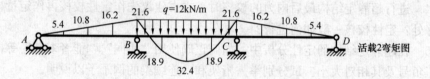

活载1弯矩图

活载2弯矩图

活载3弯矩图

(c) 活载下弯矩图 (kNm)

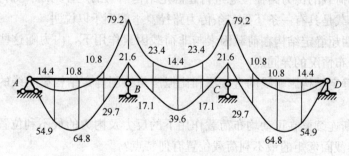

(d) 弯矩包络图 (kNm)

图 10-23　例 10-3 弯矩包络图

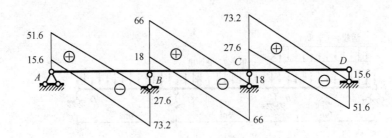

图 10-24　例 10-3 剪力包络图（kN）

思　考　题

10.1　在超静定结构的位移计算中，为何可将虚拟单位力施加于原结构的任一静定基本结构上？试举简例验证不同施加方法的结果一致性。

10.2　计算超静定结构由支座移动、温度改变等非荷载因素引起的位移时，将虚拟单位力施加于原结构与施加于静定的基本结构上的计算式是否相同或可得到简化？试举简例比较两种方法计算工作量的大小。

10.3　超静定结构的计算校核为何要同时包含平衡条件和变形条件的校核？两种校核分别如何开展？试举例加以说明。

10.4　进行超静定结构最后内力的校核时，本书建议先作定性校核再作定量校核，这有什么好处？定性校核一般如何进行？

10.5　在超静定结构的定性分析中，如何正确使用"协同"、"能者多劳"等概念判断内力的正负号及其相对大小？试分别举一桁架和一连续梁的例子予以说明。

10.6　对无侧移刚架和有侧移刚架进行定性分析时，为何要采用不同的分析方法？

10.7　采用反弯点法和悬臂梁法定性分析有侧移刚架的梁柱内力，其依据各是什么？分别如何实施？为何悬臂梁法对多跨且层数较多的刚架（如高层刚架）更显实用？

10.8　与静定结构相比，超静定结构在受力和变形方面有哪些不同的特性？这些特性对定性判断结构的内力和位移有何帮助？试举例加以说明。

10.9　如何利用荷载的传力路径概念进行超静定结构内力的定性判断？如何判别某一几何不变部分上的荷载是具有一条还是多条传力路径？举简例予以说明。

10.10　举例说明超静定结构在荷载因素与非荷载因素作用下，内力随这些因素变化及内力在各杆件中分布情况的异同点。

10.11　绘制超静定结构影响线的直接法和比拟法与绘制静定结构影响线的静力法和机动法有何异同？

10.12　如何判断连续梁在可动均布荷载作用下的反力及内力的最不利位置？在这类荷载作用下，连续梁截面弯矩的最不利荷载位置有何特点？

习　题

10-1　图示单跨超静定梁，截面 $EI=$ 常数，试利用形常数和载常数表作出梁的弯矩图，并求出以下指定截面的位移：(a) Δ_{yC}、θ_B；(b) Δ_{yC}、Δ_{yD}；(c) Δ_{yC}；(d) Δ_{yB}。

10-2　图示连续梁，已求得支座 A 和 B 处的弯矩：$M_A=290\text{kNm}$、$M_B=230\text{kNm}$

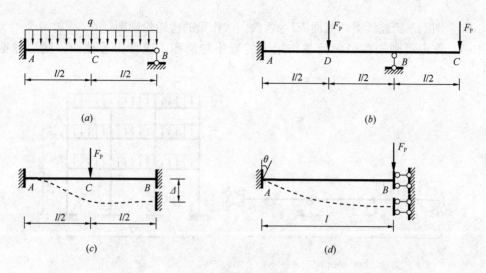

题 10-1 图

（均为上侧受拉），试作出其弯矩图，并计算 D 点的竖向位移和杆端 C 的转角。梁截面 EI ＝常数。

10-3　刚架的弯矩图如图所示，试求截面 F 的竖向位移。各杆 EI ＝常数。

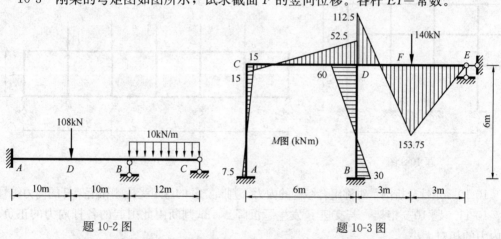

题 10-2 图　　　　　　　　　　题 10-3 图

10-4　上题中，试由弯矩图作出剪力图和轴力图，再对求得的内力进行校核。平衡条件的校核需包括力矩平衡和投影平衡，位移条件的校核需包括支座已知位移和截面零相对转角的校核。

10-5　图示两跨梁式桁架，设各杆 EA ＝常数，试定性判断各杆内力的正负号及同类杆件的相对大小。

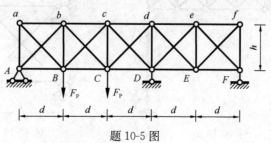

题 10-5 图

10-6 图示三跨连续梁，截面 EI＝常数，试作梁的弯矩轮廓图。

10-7 作图示刚架在竖向荷载作用下的弯矩轮廓图。设梁为等截面，同层柱截面相同。

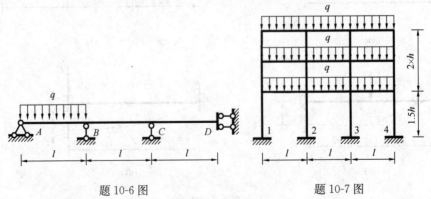

题 10-6 图　　　　　　　　　题 10-7 图

10-8 作图示刚架在水平荷载作用下的弯矩轮廓图。设梁为等截面，同层柱截面相同。

10-9* 作图示空腹桁架的弯矩轮廓图。设各杆 EI＝常数。

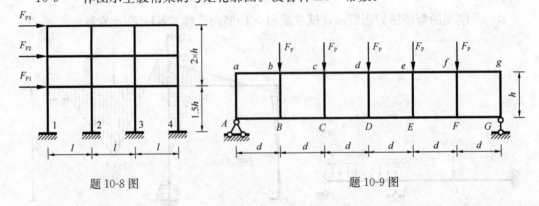

题 10-8 图　　　　　　　　　题 10-9 图

10-10 定性分析图示对称组合结构的内力，判断立柱的弯矩受拉侧和桁架杆的内力符号。

10-11 题 10-5 桁架，若支座 F 发生了沉降Δ，试判断由此引起的各杆内力的正负号及内力的相对大小。

10-12 图示桁架各杆 EA＝常数，试确定所示荷载的传力路径，分析不同路径在传力中的主次关系，并估算各杆内力的相对大小。

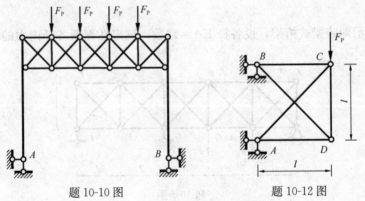

题 10-10 图　　　　　　　　　题 10-12 图

10-13* 判断图示对称刚架在支座位移作用下的内力分布，绘出弯矩轮廓图。

10-14* 图示刚架，若内侧温度升高了 t，试作其弯矩轮廓图。

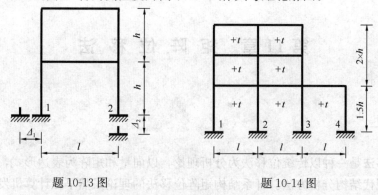

题 10-13 图   题 10-14 图

10-15 分别用直接法和比拟法作出图示单跨梁支座 B 反力的影响线，再进一步作出 A 端弯矩（下侧受拉为正）的影响线。

10-16 用比拟法绘制图示连续梁 F_{RB}、F_{QB}^L、F_{QB}^R、M_C 和 M_2 的影响线轮廓图。

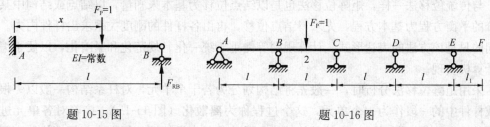

题 10-15 图   题 10-16 图

10-17 确定上题连续梁在可动均布荷载作用下 F_{RB}、F_{QB}^R 和 M_2 的最不利荷载位置。

10-18* 图示等截面连续梁承受恒载 $q_0 = 10.5$kN/m、活载 $q = 16.8$kN/m 的作用，试绘制其弯矩包络图和剪力包络图。

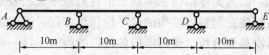

题 10-18 图

10-19** 调查并搜集工程中常见的超高层建筑或大跨桥梁的承重结构体系，绘出计算简图，并定性分析前者在水平荷载或后者在竖向荷载作用下的内力分布情况，绘出内力轮廓图。

第11章 矩阵位移法

11-1 概述

矩阵位移法是一种以传统位移法为分析理论，以向量和矩阵为表达形式，以计算机为计算手段的现代结构分析方法。杆系结构矩阵位移法的理论虽然早在计算机发明之前就已成熟，但是其真正在工程中得到广泛应用还是得益于计算机软硬件的快速发展。该方法与先进计算手段的紧密结合使得许多原本无法解决的大型、复杂结构分析问题变得迎刃而解，从而反过来有力促进了现代工业和工程领域的飞速发展。

与传统位移法一样，矩阵位移法也是以结点位移为基本未知量，以结点或结构中某一部分的平衡方程为基本方程，先求得结点位移，再由各杆件的刚度关系求出杆件内力。所不同的只是该方法的表达形式、计算规则等侧重于统一化、规范化和紧凑化，以便于编程和计算机实现。

采用矩阵位移法分析时，一般先将结构划分为若干个单元，对杆系结构一般以一根杆件或杆件中的一段作为一个单元，这个过程称为**离散化**（图 11-1a）；接着对各单元进行所谓的**单元分析**（图 11-1b），其目的是建立反映单元力学特性的杆端力与杆端位移之间的关系式，**即单元刚度方程**，该方程的系数矩阵称为**单元刚度矩阵**；然后对原结构进行**整体分析**，建立反映整个结构受力性能的**整体刚度矩阵**，该矩阵可依据刚度集成规则直接由各单元刚度矩阵集合而成，因为整体结构原本就是由各离散单元组装而成的；有了整体刚度矩阵，再根据结点平衡可建立起整体结构的最终位移法方程，进而求得结点位移；最后回到第二步进行所谓的**再次单元分析**，就可求得各杆件的内力。这一分析过程与传统位移法的步骤是总体一致的。

为了便于各阶段的分析，矩阵位移法中一般要同时建立两种坐标系：一种是针对整个结构的统一的**整体坐标系**，或称**结构坐标系**（图 11-1a）；另一种是附着在各个单元之上的**局部坐标系**，或称**单元坐标系**（图 11-1b）；并规定所有力和位移等物理量均以沿坐标正

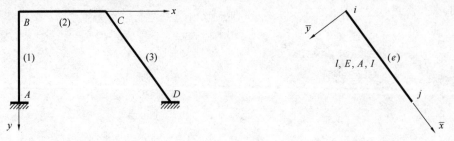

(a) 结构离散及整体坐标系　　　　　　　　　　　　*(b)* 单元及局部坐标系

图 11-1　单元划分及坐标定义

方向为正。单元分析时，先建立局部坐标系下的单元刚度矩阵，再将之变换到整体坐标系下，以便集成整体刚度矩阵，而后进行整体分析和再次单元分析。本章以下几节将按此顺序分别予以阐述。

11-2 一般杆件的单元分析

如上所述，单元分析的主要任务是建立单元刚度矩阵，该过程分为两个步骤：先建立局部坐标系下的单元刚度矩阵，再通过坐标变换获得整体坐标系下的相应矩阵。本节针对一般等截面杆件进行这两个方面的分析。

11-2-1 局部坐标系下的单元刚度矩阵

图 11-2a 所示为平面结构中的某一等截面直杆单元 e，设其长度为 l，弹性模量为 E，截面面积和惯性矩分别为 A、I。规定单元两个端点的局部编号为：始端 i、末端 j，并按图示方式建立局部坐标系 $\overline{x}o\overline{y}$，其中坐标原点定在始端点 i，$\overline{x}$ 轴的正向由始端指向末端；$\overline{y}$ 轴垂直于杆轴，转角 $\overline{\theta}$ 的方向按右手法则确定。对于图中 $\overline{x}$ 轴向右、$\overline{y}$ 轴向下的情况，$\overline{\theta}$ 以顺时针转向为正，也即 $\overline{z}$ 轴指向纸面。

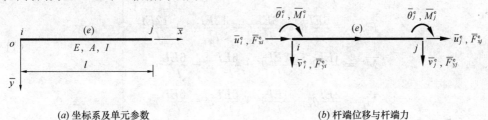

(a) 坐标系及单元参数　　　　　　　　　　　　(b) 杆端位移与杆端力

图 11-2　局部坐标系下的单元物理量

一般平面杆件单元的每端（i 或 j）各有 3 个杆端位移：轴向位移 $\overline{u}$、横向位移 $\overline{v}$ 和转角 $\overline{\theta}$，相应的有 3 个杆端力：轴向力 $\overline{F}_{\mathrm{x}}$、横向力（剪力）$\overline{F}_{\mathrm{y}}$ 和弯矩 $\overline{M}$，其中各物理量上方的上划线表示此为局部坐标系下的量。这样每个单元共有 6 个杆端位移或说有 6 个自由度，相应的有 6 个杆端力。图 11-2b 按正值方向标出了这 12 个物理量，其中杆件中间的箭头指向表示局部坐标系 $\overline{x}$ 轴的方向，在后续分析中为简便起见常用这种标示方法。将这些杆端位移和杆端力分别按顺序组成向量，即得局部坐标系下的**单元杆端位移向量**和**单元杆端力向量**：

$$\overline{\boldsymbol{\Delta}}^{\mathrm{e}} = \begin{pmatrix} \overline{\boldsymbol{\Delta}}_i^{\mathrm{e}} \\ \overline{\boldsymbol{\Delta}}_j^{\mathrm{e}} \end{pmatrix} = \begin{bmatrix} \overline{u}_i^{\mathrm{e}} & \overline{v}_i^{\mathrm{e}} & \overline{\theta}_i^{\mathrm{e}} & \overline{u}_j^{\mathrm{e}} & \overline{v}_j^{\mathrm{e}} & \overline{\theta}_j^{\mathrm{e}} \end{bmatrix}^{\mathrm{T}} \tag{11-1a}$$

$$\overline{\boldsymbol{F}}^{\mathrm{e}} = \begin{pmatrix} \overline{\boldsymbol{F}}_i^{\mathrm{e}} \\ \overline{\boldsymbol{F}}_j^{\mathrm{e}} \end{pmatrix} = \begin{bmatrix} \overline{F}_{\mathrm{x}i}^{\mathrm{e}} & \overline{F}_{\mathrm{y}i}^{\mathrm{e}} & \overline{M}_i^{\mathrm{e}} & \overline{F}_{\mathrm{x}j}^{\mathrm{e}} & \overline{F}_{\mathrm{y}j}^{\mathrm{e}} & \overline{M}_j^{\mathrm{e}} \end{bmatrix}^{\mathrm{T}} \tag{11-1b}$$

其中子向量 $\overline{\boldsymbol{\Delta}}_i^{\mathrm{e}}$、$\overline{\boldsymbol{\Delta}}_j^{\mathrm{e}}$ 等分别对应杆端 i、j。

图 11-3 所示为单元 e 在杆端力作用下发生变形和位移的示意图。根据第 7 章等截面拉压杆的刚度关系，并注意到各杆端力和杆端位移均以沿坐标正方向为正，可写出杆端轴向力与轴向位移之间的关系式为：

$$\overline{F}_{xi}^e = \frac{EA}{l}\overline{u}_i^e - \frac{EA}{l}\overline{u}_j^e \left.\begin{array}{l}\\\\\end{array}\right\}$$

$$\overline{F}_{xj}^e = -\frac{EA}{l}\overline{u}_i^e + \frac{EA}{l}\overline{u}_j^e$$

(11-2)

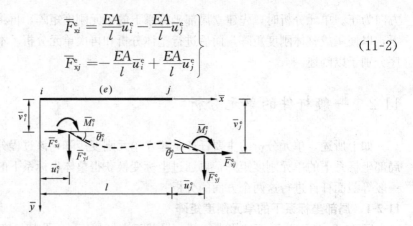

图 11-3 单元的杆端力和杆端位移

又依据第 7 章的转角位移方程，并注意到此时的正负号规定，可写出杆端横向力、杆端弯矩与杆端横向位移及转角之间的关系式如下：

$$\overline{F}_{yi}^e = \frac{6EI}{l^2}\overline{\theta}_i^e + \frac{6EI}{l^2}\overline{\theta}_j^e + \frac{12EI}{l^3}\overline{v}_i^e - \frac{12EI}{l^3}\overline{v}_j^e \left.\begin{array}{l}\\\\\\\\\\\\\\\\\end{array}\right\}$$

$$\overline{F}_{yj}^e = -\frac{6EI}{l^2}\overline{\theta}_i^e - \frac{6EI}{l^2}\overline{\theta}_j^e - \frac{12EI}{l^3}\overline{v}_i^e + \frac{12EI}{l^3}\overline{v}_j^e$$

$$\overline{M}_i^e = \frac{4EI}{l}\overline{\theta}_i^e + \frac{2EI}{l}\overline{\theta}_j^e + \frac{6EI}{l^2}\overline{v}_i^e - \frac{6EI}{l^2}\overline{v}_j^e$$

$$\overline{M}_j^e = \frac{2EI}{l}\overline{\theta}_i^e + \frac{4EI}{l}\overline{\theta}_j^e + \frac{6EI}{l^2}\overline{v}_i^e - \frac{6EI}{l^2}\overline{v}_j^e$$

(11-3)

将上述两式合并，可获得整个单元的杆端力向量与杆端位移向量之间的关系式：

$$\overline{\boldsymbol{F}}^e = \overline{\boldsymbol{k}}^e\ \overline{\boldsymbol{\Delta}}^e$$

(11-4)

该式就是局部坐标系下的**单元刚度方程**，其中系数矩阵

$$\overline{\boldsymbol{k}}^e = \left[\begin{array}{c|c}\overline{\boldsymbol{k}}_{ii}^e & \overline{\boldsymbol{k}}_{ij}^e \\ \hline \overline{\boldsymbol{k}}_{ji}^e & \overline{\boldsymbol{k}}_{jj}^e\end{array}\right] = \left[\begin{array}{ccc:ccc} \dfrac{EA}{l} & 0 & 0 & -\dfrac{EA}{l} & 0 & 0 \\[2mm] 0 & \dfrac{12EI}{l^3} & \dfrac{6EI}{l^2} & 0 & -\dfrac{12EI}{l^3} & \dfrac{6EI}{l^2} \\[2mm] 0 & \dfrac{6EI}{l^2} & \dfrac{4EI}{l} & 0 & -\dfrac{6EI}{l^2} & \dfrac{2EI}{l} \\[1mm] \hdashline -\dfrac{EA}{l} & 0 & 0 & \dfrac{EA}{l} & 0 & 0 \\[2mm] 0 & -\dfrac{12EI}{l^3} & -\dfrac{6EI}{l^2} & 0 & \dfrac{12EI}{l^3} & -\dfrac{6EI}{l^2} \\[2mm] 0 & \dfrac{6EI}{l^2} & \dfrac{2EI}{l} & 0 & -\dfrac{6EI}{l^2} & \dfrac{4EI}{l} \end{array}\right]$$

(11-5)

称为单元 e 在局部坐标下的**单元刚度矩阵**，其 4 个子块的下标分别与 i、j 两个杆端相对应。

单元刚度矩阵中任一元素 $\overline{k}_{rs}^e$（r, $s=1$, 2, $\cdots$, 6）的物理含义是：为使 s 方向发生单位杆端位移而其他自由度方向没有位移时，在 r 方向上所需施加的杆端力。该矩阵具有下列性质：

（1）对称性：由反力互等定理可知，单元刚度元素 $\bar{k}_{rs}^{e} = \bar{k}_{sr}^{e}$，故知矩阵是对称的；

（2）奇异性：$\bar{k}^{e}$ 的行列式为零，即 $|\bar{k}^{e}| = 0$，表明该矩阵为一奇异阵。这是由于一般杆件单元属自由单元，存在刚体位移，故在确定的杆端力作用下，并不能获得确定的杆端位移。

11-2-2 整体坐标系下的单元刚度矩阵

为了将各个单元刚度矩阵集成到同一个整体刚度矩阵中，需要先将各单元在其自身坐标系下的刚度矩阵都统一变换到整体坐标系下。该过程可通过坐标系之间的**坐标变换矩阵**实现。

图 11-4 给出了结构中某一单元 e 在整体坐标系 xOy 下的相对方位，而单元自身的局部坐标系附着在单元之上，两种坐标系的转角方向（也即按右手法则确定的 z 轴指向）保持一致。单元 e 在整体坐标系下的**方位角**，也即自 x 轴沿转角正方向（这里为顺时针）转至单元自身 $\bar{x}$ 轴的角度用 α 表示。单元 e 在整体坐标系下的杆端位移和杆端力向量定义为

$$\boldsymbol{\Delta}^{e} = \begin{Bmatrix} \boldsymbol{\Delta}_{i}^{e} \\ \boldsymbol{\Delta}_{j}^{e} \end{Bmatrix} = \begin{bmatrix} u_{i}^{e} & v_{i}^{e} & \theta_{i}^{e} & u_{j}^{e} & v_{j}^{e} & \theta_{j}^{e} \end{bmatrix}^{T} \tag{11-6a}$$

$$\boldsymbol{F}^{e} = \begin{Bmatrix} \boldsymbol{F}_{i}^{e} \\ \boldsymbol{F}_{j}^{e} \end{Bmatrix} = \begin{bmatrix} F_{xi}^{e} & F_{yi}^{e} & M_{i}^{e} & F_{xj}^{e} & F_{yj}^{e} & M_{j}^{e} \end{bmatrix}^{T} \tag{11-6b}$$

式中 $\boldsymbol{\Delta}_{i}^{e}$、$\boldsymbol{\Delta}_{j}^{e}$ 及 $\boldsymbol{F}_{i}^{e}$、$\boldsymbol{F}_{j}^{e}$ 分别为对应于单个杆端 i 或 j 的杆端位移和杆端力子向量。图 11-4a、b 中分别标出了两种坐标系下的 6 个杆端位移分量，而杆端力的指向与杆端位移是一致的。

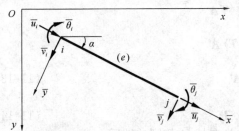 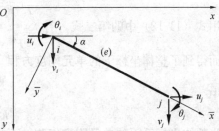

(a) 局部坐标下的杆端位移　　　　　　　　　　(b) 整体坐标下的杆端位移

图 11-4　局部和整体坐标系下的单元杆端位移

由于杆端位移和杆端力均以沿坐标正方向为正，故局部与整体坐标系下杆端位移之间或杆端力之间的变换关系同平面内任一点的位置坐标 $\bar{x}$、$\bar{y}$ 与 x、y 之间的变换关系完全一致，很容易由坐标投影关系写出。例如对于杆端 i 的位移，有

$$\left. \begin{aligned} \bar{u}_{i}^{e} &= u_{i}^{e}\cos\alpha + v_{i}^{e}\sin\alpha \\ \bar{v}_{i}^{e} &= -u_{i}^{e}\sin\alpha + v_{i}^{e}\cos\alpha \\ \bar{\theta}_{i}^{e} &= \theta_{i}^{e} \end{aligned} \right\}$$

对于杆端 j，把上式各量的下标 i 改为 j 即得形式相同的变换式。将其写成矩阵形式，有

$$\bar{\boldsymbol{\Delta}}_{i}^{e} = \boldsymbol{t}\boldsymbol{\Delta}_{i}^{e}, \quad \bar{\boldsymbol{\Delta}}_{j}^{e} = \boldsymbol{t}\boldsymbol{\Delta}_{j}^{e} \tag{11-7}$$

式中 $\boldsymbol{t}$ 为对应单个杆端的**坐标变换子矩阵**，具体为

$$t = \begin{bmatrix} \cos\alpha & \sin\alpha & 0 \\ -\sin\alpha & \cos\alpha & 0 \\ 0 & 0 & 1 \end{bmatrix} \tag{11-8}$$

将式（11-7）中两个杆端的变换式合并，可得到整个单元杆端位移向量的坐标变换式：

$$\overline{\boldsymbol{\Delta}}^e = \boldsymbol{T}\boldsymbol{\Delta}^e \tag{11-9}$$

式中 $\boldsymbol{T}$ 为单元 e 的**坐标变换矩阵**，且

$$\boldsymbol{T} = \begin{bmatrix} \boldsymbol{t} & 0 \\ \hline 0 & \boldsymbol{t} \end{bmatrix} \quad \text{或} \quad \boldsymbol{T} = \begin{bmatrix} \cos\alpha & \sin\alpha & 0 & 0 & 0 & 0 \\ -\sin\alpha & \cos\alpha & 0 & 0 & 0 & 0 \\ 0 & 0 & 1 & 0 & 0 & 0 \\ \hline 0 & 0 & 0 & \cos\alpha & \sin\alpha & 0 \\ 0 & 0 & 0 & -\sin\alpha & \cos\alpha & 0 \\ 0 & 0 & 0 & 0 & 0 & 1 \end{bmatrix} \tag{11-10}$$

容易证明 $\boldsymbol{T}$ 矩阵以及 $\boldsymbol{t}$ 子矩阵都是正交矩阵，也即 $\boldsymbol{T}^{-1} = \boldsymbol{T}^{\mathrm{T}}$ 及 $\boldsymbol{t}^{-1} = \boldsymbol{t}^{\mathrm{T}}$。该正交关系为相关物理量的坐标反变换提供了便利。对式（11-9）两边左乘 $\boldsymbol{T}^{\mathrm{T}}$，即得

$$\boldsymbol{\Delta}^e = \boldsymbol{T}^{\mathrm{T}} \overline{\boldsymbol{\Delta}}^e \tag{11-11}$$

因杆端力与杆端位移的方向一致，故上述变换关系同样适用于杆端力向量：

$$\overline{\boldsymbol{F}}^e = \boldsymbol{T}\boldsymbol{F}^e, \qquad \boldsymbol{F}^e = \boldsymbol{T}^{\mathrm{T}} \overline{\boldsymbol{F}}^e \tag{11-12}$$

有了杆端位移和杆端力的变换关系，将式（11-4）两边左乘 $\boldsymbol{T}^{\mathrm{T}}$ 并注意到式（11-9），可得

$$\boldsymbol{T}^{\mathrm{T}} \overline{\boldsymbol{F}}^e = \boldsymbol{T}^{\mathrm{T}} \overline{\boldsymbol{k}}^e (\boldsymbol{T}\boldsymbol{\Delta}^e)$$

利用式（11-12）中的第二式，有

$$\boldsymbol{F}^e = (\boldsymbol{T}^{\mathrm{T}} \overline{\boldsymbol{k}}^e \boldsymbol{T}) \boldsymbol{\Delta}^e$$

从而得到了整体坐标下的**单元刚度方程**

$$\boldsymbol{F}^e = \boldsymbol{k}^e \boldsymbol{\Delta}^e \tag{11-13}$$

其中

$$\boldsymbol{k}^e = \boldsymbol{T}^{\mathrm{T}} \overline{\boldsymbol{k}}^e \boldsymbol{T} \tag{11-14}$$

即为整体坐标系下的**单元刚度矩阵**。不难证明 $\boldsymbol{k}^e$ 具有与 $\overline{\boldsymbol{k}}^e$ 相同的性质。

为了便于后续对各结点进行分析，可将单元刚度方程按杆端 i、j 写成如下的分块形式：

$$\begin{bmatrix} \boldsymbol{F}_i^e \\ \boldsymbol{F}_j^e \end{bmatrix} = \begin{bmatrix} \boldsymbol{k}_{ii}^e & \boldsymbol{k}_{ij}^e \\ \boldsymbol{k}_{ji}^e & \boldsymbol{k}_{jj}^e \end{bmatrix} \begin{bmatrix} \boldsymbol{\Delta}_i^e \\ \boldsymbol{\Delta}_j^e \end{bmatrix} \tag{11-15}$$

不难验证，单元刚度矩阵四个子块的坐标变换式与该矩阵本身的变换式形式相同，即

$$\boldsymbol{k}_{rs}^e = \boldsymbol{t}^{\mathrm{T}} \overline{\boldsymbol{k}}_{rs}^e \boldsymbol{t} \quad (r, s = i, j) \tag{11-16}$$

将式（11-5）、式（11-8）代入，可求得各子块在整体坐标系下的表达式分别为

$$\boldsymbol{k}_{ii}^e = \begin{bmatrix} k_{11}^e & k_{12}^e & k_{13}^e \\ k_{21}^e & k_{22}^e & k_{23}^e \\ k_{31}^e & k_{32}^e & k_{33}^e \end{bmatrix} = \begin{bmatrix} \dfrac{EA}{l}\cos^2\alpha + \dfrac{12EI}{l^3}\sin^2\alpha & \left(\dfrac{EA}{l} - \dfrac{12EI}{l^3}\right)\sin\alpha\cos\alpha & -\dfrac{6EI}{l^2}\sin\alpha \\ \left(\dfrac{EA}{l} - \dfrac{12EI}{l^3}\right)\sin\alpha\cos\alpha & \dfrac{EA}{l}\sin^2\alpha + \dfrac{12EI}{l^3}\cos^2\alpha & \dfrac{6EI}{l^2}\cos\alpha \\ -\dfrac{6EI}{l^2}\sin\alpha & \dfrac{6EI}{l^2}\cos\alpha & \dfrac{4EI}{l} \end{bmatrix}$$

$$\tag{11-17a}$$

$$\boldsymbol{k}_{ij}^{e} = (\boldsymbol{k}_{ji}^{e})^{\mathrm{T}} = \begin{bmatrix} -k_{11}^{e} & -k_{12}^{e} & k_{13}^{e} \\ -k_{21}^{e} & -k_{22}^{e} & k_{23}^{e} \\ -k_{31}^{e} & -k_{32}^{e} & k_{33}^{e}/2 \end{bmatrix}, \quad \boldsymbol{k}_{jj}^{e} = \begin{bmatrix} k_{11}^{e} & k_{12}^{e} & -k_{13}^{e} \\ k_{21}^{e} & k_{22}^{e} & -k_{23}^{e} \\ -k_{31}^{e} & -k_{32}^{e} & k_{33}^{e} \end{bmatrix} \quad (11\text{-}17\mathrm{b})$$

可见该矩阵右上子块 $\boldsymbol{k}_{ij}^{e}$ 的第一列、第二列元素与 $\boldsymbol{k}_{ii}^{e}$ 对应元素的数值相等但正负号相反，第三列元素的正负号相同，但右下角元素的数值减半；右下子块 $\boldsymbol{k}_{jj}^{e}$ 各元素与 $\boldsymbol{k}_{ii}^{e}$ 数值相等，但第三行和第三列非主对角元素的符号相反。实际上，局部坐标系下的单元刚度矩阵的四个子块之间也存在类似的相互关系。

【例 11-1】 图 11-5 所示门式刚架，已知 $l=4\mathrm{m}$，各杆截面均为 $b \times h = 0.4\mathrm{m} \times 0.6\mathrm{m}$ 的矩形，材料弹性模量 $E = 3 \times 10^{4} \mathrm{MPa}$。试求各单元在整体坐标系下的刚度矩阵。

【解】 该刚架有三根杆件，每杆作为一个单元。各单元的编号用（1）、（2）、（3）表示，其局部坐标系 $\bar{x}$ 轴的指向用杆内箭头标明（图 11-5）。计算时应确保使局部与整体坐标系的转角方向一致。

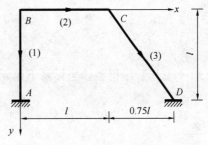

图 11-5 例 11-1 图

根据截面及材料特性，可求得杆件截面的轴向刚度和抗弯刚度分别为

$$EA = 720 \times 10^{4} \mathrm{kN}, \quad EI = 21.6 \times 10^{4} \mathrm{kNm^{2}}$$

因单元（1）、（2）的杆长及截面参数均相同，故两单元在局部坐标系下的刚度矩阵也相同。由式（11-5）可写出局部坐标系下三个单元刚度矩阵的左上子块分别为（力单位 kN，长度单位 m）

$$\bar{\boldsymbol{k}}_{ii}^{(1)} = \bar{\boldsymbol{k}}_{ii}^{(2)} = 10^{4} \times \begin{bmatrix} 180 & 0 & 0 \\ 0 & 4.05 & 8.1 \\ 0 & 8.1 & 21.6 \end{bmatrix}, \quad \bar{\boldsymbol{k}}_{ii}^{(3)} = 10^{4} \times \begin{bmatrix} 144 & 0 & 0 \\ 0 & 2.0736 & 5.184 \\ 0 & 5.184 & 17.28 \end{bmatrix}$$

对单元（1），方位角 $\alpha = 90°$，则坐标变换子矩阵为

$$\boldsymbol{t} = \begin{bmatrix} 0 & 1 & 0 \\ -1 & 0 & 0 \\ 0 & 0 & 1 \end{bmatrix}$$

由式（11-16）或直接按式（11-17a）可算得整体坐标系下的单元刚度矩阵的左上子块：

$$\boldsymbol{k}_{ii}^{(1)} = \boldsymbol{t}^{\mathrm{T}} \bar{\boldsymbol{k}}_{ii}^{(1)} \boldsymbol{t} = 10^{4} \times \begin{bmatrix} 4.05 & 0 & -8.1 \\ 0 & 180 & 0 \\ -8.1 & 0 & 21.6 \end{bmatrix}$$

利用各子块之间的相互关系容易写出该单元在整体坐标系下的刚度矩阵为

$$\boldsymbol{k}^{(1)} = 10^{4} \times \begin{bmatrix} 4.05 & 0 & -8.1 & -4.05 & 0 & -8.1 \\ 0 & 180 & 0 & 0 & -180 & 0 \\ -8.1 & 0 & 21.6 & 8.1 & 0 & 10.8 \\ -4.05 & 0 & 8.1 & 4.05 & 0 & 8.1 \\ 0 & -180 & 0 & 0 & 180 & 0 \\ -8.1 & 0 & 10.8 & 8.1 & 0 & 21.6 \end{bmatrix}$$

单元（2），$\alpha = 0°$，故

61

$$k^{(2)} = \bar{k}^{(2)} = 10^4 \times \begin{bmatrix} 180 & 0 & 0 & -180 & 0 & 0 \\ 0 & 4.05 & 8.1 & 0 & -4.05 & 8.1 \\ 0 & 8.1 & 21.6 & 0 & -8.1 & 10.8 \\ -180 & 0 & 0 & 180 & 0 & 0 \\ 0 & -4.05 & -8.1 & 0 & 4.05 & -8.1 \\ 0 & 8.1 & 10.8 & 0 & -8.1 & 21.6 \end{bmatrix}$$

单元（3），$\cos\alpha = 0.6$，$\sin\alpha = 0.8$，则

$$t = \begin{bmatrix} 0.6 & 0.8 & 0 \\ -0.8 & 0.6 & 0 \\ 0 & 0 & 1 \end{bmatrix}$$

由式（11-16）求得整体坐标系下单元刚度矩阵的左上子块为

$$k_{ii}^{(3)} = t^{\mathrm{T}} \bar{k}_{ii}^{(3)} t = 10^4 \times \begin{bmatrix} 53.167 & 68.125 & -4.147 \\ 68.125 & 92.906 & 3.110 \\ -4.147 & 3.110 & 17.280 \end{bmatrix}$$

利用各子块之间的相互关系写出该单元在整体坐标系中的刚度矩阵如下：

$$k^{(3)} = 10^4 \times \begin{bmatrix} 53.167 & 68.125 & -4.147 & -53.167 & -68.125 & -4.147 \\ 68.125 & 92.906 & 3.110 & -68.125 & -92.906 & 3.110 \\ -4.147 & 3.110 & 17.280 & 4.147 & -3.110 & 8.640 \\ -53.167 & -68.125 & 4.147 & 53.167 & 68.125 & 4.147 \\ -68.125 & -92.906 & -3.110 & 68.125 & 92.906 & -3.110 \\ -4.147 & 3.110 & 8.640 & 4.147 & -3.110 & 17.280 \end{bmatrix}$$

11-3 刚架的整体分析

11-3-1 整体刚度矩阵的形成

图 11-6a 所示刚架具有 3 根杆件和 4 个结点（含支座结点）。采用矩阵位移法分析时，通常同时考虑刚架各杆件的弯曲变形和轴向变形，且在单元分析时将各杆件均视作为每端有 3 个自由度的一般杆件单元。这样各铰结点处的杆端转角以及支座结点处的未知位移均需作为基本未知量，而每个自由刚结点或自由杆端都有 3 个独立的结点位移。按此规则可得知图 11-6a 的刚架共有 7 个结点位移，将其按顺序用 1、2、…、7 进行编号，称之为结点位移的**整体编码**。于是该刚架的**整体结点位移向量**以及相应的**整体结点力向量**均有 7 个分量，即

$$\boldsymbol{\Delta} = \begin{bmatrix} \Delta_1 & \Delta_2 & \Delta_3 & \Delta_4 & \Delta_5 & \Delta_6 & \Delta_7 \end{bmatrix}^{\mathrm{T}}$$
$$\boldsymbol{F} = \begin{bmatrix} F_1 & F_2 & F_3 & F_4 & F_5 & F_6 & F_7 \end{bmatrix}^{\mathrm{T}}$$

两向量之间的关系式可写为

$$\boldsymbol{F} = \boldsymbol{K}\boldsymbol{\Delta} \tag{11-18}$$

这就是反映刚架结构整体力学特性的方程，称之为结构的**整体刚度方程**，其系数矩阵 $\boldsymbol{K}$ 称为结构的**整体刚度矩阵**。

图 11-6a 刚架有 3 个单元，单元编号用（1）、（2）、（3）表示。设各单元在整体坐标

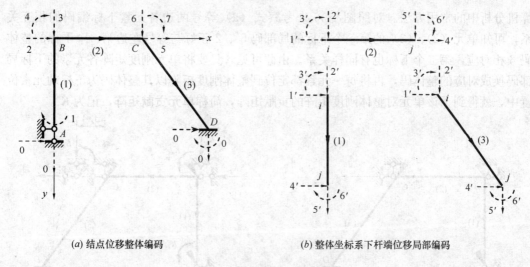

(a) 结点位移整体编码　　　　　　　　　(b) 整体坐标系下杆端位移局部编码

图 11-6　刚架结点位移编码

系下的刚度矩阵均已求得，其始、末端点已由代表局部坐标系 $\bar{x}$ 轴指向的杆中箭头标明。各单元在整体坐标系中的 6 个杆端位移按式（11-6a）的顺序，也即先始端后末端，而每端又按 x、y、θ 方向的顺序排列，其编码依次为 1、2、3、4、5、6，称之为单元杆端位移的**局部编码**。该刚架 3 个单元的杆端位移局部编码参见图 11-6b，图中在编码数字后加"'"以示与整体编码区分。

为获取整体刚度矩阵中的某一元素，根据刚度系数的物理含义，先在原结构各结点位移方向上附加约束，得到相应的位移法基本结构（图 11-7a）；然后逐个令基本结构沿附加约束方向发生单位位移，则各附加约束上的约束反力就是整体刚度元素之值。例如令刚架第 5 个结点位移 $\Delta_5 = 1$，则 7 个附加约束反力就是整体刚度矩阵的第 5 列元素 K_{15}、K_{25}、$\cdots$、K_{75}，如图 11-7b 所示。由图可见，刚架在发生 $\Delta_5 = 1$ 的同时，单元（2）和（3）的杆端 C 也伴有单位位移 $u_j^{(2)} = 1$、$u_i^{(3)} = 1$，于是单元杆端也会产生杆端力。依据单元刚度元素的定义，此杆端力即为对应下标的单元刚度元素。进一步根据结点平衡条件，就可找到两种刚度元素之间的相互关系。

例如取出结点 C 如图 11-7c 所示，图中已将 $\Delta_5 = 1$ 所产生的杆端力用单元刚度元素标示出，则由结点 C 的竖向平衡，有

$$K_{65} = k_{5'4'}^{(2)} + k_{2'1'}^{(3)} \qquad (a)$$

依据水平和转角方向的平衡，同样可将 K_{55}、K_{75} 用单元刚度元素表示。这表明结构的整体刚度元素等于其所在结点各杆端沿同一方向的单元刚度元素的叠加。这种直接依据刚度元素的物理意义和结点平衡条件确定整体刚度元素的方法，称为**结点平衡法**，是传统位移法中常用的。该方法按结点位移顺序对同一结点的各个杆端作叠加计算而获得整体刚度元素。但是，由于结点构成方式及所涉及的杆端各不相同，故该方法的规律性和可重复性欠佳，不适于编程和计算机实现，主要在手算和局部校核计算中应用。

既然结构的整体刚度元素等于同一方向各关联的单元刚度元素的叠加，那么只要找到两种元素之间的对应关系，然后按照单元而非结点的贡献逐个叠加，同样可形成整体刚度矩阵，这种方法称为**单元集成法**。此方法以单元为对象，具有统一性和可重复性，故为计

算机分析中的常用方法。对照图 11-6 来考察式（a）等号两边各元素下标编码的相互关系，可知单元（2）、（3）的第一个下标的局部码 $5'$、$2'$ 正好与等号左边第一个下标的整体码 6 相对应，第二个下标也有同样关系。由此可见，只要将单元刚度矩阵各元素的下标局部码换成对应的整体码，再将每一元素都定位到整体刚度矩阵以其整体码为下标的元素位置中，就得到了该单元对整体刚度矩阵的贡献矩阵，简称**单元贡献矩阵**，记为 $\boldsymbol{K}^e$。

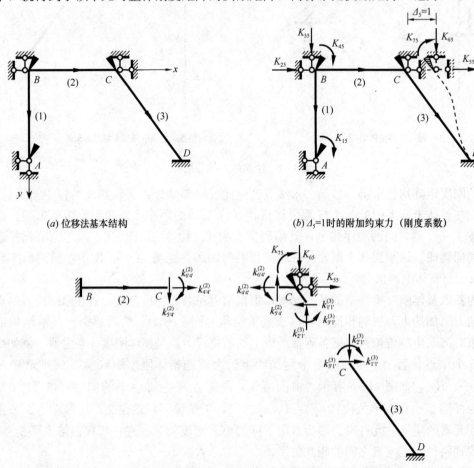

(a) 位移法基本结构

(b) $\varDelta_5=1$ 时的附加约束力（刚度系数）

(c) $\varDelta_5=1$ 时结点 C 及关联杆受力

图 11-7　刚架基本结构及刚度系数物理含义

具体计算中，常用**单元定位向量**来表示单元各结点位移的局部编码与整体编码之间的对应关系。如果将单元 e 的定位向量记为 $\boldsymbol{\lambda}^e$，其中各元素的序号就是局部码，而元素之值即为整体码，那么对于图 11-6a 中的三个单元，以图 11-6b 中的局部码为顺序，可写出三个定位向量分别为

$$\boldsymbol{\lambda}^{(1)}=\begin{pmatrix}2\\3\\4\\0\\0\\1\end{pmatrix}, \quad \boldsymbol{\lambda}^{(2)}=\begin{pmatrix}2\\3\\4\\5\\6\\7\end{pmatrix}, \quad \boldsymbol{\lambda}^{(3)}=\begin{pmatrix}5\\6\\7\\0\\0\\0\end{pmatrix}$$

为考虑支座约束条件，这里将已知为零的结点位移的整体编码用"0"表示，对应的元素将不送入整体刚度矩阵之中。这种在形成整体刚度矩阵之前就引入位移约束条件的方法称为**先处理法**，由此得到的整体刚度矩阵是反映实际结构力学特性的最终矩阵。

有了单元定位向量 $\boldsymbol{\lambda}^e$，则对任一单元刚度元素 k_{rs}^e，只要将其下标局部码 r、s（r、$s=1$、2、…、6，为清晰起见略去数字后的"′"号）换成定位向量中相应的整体码 λ_r、λ_s，并定位到初始置零的整体刚度矩阵的第 λ_r 行、第 λ_s 列中，就完成了该元素的所谓"对号入座"过程（参见图 11-8）。按此方法将全部元素就位后，就得到了单元 e 的贡献矩阵 $\boldsymbol{K}^e$。

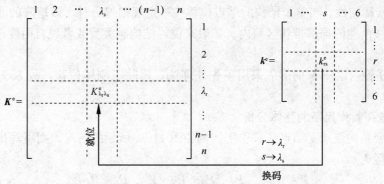

图 11-8　单元刚度元素换码就位（对号入座）示意图

以图 11-6a 所示刚架的单元（1）为例，设其在整体坐标系下的单元刚度矩阵为

$$
\boldsymbol{k}^{(1)} =
\begin{bmatrix}
k_{11}^{(1)} & k_{12}^{(1)} & k_{13}^{(1)} & k_{14}^{(1)} & k_{15}^{(1)} & k_{16}^{(1)} \\
k_{21}^{(1)} & k_{22}^{(1)} & k_{23}^{(1)} & k_{24}^{(1)} & k_{25}^{(1)} & k_{26}^{(1)} \\
k_{31}^{(1)} & k_{32}^{(1)} & k_{33}^{(1)} & k_{34}^{(1)} & k_{35}^{(1)} & k_{36}^{(1)} \\
k_{41}^{(1)} & k_{42}^{(1)} & k_{43}^{(1)} & k_{44}^{(1)} & k_{45}^{(1)} & k_{46}^{(1)} \\
k_{51}^{(1)} & k_{52}^{(1)} & k_{53}^{(1)} & k_{54}^{(1)} & k_{55}^{(1)} & k_{56}^{(1)} \\
k_{61}^{(1)} & k_{62}^{(1)} & k_{63}^{(1)} & k_{64}^{(1)} & k_{65}^{(1)} & k_{66}^{(1)}
\end{bmatrix}
\begin{matrix} 2 \\ 3 \\ 4 \\ 0 \\ 0 \\ 1 \end{matrix}
$$

（列标：2　3　4　0　0　1）

这里为方便起见，直接将定位向量中的整体码标注到了矩阵各行、列的序号位置上。按照"对号入座"方法，容易写出单元（1）的贡献矩阵如下：

$$
\boldsymbol{K}^{(1)} =
\begin{bmatrix}
k_{66}^{(1)} & k_{61}^{(1)} & k_{62}^{(1)} & k_{63}^{(1)} & 0 & 0 & 0 \\
k_{16}^{(1)} & k_{11}^{(1)} & k_{12}^{(1)} & k_{13}^{(1)} & 0 & 0 & 0 \\
k_{26}^{(1)} & k_{21}^{(1)} & k_{22}^{(1)} & k_{23}^{(1)} & 0 & 0 & 0 \\
k_{36}^{(1)} & k_{31}^{(1)} & k_{32}^{(1)} & k_{33}^{(1)} & 0 & 0 & 0 \\
0 & 0 & 0 & 0 & 0 & 0 & 0 \\
0 & 0 & 0 & 0 & 0 & 0 & 0 \\
0 & 0 & 0 & 0 & 0 & 0 & 0
\end{bmatrix}
\begin{matrix} 1 \\ 2 \\ 3 \\ 4 \\ 5 \\ 6 \\ 7 \end{matrix}
$$

（列标：1　2　3　4　5　6　7）

单元（2）、（3）的贡献矩阵也可用同样方法获得。从物理上看，单元贡献矩阵就是将原结构除该单元以外的其他单元的刚度均设为零后的结构的整体刚度矩阵。将三个单元的贡献矩阵叠加，即得刚架的整体刚度矩阵。

实际分析中，一般并不需要逐个形成单元贡献矩阵，而是按单元编号顺序，逐一将各单元刚度矩阵的元素按上述"对号入座"的定位原则直接累加到初始为零的整体刚度矩阵中。这样对所有单元循环一轮后，整体刚度矩阵也就形成了。

整体刚度矩阵中的某一元素 K_{rs} 的物理意义是：为使整体结构沿第 s 个自由度方向单独发生单位位移（也即其他自由度方向的位移为零），在第 r 个自由度方向上所需施加的作用力。该矩阵具有下列性质：

（1）**对称性**：$K_{rs}=K_{sr}$，可由反力互等定理予以验证。

（2）**带状稀疏性**：当整个结构的结点位移按一定规则编码时，该矩阵的非零元素将集中于主对角线两侧的局部带状区域内。一般来说，结构越大型或者说自由度越多，则这种特性就越明显。

（3）**可逆性**：由于 K 的形成采用了先处理法，排除了刚体位移，故 K 为非奇异的可逆阵。

11-3-2 结点荷载作用下的整体分析

如果刚架结构仅承受结点荷载作用，例如图 11-9a 所示的情况，则可写出结构的**整体结点荷载向量**为

$$P=\begin{bmatrix} P_1 & P_2 & P_3 & P_4 & P_5 & P_6 & P_7 \end{bmatrix}^{\mathrm{T}}$$

为寻求各结点力与结点荷载之间的相互关系，取出刚架中的任一结点，例如结点 C 并标出上面的荷载及各个杆端力如图 11-9b 所示。显然该结点沿三个方向的整体结点力就等于同一方向的两个单元杆端力之和，即

$$F_5=F_5^{(2)}+F_5^{(3)}, \quad F_6=F_6^{(2)}+F_6^{(3)}, \quad F_7=F_7^{(2)}+F_7^{(3)}$$

这里各杆端力的编码均已改用整体码表示。于是对该结点列出三个方向的平衡条件，有

$$F_5=P_5, \quad F_6=P_6, \quad F_7=P_7$$

而对整个结构写出这种平衡关系，则有

$$F=P$$

将其代入式（11-18），可得

$$K\Delta=P \tag{11-19}$$

这就是整体结构的最终**位移法方程**。由该方程可解出未知的结点位移，将之回代到各单元

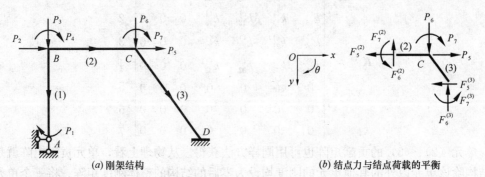

(a) 刚架结构   (b) 结点力与结点荷载的平衡

图 11-9 刚架承受结点荷载

66

刚度方程中，便可求得各单元的杆端力，从而完成整个刚架的内力计算。

【例 11-2】 确定图 11-10a 所示刚架的整体刚度矩阵，并计算在图示荷载作用下的结点位移和杆端力，作出内力图。各杆截面及材料参数与例 11-1 相同。

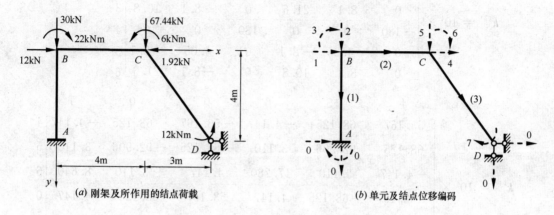

(a) 刚架及所作用的结点荷载　　　　　(b) 单元及结点位移编码

图 11-10　例 11-2 刚架及结点位移编码

【解】 (1) 单元及结点位移编码

此刚架有 3 个单元，编号为 (1)、(2)、(3)；有 7 个结点位移，其整体编码如图 11-10b 所示，图中各杆内箭头标明了单元局部坐标 $\bar{x}$ 轴的指向，这样单元的始末端也就确定了。

(2) 局部与整体坐标系下的单元刚度矩阵

单元刚度矩阵的计算过程及所得结果参见例 11-1。

(3) 集成整体刚度矩阵

由图 11-10b 标示的单元始末端及结点位移整体码，可写出各单元的定位向量如下：

$$\boldsymbol{\lambda}^{(1)} = \begin{bmatrix} 1 & 2 & 3 & 0 & 0 & 0 \end{bmatrix}^{\mathrm{T}}$$

$$\boldsymbol{\lambda}^{(2)} = \begin{bmatrix} 1 & 2 & 3 & 4 & 5 & 6 \end{bmatrix}^{\mathrm{T}}$$

$$\boldsymbol{\lambda}^{(3)} = \begin{bmatrix} 4 & 5 & 6 & 0 & 0 & 7 \end{bmatrix}^{\mathrm{T}}$$

将定位向量的各元素标示到整体坐标系下的单元刚度矩阵 $\boldsymbol{k}^{(1)}$、$\boldsymbol{k}^{(2)}$、$\boldsymbol{k}^{(3)}$ 的对应行列序号中：

$$\boldsymbol{k}^{(1)} = 10^4 \times \begin{array}{c} \\ \begin{bmatrix} 4.05 & 0 & -8.1 & -4.05 & 0 & -8.1 \\ 0 & 180 & 0 & 0 & -180 & 0 \\ -8.1 & 0 & 21.6 & 8.1 & 0 & 10.8 \\ -4.05 & 0 & 8.1 & 4.05 & 0 & 8.1 \\ 0 & -180 & 0 & 0 & 180 & 0 \\ -8.1 & 0 & 10.8 & 8.1 & 0 & 21.6 \end{bmatrix} \begin{matrix} 1 \\ 2 \\ 3 \\ 0 \\ 0 \\ 0 \end{matrix} \end{array}$$

$$\begin{matrix} 1 & 2 & 3 & 0 & 0 & 0 \end{matrix}$$

$$\boldsymbol{k}^{(2)} = 10^4 \times \begin{bmatrix} 180 & 0 & 0 & -180 & 0 & 0 \\ 0 & 4.05 & 8.1 & 0 & -4.05 & 8.1 \\ 0 & 8.1 & 21.6 & 0 & -8.1 & 10.8 \\ -180 & 0 & 0 & 180 & 0 & 0 \\ 0 & -4.05 & -8.1 & 0 & 4.05 & -8.1 \\ 0 & 8.1 & 10.8 & 0 & -8.1 & 21.6 \end{bmatrix} \begin{matrix} 1 \\ 2 \\ 3 \\ 4 \\ 5 \\ 6 \end{matrix}$$

$$\begin{matrix} \quad 4 & \quad 5 & \quad 6 & \quad 0 & \quad 0 & \quad 7 \end{matrix}$$
$$\boldsymbol{k}^{(3)} = 10^4 \times \begin{bmatrix} 53.167 & 68.125 & -4.147 & -53.167 & -68.125 & -4.147 \\ 68.125 & 92.906 & 3.110 & -68.125 & -92.906 & 3.110 \\ -4.147 & 3.110 & 17.280 & 4.147 & -3.110 & 8.640 \\ -53.167 & -68.125 & 4.147 & 53.167 & 68.125 & 4.147 \\ -68.125 & -92.906 & -3.110 & 68.125 & 92.906 & -3.110 \\ -4.147 & 3.110 & 8.640 & 4.147 & -3.110 & 17.280 \end{bmatrix} \begin{matrix} 4 \\ 5 \\ 6 \\ 0 \\ 0 \\ 7 \end{matrix}$$

根据上述行列编码将各单元刚度元素分别累加到整体刚度矩阵的相应行列中，即形成了整体刚度矩阵（力单位 kN、长度单位 m）：

$$\boldsymbol{K} = 10^4 \times \begin{bmatrix} 4.05+180 & & & & & 对称 \\ 0+0 & 189+4.05 & & & & \\ -8.1+0 & 0+8.1 & 21.6+21.6 & & & \\ -180 & 0 & 0 & 180+53.167 & & \\ 0 & -4.05 & -8.1 & 0+68.125 & 4.05+92.906 & \\ 0 & 8.1 & 10.8 & 0-4.147 & -8.1+3.110 & 21.6+17.280 \\ 0 & 0 & & -4.147 & 3.110 & 8.640 & 17.280 \end{bmatrix}$$

$$= 10^4 \times \begin{bmatrix} 184.05 & 0 & -8.1 & -180 & 0 & 0 & 0 \\ 0 & 184.05 & 8.1 & 0 & -4.05 & 8.1 & 0 \\ -8.1 & 8.1 & 43.2 & 0 & -8.1 & 10.8 & 0 \\ -180 & 0 & 0 & 233.167 & 68.125 & -4.147 & -4.147 \\ 0 & -4.05 & -8.1 & 68.125 & 96.956 & -4.990 & 3.110 \\ 0 & 8.1 & 10.8 & -4.147 & -4.990 & 38.880 & 8.640 \\ 0 & 0 & 0 & -4.147 & 3.110 & 8.640 & 17.280 \end{bmatrix}$$

（4）组成位移法方程并求解

将图 11-10a 中的结点荷载按顺序组成向量（kN 或 kNm）：

$$\boldsymbol{P} = \begin{bmatrix} 12 & 30 & 22 & -1.92 & 67.44 & -6 & -12 \end{bmatrix}^{\mathrm{T}}$$

由此可写出位移法方程如下：

$$10^4 \times \begin{bmatrix} 184.05 & 0 & -8.1 & -180 & 0 & 0 & 0 \\ 0 & 184.05 & 8.1 & 0 & -4.05 & 8.1 & 0 \\ -8.1 & 8.1 & 43.2 & 0 & -8.1 & 10.8 & 0 \\ -180 & 0 & 0 & 233.167 & 68.125 & -4.147 & -4.147 \\ 0 & -4.05 & -8.1 & 68.125 & 96.956 & -4.990 & 3.110 \\ 0 & 8.1 & 10.8 & -4.147 & -4.990 & 38.880 & 8.640 \\ 0 & 0 & 0 & -4.147 & 3.110 & 8.640 & 17.280 \end{bmatrix} \begin{Bmatrix} \Delta_1 \\ \Delta_2 \\ \Delta_3 \\ \Delta_4 \\ \Delta_5 \\ \Delta_6 \\ \Delta_7 \end{Bmatrix} = \begin{Bmatrix} 12 \\ 30 \\ 22 \\ -1.92 \\ 67.44 \\ -6 \\ -12 \end{Bmatrix}$$

解方程得结点位移（m、rad）：

$$\boldsymbol{\Delta} = 10^{-5} \times \begin{bmatrix} -62.085 & 2.506 & 1.757 & -64.228 & 53.713 & 5.182 & -34.617 \end{bmatrix}^{\mathrm{T}}$$

（5）计算单元杆端力

按单元定位向量的顺序形成各单元的杆端位移向量：

$$\boldsymbol{\Delta}^{(1)} = 10^{-5} \times \begin{bmatrix} -62.085 & 2.506 & 1.757 & 0 & 0 & 0 \end{bmatrix}^{\mathrm{T}}$$

$$\boldsymbol{\Delta}^{(2)} = 10^{-5} \times \begin{bmatrix} -62.085 & 2.506 & 1.757 & -64.228 & 53.713 & 5.182 \end{bmatrix}^{\mathrm{T}}$$

$$\boldsymbol{\Delta}^{(3)} = 10^{-5} \times \begin{bmatrix} -64.228 & 53.713 & 5.182 & 0 & 0 & -34.617 \end{bmatrix}^{\mathrm{T}}$$

将之变换到局部坐标系下，并代入单元刚度方程，可求得各单元杆端力（kN 或 kNm）：

$$\overline{\boldsymbol{F}}^{(1)} = \overline{\boldsymbol{k}}^{(1)} \boldsymbol{T} \boldsymbol{\Delta}^{(1)}$$

$$= 10^{-1} \times \begin{bmatrix} 180 & 0 & 0 & -180 & 0 & 0 \\ 0 & 4.05 & 8.1 & 0 & -4.05 & 8.1 \\ 0 & 8.1 & 21.6 & 0 & -8.1 & 10.8 \\ -180 & 0 & 0 & 180 & 0 & 0 \\ 0 & -4.05 & -8.1 & 0 & 4.05 & -8.1 \\ 0 & 8.1 & 10.8 & 0 & -8.1 & 21.6 \end{bmatrix} \begin{Bmatrix} 2.506 \\ 62.085 \\ 1.757 \\ 0 \\ 0 \\ 0 \end{Bmatrix} = \begin{Bmatrix} 45.1 \\ 26.6 \\ 54.1 \\ -45.1 \\ -26.6 \\ 52.2 \end{Bmatrix}$$

$$\overline{\boldsymbol{F}}^{(2)} = \boldsymbol{F}^{(2)} = \boldsymbol{k}^{(2)} \boldsymbol{\Delta}^{(2)}$$

$$= 10^{-1} \times \begin{bmatrix} 180 & 0 & 0 & -180 & 0 & 0 \\ 0 & 4.05 & 8.1 & 0 & -4.05 & 8.1 \\ 0 & 8.1 & 21.6 & 0 & -8.1 & 10.8 \\ -180 & 0 & 0 & 180 & 0 & 0 \\ 0 & -4.05 & -8.1 & 0 & 4.05 & -8.1 \\ 0 & 8.1 & 10.8 & 0 & -8.1 & 21.6 \end{bmatrix} \begin{Bmatrix} -62.085 \\ 2.506 \\ 1.757 \\ -64.228 \\ 53.713 \\ 5.182 \end{Bmatrix} = \begin{Bmatrix} 38.6 \\ -15.1 \\ -32.1 \\ -38.6 \\ 15.1 \\ -28.4 \end{Bmatrix}$$

$$\overline{\boldsymbol{F}}^{(3)} = \overline{\boldsymbol{k}}^{(3)} \boldsymbol{T} \boldsymbol{\Delta}^{(3)}$$

$$= 10^{-1} \times \begin{bmatrix} 144 & 0 & 0 & -144 & 0 & 0 \\ 0 & 2.0736 & 5.184 & 0 & -2.0736 & 5.184 \\ 0 & 5.184 & 17.280 & 0 & -5.184 & 8.640 \\ -144 & 0 & 0 & 144 & 0 & 0 \\ 0 & -2.0736 & -5.184 & 0 & 2.0736 & -5.184 \\ 0 & 5.184 & 8.640 & 0 & -5.184 & 17.280 \end{bmatrix} \begin{Bmatrix} 4.434 \\ 83.610 \\ 5.182 \\ 0 \\ 0 \\ -34.617 \end{Bmatrix} = \begin{Bmatrix} 63.8 \\ 2.1 \\ 22.4 \\ -63.8 \\ -2.1 \\ -12.0 \end{Bmatrix}$$

上述计算中，也可先由整体坐标系下的单元刚度方程求出单元杆端力，再通过坐标变换获得局部坐标系下的杆端力。

（6）绘制结构内力图

由各杆端力绘出结构的内力图如图 11-11 所示，内力图仍按第 3 章的方法绘制。

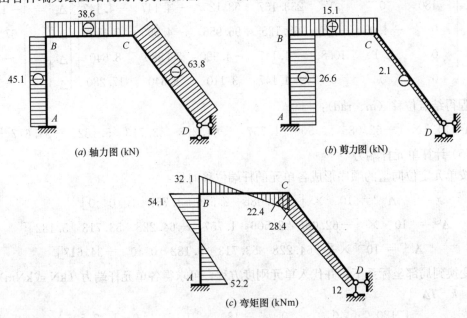

图 11-11　例 11-2 刚架内力图

11-3-3　其他结点及支座形式的处理

除了图 11-6a 中涉及的刚结点与固定支座、铰支座外，实际结构中还会遇到铰结点、组合结点以及可动铰支座、滑动支座等情况。对于铰结点和组合结点，其中相互铰接的两部分的线位移相同，但角位移彼此不同，故每部分都各有一个独立的角位移编码，参见图 11-12a、b。对于可动铰支座、滑动支座，在先处理法中其整体结点位移编码如图 11-12c、d 所标示。

为方便起见，有时直接将某结点，例如结点 A 的整体编码按顺序写成 A（s，s+1，s

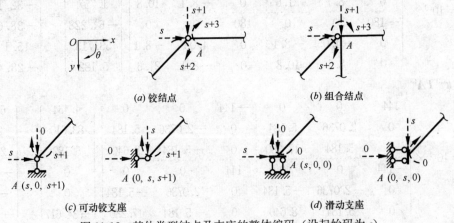

图 11-12　其他类型结点及支座的整体编码（设起始码为 s）

70

＋2）的形式，如图 11-12c、d 所标示。

【例 11-3】 确定图 11-13a 所示刚架的整体刚度矩阵，写出最终的位移法方程。各杆轴向刚度和抗弯刚度分别为 $EA=720\times10^4$ kN、$EI=21.6\times10^4$ kNm^2。

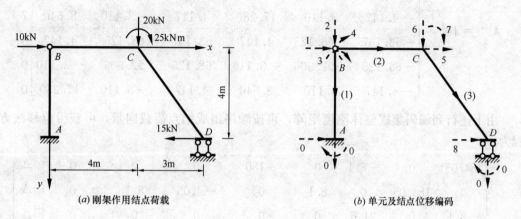

图 11-13 例 11-3 图

【解】 刚架的单元及结点位移编码如图 11-13b 所示。依据各单元 $\bar{x}$ 轴的指向，可写出其定位向量为：

$$\boldsymbol{\lambda}^{(1)} = \begin{bmatrix} 1 & 2 & 3 & 0 & 0 & 0 \end{bmatrix}^\mathrm{T}$$

$$\boldsymbol{\lambda}^{(2)} = \begin{bmatrix} 1 & 2 & 4 & 5 & 6 & 7 \end{bmatrix}^\mathrm{T}$$

$$\boldsymbol{\lambda}^{(3)} = \begin{bmatrix} 5 & 6 & 7 & 8 & 0 & 0 \end{bmatrix}^\mathrm{T}$$

三个单元在整体坐标系下的单元刚度矩阵与例 11-1 相同，现列出这三个矩阵并按顺序标出定位向量中的整体编码如下（各刚度元素的单位组成为：力 kN、长度 m）：

$$\boldsymbol{k}^{(1)} = 10^4 \times \begin{array}{cccccc} 1 & 2 & 3 & 0 & 0 & 0 \\ \begin{bmatrix} 4.05 & 0 & -8.1 & -4.05 & 0 & -8.1 \\ 0 & 180 & 0 & 0 & -180 & 0 \\ -8.1 & 0 & 21.6 & 8.1 & 0 & 10.8 \\ -4.05 & 0 & 8.1 & 4.05 & 0 & 8.1 \\ 0 & -180 & 0 & 0 & 180 & 0 \\ -8.1 & 0 & 10.8 & 8.1 & 0 & 21.6 \end{bmatrix} & \begin{array}{c} 1 \\ 2 \\ 3 \\ 0 \\ 0 \\ 0 \end{array} \end{array}$$

$$\boldsymbol{k}^{(2)} = 10^4 \times \begin{array}{cccccc} 1 & 2 & 4 & 5 & 6 & 7 \\ \begin{bmatrix} 180 & 0 & 0 & -180 & 0 & 0 \\ 0 & 4.05 & 8.1 & 0 & -4.05 & 8.1 \\ 0 & 8.1 & 21.6 & 0 & -8.1 & 10.8 \\ -180 & 0 & 0 & 180 & 0 & 0 \\ 0 & -4.05 & -8.1 & 0 & 4.05 & -8.1 \\ 0 & 8.1 & 10.8 & 0 & -8.1 & 21.6 \end{bmatrix} & \begin{array}{c} 1 \\ 2 \\ 4 \\ 5 \\ 6 \\ 7 \end{array} \end{array}$$

$$k^{(3)} = 10^4 \times \begin{bmatrix} 53.167 & 68.125 & -4.147 & -53.167 & -68.125 & -4.147 \\ 68.125 & 92.906 & 3.110 & -68.125 & -92.906 & 3.110 \\ -4.147 & 3.110 & 17.280 & 4.147 & -3.110 & 8.640 \\ -53.167 & -68.125 & 4.147 & 53.167 & 68.125 & 4.147 \\ -68.125 & -92.906 & -3.110 & 68.125 & 92.906 & -3.110 \\ -4.147 & 3.110 & 8.640 & 4.147 & -3.110 & 17.280 \end{bmatrix} \begin{matrix} 5 \\ 6 \\ 7 \\ 8 \\ 0 \\ 0 \end{matrix}$$

上面各矩阵列顶标 5 6 7 8 0 0

由上述行列编码集成整体刚度矩阵，再按顺序组成结点荷载向量，可获得位移法方程为：

$$10^4 \times \begin{bmatrix} 184.05 & 0 & -8.1 & 0 & -180 & 0 & 0 & 0 \\ 0 & 184.05 & 0 & 8.1 & 0 & -4.05 & 8.1 & 0 \\ -8.1 & 0 & 21.6 & 0 & 0 & 0 & 0 & 0 \\ 0 & 8.1 & 0 & 21.6 & 0 & -8.1 & 10.8 & 0 \\ -180 & 0 & 0 & 0 & 233.167 & 68.125 & -4.147 & -51.167 \\ 0 & -4.05 & 0 & -8.1 & 68.125 & 96.956 & -4.990 & -68.125 \\ 0 & 8.1 & 0 & 10.8 & -4.147 & -4.990 & 38.880 & 4.147 \\ 0 & 0 & 0 & 0 & -51.167 & -68.125 & 4.147 & 53.167 \end{bmatrix} \begin{bmatrix} \Delta_1 \\ \Delta_2 \\ \Delta_3 \\ \Delta_4 \\ \Delta_5 \\ \Delta_6 \\ \Delta_7 \\ \Delta_8 \end{bmatrix}$$

$$= \begin{bmatrix} 10 \\ 0 \\ 0 \\ 0 \\ 0 \\ 20 \\ 25 \\ -15 \end{bmatrix}$$

式中刚度元素的单位组成为：力 kN、长度 m，荷载分量的单位为 kN 或 kNm。

11-4　一般荷载作用下的刚架分析

11-4-1　等效结点荷载

前面已就刚架作用结点荷载的情况进行了讨论，此时可由方程（11-19）求得结点位移。对于作用一般荷载，也即包含杆内非结点荷载的情况，就不能直接获取上述方程的右端项。但是，我们可以利用附加约束后的位移法基本结构和叠加原理将一般荷载转化为结点荷载。

例如图 11-14a 所示结构作用有一般荷载，注意到结构具有 4 个自由度，则沿各自由度方向附加约束，可得到图 11-14b 所示的位移法基本结构。这样原结构的作用就等于图

11-14c、d 两种作用的叠加，其中前者属于基本结构单独作用外荷载的情况，此时各附加约束上将产生约束反力 F_{1P}、F_{2P}、…；而后者属于将附加约束放松，相当于在原结构的各自由度方向上施加反向约束力 $-F_{1P}$、$-F_{2P}$、…的情况。由于前者的结点位移为零，故后者的结点位移将与原结构完全相同，于是将后者的结点外力称为**等效结点荷载**，由其组成的向量称为**等效结点荷载向量**，仍用 $\boldsymbol{P}$ 表示。对于一个 n 自由度结构，显然有

$$\boldsymbol{P} = -\boldsymbol{F}_P = \begin{bmatrix} -F_{1P} & -F_{2P} & \cdots & -F_{nP} \end{bmatrix}^T \tag{11-20}$$

可见等效结点荷载就等于附加约束后的基本结构在原荷载作用下所产生的附加约束力再反号而得到的结点外力。

这样，当刚架作用一般荷载时，我们可以由等效结点荷载向量及方程（11-19）解出结点位移，然后依据叠加原理，将图 11-14c、d 叠加以计算结构的杆端力及其他内力。

根据等效结点荷载的定义，可以先求出附加约束后的基本结构在荷载作用下的固端力，再由各结点的平衡条件求出附加约束力，将之反号即得等效结点荷载。这一确定等效结点荷载的方法称为**结点平衡法**，主要用于手算或局部校核计算。至于等截面杆件在常见荷载作用下的固端力，可查表 11-1 得到。

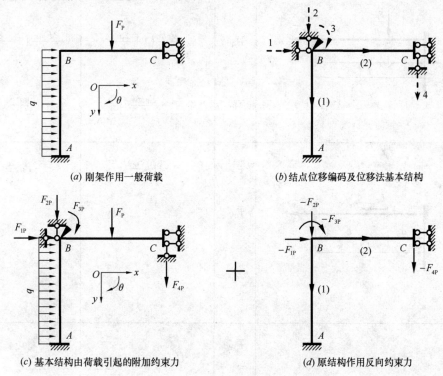

(a) 刚架作用一般荷载   (b) 结点位移编码及位移法基本结构

(c) 基本结构由荷载引起的附加约束力   (d) 原结构作用反向约束力

图 11-14 刚架作用一般荷载时的分解

与形成整体刚度矩阵时的情况类似，在计算机分析中一般采用**单元集成法**形成结构的等效结点荷载向量。其主要步骤如下：

（1）形成局部坐标系下的单元等效结点荷载向量。先由表 11-1 求出单元的固端约束力，再反号即得等效结点荷载向量：

$$\overline{\boldsymbol{p}}^e = -\overline{\boldsymbol{F}}_P^e = \begin{bmatrix} -\overline{F}_{xPi}^e & -\overline{F}_{yPi}^e & -\overline{M}_{Pi}^e & -\overline{F}_{xPj}^e & -\overline{F}_{yPj}^e & -\overline{M}_{Pj}^e \end{bmatrix}^T \tag{11-21}$$

这里 $\overline{F}_P^e$ 为单元固端力向量。

（2）通过坐标变换获得整体坐标系下的单元等效结点荷载向量，即

$$p^e = T^T \overline{p}^e \qquad (11\text{-}22a)$$

或

$$p_i^e = t^T \overline{p}_i^e, \quad p_j^e = t^T \overline{p}_j^e \qquad (11\text{-}22b)$$

（3）集成整体等效结点荷载向量。利用单元定位向量将各单元的等效结点荷载在初始置零的整体结点荷载向量中定位并累加，或者先获得各单元等效结点荷载的贡献向量 P^e 再行叠加，即得整体等效结点荷载向量 P：

$$P = \sum_e P^e \qquad (11\text{-}23)$$

局部坐标系下常见荷载的单元固端约束力 表 11-1

序号	简　图	反力	始端 i	末端 j
1	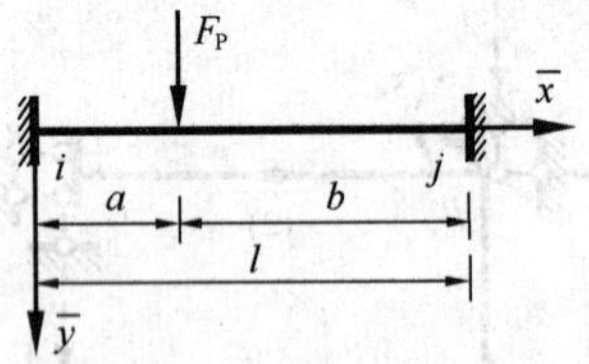	$\overline{F}_{xP}$	0	0
		$\overline{F}_{yP}$	$-\dfrac{F_P b^2}{l^2}\left(1+\dfrac{2a}{l}\right)$	$-\dfrac{F_P a^2}{l^2}\left(1+\dfrac{2b}{l}\right)$
		$\overline{M}_P$	$-\dfrac{F_P ab^2}{l^2}$	$\dfrac{F_P a^2 b}{l^2}$
2	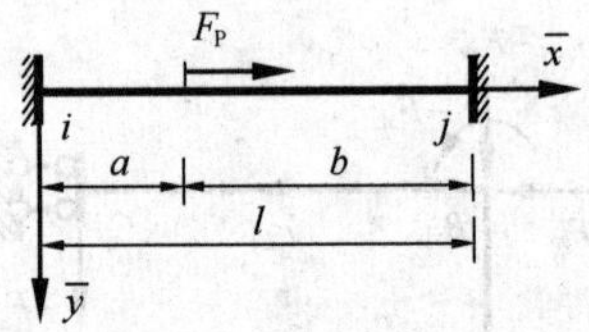	$\overline{F}_{xP}$	$-F_P\dfrac{b}{l}$	$-F_P\dfrac{a}{l}$
		$\overline{F}_{yP}$	0	0
		$\overline{M}_P$	0	0
3	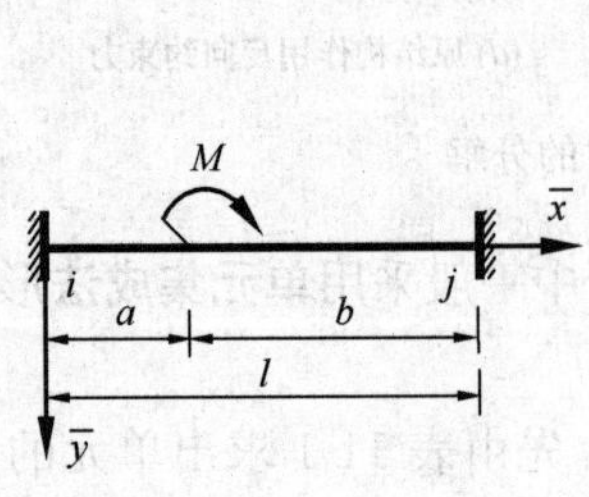	$\overline{F}_{xP}$	0	0
		$\overline{F}_{yP}$	$\dfrac{6Mab}{l^3}$	$-\dfrac{6Mab}{l^3}$
		$\overline{M}_P$	$M\dfrac{b}{l}\left(\dfrac{3a}{l}-1\right)$	$M\dfrac{a}{l}\left(\dfrac{3b}{l}-1\right)$

序号	简　　图	反力	始端 i	末端 j
4		$\overline{F}_{xP}$	0	0
		$\overline{F}_{yP}$	$-qa\left(1-\dfrac{a^2}{l^2}+\dfrac{a^3}{2l^3}\right)$	$-\dfrac{qa^3}{l^2}\left(1-\dfrac{a}{2l}\right)$
		$\overline{M}_{P}$	$-\dfrac{qa^2}{12}\left(6-8\dfrac{a}{l}+3\dfrac{a^2}{l^2}\right)$	$\dfrac{qa^3}{12l}\left(4-3\dfrac{a}{l}\right)$
5		$\overline{F}_{xP}$	0	0
		$\overline{F}_{yP}$	$-\dfrac{qa}{4}\left(2-3\dfrac{a^2}{l^2}+1.6\dfrac{a^3}{l^3}\right)$	$-\dfrac{qa^3}{4l^2}\left(3-1.6\dfrac{a}{l}\right)$
		$\overline{M}_{P}$	$-\dfrac{qa^2}{6}\left(2-3\dfrac{a}{l}+1.2\dfrac{a^2}{l^2}\right)$	$\dfrac{qa^3}{4l}\left(1-0.8\dfrac{a}{l}\right)$
6		$\overline{F}_{xP}$	$-pa\left(1-\dfrac{a}{2l}\right)$	$-p\dfrac{a^2}{2l}$
		$\overline{F}_{yP}$	0	0
		$\overline{M}_{P}$	0	0
7		$\overline{F}_{xP}$	0	0
		$\overline{F}_{yP}$	$m\dfrac{a^2}{l^2}\left(\dfrac{a}{l}+3\dfrac{b}{l}\right)$	$-m\dfrac{a^2}{l^2}\left(\dfrac{a}{l}+3\dfrac{b}{l}\right)$
		$\overline{M}_{P}$	$-m\dfrac{b^2}{l^2}a$	$m\dfrac{a^2}{l^2}b$
8	t_0 为轴线处温变，$\Delta t=t_2-t_1$	$\overline{F}_{xP}$	$EA\alpha t_0$	$-EA\alpha t_0$
		$\overline{F}_{yP}$	0	0
		$\overline{M}_{P}$	$-\dfrac{EI\alpha\Delta t}{h}$	$\dfrac{EI\alpha\Delta t}{h}$

【例 11-4】 确定图 11-15a 所示刚架的等效结点荷载向量，并用结点平衡法对前 3 个元素进行校核。设各杆均为等截面。

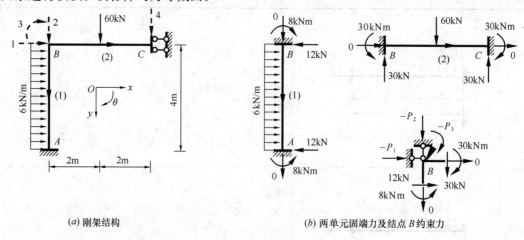

(a) 刚架结构　　　　　　　　(b) 两单元固端力及结点 B 约束力

图 11-15　例 11-4 图

【解】 该刚架有 2 个单元和 4 个结点位移，其编码如图 11-15a 所示，各单元局部坐标 $\bar{x}$ 轴沿杆内箭头方向。由此写出两单元的定位向量为

$$\boldsymbol{\lambda}^{(1)} = \begin{bmatrix} 1 & 2 & 3 & 0 & 0 & 0 \end{bmatrix}^T$$
$$\boldsymbol{\lambda}^{(2)} = \begin{bmatrix} 1 & 2 & 3 & 0 & 4 & 0 \end{bmatrix}^T$$

查表并求出两单元沿局部坐标方向的固端约束力，如图 11-15b 所示。于是两单元在局部坐标系下的固端力向量为（单位 kN、kNm）：

$$\overline{\boldsymbol{F}}_P^{(1)} = \begin{bmatrix} 0 & 12 & 8 & 0 & 12 & -8 \end{bmatrix}^T$$
$$\overline{\boldsymbol{F}}_P^{(2)} = \begin{bmatrix} 0 & -30 & -30 & 0 & -30 & 30 \end{bmatrix}^T$$

将上式反号即得单元的等效结点荷载向量，再经过坐标变换可获得单元在整体坐标系下的等效结点荷载向量，其中对单元（1）：$\alpha=90°$，单元（2）：$\alpha=0°$，

$$\boldsymbol{p}_i^{(1)} = \boldsymbol{t}^T \, \overline{\boldsymbol{p}}_i^{(1)} = \boldsymbol{t}^T(-\overline{\boldsymbol{F}}_{Pi}^{(1)}) = \begin{bmatrix} 0 & -1 & 0 \\ 1 & 0 & 0 \\ 0 & 0 & 1 \end{bmatrix} \begin{bmatrix} 0 \\ -12 \\ -8 \end{bmatrix} = \begin{bmatrix} 12 \\ 0 \\ -8 \end{bmatrix}, \quad \boldsymbol{p}_j^{(1)} = \boldsymbol{t}^T(-\overline{\boldsymbol{F}}_{Pj}^{(1)}) = \begin{bmatrix} 12 \\ 0 \\ 8 \end{bmatrix}$$

于是有

$$\boldsymbol{p}^{(1)} = \begin{bmatrix} 12 & 0 & -8 & 12 & 0 & 8 \end{bmatrix}^T$$
$$\boldsymbol{p}^{(2)} = \begin{bmatrix} 0 & 30 & 30 & 0 & 30 & -30 \end{bmatrix}^T$$

利用前面的定位向量将单元等效结点荷载向量的元素定位并累加到整体等效结点荷载向量中，即得

$$\boldsymbol{P} = \begin{bmatrix} 12+0 & 0+30 & -8+30 & 30 \end{bmatrix}^T = \begin{bmatrix} 12\text{kN} & 30\text{kN} & 22\text{kNm} & 30\text{kN} \end{bmatrix}^T$$

为校核用单元集成法求得的前 3 个元素的正确性，取出附加约束后的结点 B，并标出两杆端的固端力如图 11-15b 右下方所示。利用三个方向的平衡条件，可得

$$P_1=12+0=12\text{kN}, \quad P_2=30+0=30\text{kN}, \quad P_3=30-8=22\text{kNm}$$

可见前三个等效结点荷载计算无误。

最后需要说明的是，如果结构上另有结点外荷载作用，那么将其与非结点荷载引起的

等效结点荷载叠加，即得最终的等效结点荷载。

11-4-2 计算步骤及计算示例

有了结构的整体刚度矩阵和等效结点荷载向量，则由方程（11-19）就可解出各未知的结点位移，然后通过再次单元分析可求得各杆件的内力。计算杆端内力时，如果杆件中间有非结点荷载作用，那么其最终杆端力等于杆端位移单独引起的内力与杆内荷载引起的固端力之和，也即图 11-14c、d 的叠加：

$$F^e = k^e \Delta^e + F^e_P \qquad \text{或} \qquad \overline{F}^e = \overline{k}^e \, \overline{\Delta}^e + \overline{F}^e_P \tag{11-24}$$

据此可将矩阵位移法分析刚架结构的一般步骤归纳如下：

（1）将结构视为由各杆件或杆段组装而成的离散体系，每一杆件或杆段作为一个单元；建立结构的整体坐标系和各单元的局部坐标系，并对各单元和结点位移进行编号，形成单元定位向量；

（2）形成各单元在局部坐标系下的单元刚度矩阵 $\overline{k}^e$；

（3）通过坐标变换获得各单元在整体坐标系下的单元刚度矩阵 k^e；

（4）依据单元定位向量，用单元集成法形成结构的整体刚度矩阵 K；

（5）形成各单元在局部和整体坐标系下的等效结点荷载向量，并集成结构的整体等效结点荷载向量 P；

（6）求解位移法方程 $K\Delta = P$，得到结构的结点位移向量 Δ；

（7）获取各单元的杆端位移向量 Δ^e，由式（11-24）求出局部坐标系下的单元杆端力，作出内力图。

【例 11-5】 计算图 11-16a 所示刚架在一般荷载作用下的结点位移和杆端力，作出内

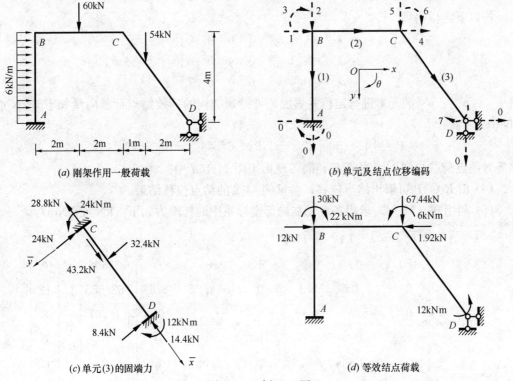

(a) 刚架作用一般荷载

(b) 单元及结点位移编码

(c) 单元(3)的固端力

(d) 等效结点荷载

图 11-16 例 11-5 图

77

力图。各杆 $EA=720\times10^4$ kN、$EI=21.6\times10^4$ kNm^2。

【解】 （1）对刚架的各单元和结点位移进行编号，如图 11-16b 所示。

（2）各单元在局部和整体坐标系下的单元刚度矩阵以及所集成的整体刚度矩阵已在例 11-2 中求得。

（3）单元（1）、（2）的固端力与例 11-4 的两个单元相同（参见图 11-15b），可直接写出其在整体坐标系下的等效结点荷载向量为（kN 或 kNm）：

$$\boldsymbol{p}^{(1)}=\begin{bmatrix}12 & 0 & -8 & 12 & 0 & 8\end{bmatrix}^{\mathrm{T}}$$

$$\boldsymbol{p}^{(2)}=\begin{bmatrix}0 & 30 & 30 & 0 & 30 & -30\end{bmatrix}^{\mathrm{T}}$$

单元（3）为一斜杆，而斜杆在竖向荷载作用下一般会同时产生水平和竖向的固端力，故计算时需先将其分解为轴向荷载和横向荷载，如图 11-16c 所示。由图可求出其固端力向量为（单位 kN 或 kNm）：

$$\overline{\boldsymbol{F}}_{\mathrm{P}}^{(3)}=\begin{bmatrix}-28.8 & -24 & -24 & -14.4 & -8.4 & 12\end{bmatrix}^{\mathrm{T}}$$

该单元的方位角关系为：$\cos\alpha=0.6$，$\sin\alpha=0.8$，则

$$\boldsymbol{p}_i^{(3)}=\boldsymbol{t}^{\mathrm{T}}(-\overline{\boldsymbol{F}}_{\mathrm{P}i}^{(3)})=\begin{bmatrix}0.6 & -0.8 & 0\\ 0.8 & 0.6 & 0\\ 0 & 0 & 1\end{bmatrix}\begin{pmatrix}28.8\\24\\24\end{pmatrix}=\begin{pmatrix}-1.92\\37.44\\24\end{pmatrix},\quad \boldsymbol{p}_j^{(3)}=\boldsymbol{t}^{\mathrm{T}}(-\overline{\boldsymbol{F}}_{\mathrm{P}j}^{(3)})=\begin{pmatrix}1.92\\16.56\\-12\end{pmatrix}$$

故有（单位 kN 或 kNm）：

$$\boldsymbol{p}^{(3)}=\begin{bmatrix}-1.92 & 37.44 & 24 & 1.92 & 16.56 & -12\end{bmatrix}^{\mathrm{T}}$$

按以下定位向量

$$\boldsymbol{\lambda}^{(1)}=\begin{bmatrix}1 & 2 & 3 & 0 & 0 & 0\end{bmatrix}^{\mathrm{T}}$$
$$\boldsymbol{\lambda}^{(2)}=\begin{bmatrix}1 & 2 & 3 & 4 & 5 & 6\end{bmatrix}^{\mathrm{T}}$$
$$\boldsymbol{\lambda}^{(3)}=\begin{bmatrix}4 & 5 & 6 & 0 & 0 & 7\end{bmatrix}^{\mathrm{T}}$$

将 $\boldsymbol{p}^{(1)}$、$\boldsymbol{p}^{(2)}$、$\boldsymbol{p}^{(3)}$ 的元素进行定位并累加，可得到结构的等效结点荷载向量如下（kN 或 kNm）：

$$\boldsymbol{P}=\begin{bmatrix}12 & 30 & 22 & -1.92 & 67.44 & -6 & -12\end{bmatrix}^{\mathrm{T}}$$

该等效结点荷载与例 11-2 的荷载相同，现标于图 11-16d 中。

（4）由 $\boldsymbol{K}\boldsymbol{\Delta}=\boldsymbol{P}$ 可解出结点位移，参见例 11-2 的结点位移结果。

（5）利用式（11-24）求出各单元在局部坐标系中的杆端力如下（kN 或 kNm）：

$$\overline{\boldsymbol{F}}^{(1)}=\overline{\boldsymbol{k}}^{(1)}\,\overline{\boldsymbol{\Delta}}^{(1)}+\overline{\boldsymbol{F}}_{\mathrm{P}}^{(1)}=\overline{\boldsymbol{k}}^{(1)}\boldsymbol{T}\boldsymbol{\Delta}^{(1)}+\overline{\boldsymbol{F}}_{\mathrm{P}}^{(1)}$$

$$=10^{-1}\times\begin{bmatrix}180 & 0 & 0 & -180 & 0 & 0\\ 0 & 4.05 & 8.1 & 0 & -4.05 & 8.1\\ 0 & 8.1 & 21.6 & 0 & -8.1 & 10.8\\ -180 & 0 & 0 & 180 & 0 & 0\\ 0 & -4.05 & -8.1 & 0 & 4.05 & -8.1\\ 0 & 8.1 & 10.8 & 0 & -8.1 & 21.6\end{bmatrix}\begin{pmatrix}2.506\\62.085\\1.757\\0\\0\\0\end{pmatrix}+\begin{pmatrix}0\\12\\8\\0\\12\\-8\end{pmatrix}$$

$$
= \begin{pmatrix} 45.1 \\ 38.6 \\ 62.1 \\ -45.1 \\ -14.6 \\ 44.2 \end{pmatrix}
$$

$$
\overline{\boldsymbol{F}}^{(2)} = \boldsymbol{F}^{(2)} = \boldsymbol{k}^{(2)}\,\boldsymbol{\Delta}^{(2)} + \boldsymbol{F}_{\mathrm{P}}^{(2)}
$$

$$
= 10^{-1} \times \left[\begin{array}{ccc:ccc} 180 & 0 & 0 & -180 & 0 & 0 \\ 0 & 4.05 & 8.1 & 0 & -4.05 & 8.1 \\ 0 & 8.1 & 21.6 & 0 & -8.1 & 10.8 \\ \hdashline -180 & 0 & 0 & 180 & 0 & 0 \\ 0 & -4.05 & -8.1 & 0 & 4.05 & -8.1 \\ 0 & 8.1 & 10.8 & 0 & -8.1 & 21.6 \end{array} \right] \begin{pmatrix} -62.085 \\ 2.506 \\ 1.757 \\ -64.228 \\ 53.713 \\ 5.182 \end{pmatrix} + \begin{pmatrix} 0 \\ -30 \\ -30 \\ 0 \\ -30 \\ 30 \end{pmatrix}
$$

$$
= \begin{pmatrix} 38.6 \\ -45.1 \\ -62.1 \\ -38.6 \\ -14.9 \\ 1.6 \end{pmatrix}
$$

$$
\overline{\boldsymbol{F}}^{(3)} = \overline{\boldsymbol{k}}^{(3)}\,\overline{\boldsymbol{\Delta}}^{(3)} + \overline{\boldsymbol{F}}_{\mathrm{P}}^{(3)} = \overline{\boldsymbol{k}}^{(3)}\boldsymbol{T}\boldsymbol{\Delta}^{(3)} + \overline{\boldsymbol{F}}_{\mathrm{P}}^{(3)}
$$

$$
= 10^{-1} \times \left[\begin{array}{ccc:ccc} 144 & 0 & 0 & -144 & 0 & 0 \\ 0 & 2.0736 & 5.184 & 0 & -2.0736 & 5.184 \\ 0 & 5.184 & 17.280 & 0 & -5.184 & 8.640 \\ \hdashline -144 & 0 & 0 & 144 & 0 & 0 \\ 0 & -2.0736 & -5.184 & 0 & 2.0736 & -5.184 \\ 0 & 5.184 & 8.640 & 0 & -5.184 & 17.280 \end{array} \right] \begin{pmatrix} 4.434 \\ 83.610 \\ 5.182 \\ 0 \\ 0 \\ -34.617 \end{pmatrix} + \begin{pmatrix} -28.8 \\ -24 \\ -24 \\ -14.4 \\ -8.4 \\ 12 \end{pmatrix}
$$

$$
= \begin{pmatrix} 35 \\ -21.9 \\ -1.6 \\ -78.2 \\ -10.5 \\ 0 \end{pmatrix}
$$

(6) 根据求得的杆端力，绘出结构的内力图如图 11-17 所示。读者可利用上一章的方法自行校核该内力图的正确性。

11-4-3 忽略轴向变形时矩形刚架的分析

矩形直立刚架在水平荷载或不对称的竖向荷载作用下，因轴向变形很小，故刚架结点处的竖向位移往往会比水平位移小几个数量级，从而可能给基本方程的数值求解带来不

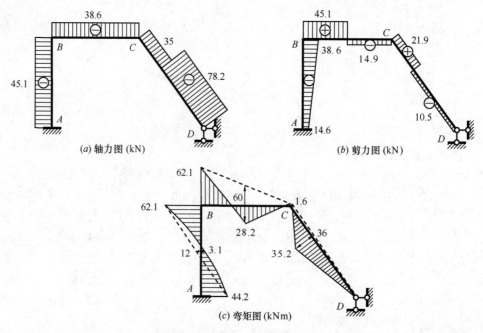

图 11-17 例 11-5 刚架内力图

利。此时若忽略轴向变形，往往更有利于数值计算，同时又不会给计算结果带来较大的误差。对于矩形刚架，在先处理法中通过令沿杆轴方向的两个结点位移编码相等，便可实现忽略轴向变形的计算。

例如图 11-18a 所示的矩形刚架具有 3 个单元，在对结点 B 进行竖向位移编码时，考虑到竖杆另一端 A 的竖向位移编码为 0，故此编码也为 0，这样该结点的三个编码变为 B (1, 0, 2)，如图 11-18b 所示。同理，结点 C 的水平位移编码与结点 B 相同，竖向位移编码与结点 D 相同，故其三个编码为 C (1, 0, 3)。

设该刚架各杆截面均为矩形，其中柱子 $b \times h = 0.4\text{m} \times 0.6\text{m}$，梁 $b \times h = 0.3\text{m} \times 0.8\text{m}$，弹性模量 $E = 3 \times 10^4 \text{MPa}$。则单元（1）、（3）在局部和整体坐标系下的单元刚度矩阵与例 11-1 的单元（1）相同，在此直接写出整体坐标系下的矩阵如下（力单位 kN，长度单位 m）：

$$\boldsymbol{k}^{(1)} = \boldsymbol{k}^{(3)} = 10^4 \times \begin{bmatrix} 4.05 & 0 & -8.1 & -4.05 & 0 & -8.1 \\ 0 & 180 & 0 & 0 & -180 & 0 \\ -8.1 & 0 & 21.6 & 8.1 & 0 & 10.8 \\ -4.05 & 0 & 8.1 & 4.05 & 0 & 8.1 \\ 0 & -180 & 0 & 0 & 180 & 0 \\ -8.1 & 0 & 10.8 & 8.1 & 0 & 21.6 \end{bmatrix}$$

单元（2）所属杆件的截面轴向刚度和抗弯刚度为

$$EA = 720 \times 10^4 \text{ kN}, \quad EI = 38.4 \times 10^4 \text{ kNm}^2$$

容易写出其在局部和整体坐标系下的单元刚度矩阵如下（力单位 kN，长度单位 m）：

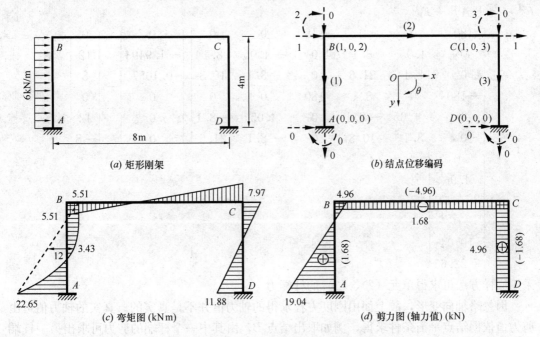

(a) 矩形刚架   (b) 结点位移编码

(c) 弯矩图 (kNm)   (d) 剪力图 (轴力值) (kN)

图 11-18 矩形刚架分析示例（忽略轴向变形）

$$\boldsymbol{k}^{(2)} = \overline{\boldsymbol{k}}^{(2)} = 10^4 \times \begin{bmatrix} 90 & 0 & 0 & -90 & 0 & 0 \\ 0 & 0.9 & 3.6 & 0 & -0.9 & 3.6 \\ 0 & 3.6 & 19.2 & 0 & -3.6 & 9.6 \\ -90 & 0 & 0 & 90 & 0 & 0 \\ 0 & -0.9 & -3.6 & 0 & 0.9 & -3.6 \\ 0 & 3.6 & 9.6 & 0 & -3.6 & 19.2 \end{bmatrix}$$

对照图 11-18b，可写出三个单元的定位向量如下：

$$\boldsymbol{\lambda}^{(1)} = \begin{bmatrix} 1 & 0 & 2 & 0 & 0 & 0 \end{bmatrix}^{\mathrm{T}}$$
$$\boldsymbol{\lambda}^{(2)} = \begin{bmatrix} 1 & 0 & 2 & 1 & 0 & 3 \end{bmatrix}^{\mathrm{T}}$$
$$\boldsymbol{\lambda}^{(3)} = \begin{bmatrix} 1 & 0 & 3 & 0 & 0 & 0 \end{bmatrix}^{\mathrm{T}}$$

按"对号入座"原则将上述三个单元刚度矩阵集成到结构的整体刚度矩阵中，得

$$\boldsymbol{K} = 10^4 \times \begin{bmatrix} 8.1 & -8.1 & -8.1 \\ -8.1 & 40.8 & 9.6 \\ -8.1 & 9.6 & 40.8 \end{bmatrix}$$

该刚架仅单元（1）上作用有荷载，此单元在整体坐标系下的等效结点荷载向量为

$$\boldsymbol{p}^{(1)} = \begin{bmatrix} 12 & 0 & -8 & 12 & 0 & 8 \end{bmatrix}^{\mathrm{T}}$$

按定位向量可形成结构的整体等效结点荷载向量如下：

$$\boldsymbol{P} = \begin{bmatrix} 12\mathrm{kN} & -8\mathrm{kNm} & 0 \end{bmatrix}^{\mathrm{T}}$$

由位移法方程 $\boldsymbol{K\Delta} = \boldsymbol{P}$ 可解出结点位移（m、rad）：

$$\boldsymbol{\Delta} = 10^{-4} \times \begin{bmatrix} 1.9493 & 0.1057 & 0.3621 \end{bmatrix}^{\mathrm{T}}$$

于是可求得单元（1）的杆端力为（单位 kN、kNm）

$$\overline{\boldsymbol{F}}^{(1)} = \overline{\boldsymbol{k}}^{(1)}\,\overline{\boldsymbol{\Delta}}^{(1)} + \overline{\boldsymbol{F}}_{\mathrm{P}}^{(1)}$$

$$= \begin{bmatrix} 180 & 0 & 0 & -180 & 0 & 0 \\ 0 & 4.05 & 8.1 & 0 & -4.05 & 8.1 \\ 0 & 8.1 & 21.6 & 0 & -8.1 & 10.8 \\ -180 & 0 & 8.1 & 180 & 0 & 0 \\ 0 & -4.05 & -8.1 & 0 & 4.05 & -8.1 \\ 0 & 8.1 & 10.8 & 0 & -8.1 & 21.6 \end{bmatrix} \begin{Bmatrix} 0 \\ -1.9493 \\ 0.1057 \\ 0 \\ 0 \\ 0 \end{Bmatrix} + \begin{Bmatrix} 0 \\ 12 \\ 8 \\ 0 \\ 12 \\ -8 \end{Bmatrix}$$

$$= \begin{Bmatrix} 0 \\ 4.96 \\ -5.51 \\ 0 \\ 19.04 \\ -22.65 \end{Bmatrix}$$

采用同样方法可求得单元（2）、（3）的杆端力。

因忽略轴向变形，故上面由刚度方程求得的轴力值并不是真实的。真实的轴力值可由剪力值依据结点平衡条件求得，例如取出结点 B，由其中一个杆端的剪力可求出另一杆端的轴力。据此获得三个单元在局部坐标系下的最终杆端力如下（kN 或 kNm）：

$$\overline{\boldsymbol{F}}^{(1)} = \begin{bmatrix} -1.68 & 4.96 & -5.51 & 1.68 & 19.304 & -22.65 \end{bmatrix}^{\mathrm{T}}$$

$$\overline{\boldsymbol{F}}^{(2)} = \begin{bmatrix} 4.96 & 1.68 & 5.51 & -4.96 & -1.68 & 7.97 \end{bmatrix}^{\mathrm{T}}$$

$$\overline{\boldsymbol{F}}^{(3)} = \begin{bmatrix} 1.68 & -4.96 & -7.97 & -1.68 & 4.96 & -11.88 \end{bmatrix}^{\mathrm{T}}$$

可见此刚架各杆轴力为一常数。结构的弯矩图、剪力图和轴力值如图 11-18c、d 所示。

11-5 连续梁、桁架及组合结构的分析

11-5-1 连续梁的分析

连续梁在竖向荷载作用下，各支座结点处只有角位移而无线位移（图 11-19a）。这样，对于各跨均为等截面的情况，通常将每跨作为一个单元，各单元的每端只有一个转角自由度（图 11-19b）。由第 7 章的转角位移方程或形常数表容易写出这类**连续梁单元**的刚度矩阵为

$$\boldsymbol{k}^{\mathrm{e}} = \overline{\boldsymbol{k}}^{\mathrm{e}} = \begin{bmatrix} \dfrac{4EI}{l} & \dfrac{2EI}{l} \\ \dfrac{2EI}{l} & \dfrac{4EI}{l} \end{bmatrix} \tag{11-25}$$

考虑到各跨梁通常位于同一条轴线上，故单元在局部和整体坐标系下的刚度矩阵是一致的。

当连续梁中具有伸臂段或滑动支承段，或者需要利用求得的杆端转角计算杆端剪力时，就要用到每端有两个自由度（一个角位移和一个横向线位移）的**普通梁单元**（参见图 11-20d），其单元刚度矩阵为

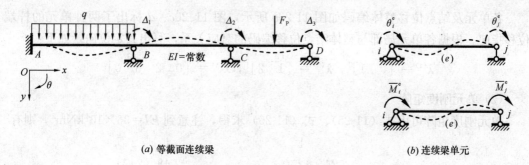

(a) 等截面连续梁   (b) 连续梁单元

图 11-19　连续梁及单元形式

$$\bar{k}^e = \begin{bmatrix} \dfrac{12EI}{l^3} & \dfrac{6EI}{l^2} & -\dfrac{12EI}{l^3} & \dfrac{6EI}{l^2} \\[2mm] \dfrac{6EI}{l^2} & \dfrac{4EI}{l} & -\dfrac{6EI}{l^2} & \dfrac{2EI}{l} \\[2mm] \hdashline -\dfrac{12EI}{l^3} & -\dfrac{6EI}{l^2} & \dfrac{12EI}{l^3} & -\dfrac{6EI}{l^2} \\[2mm] \dfrac{6EI}{l^2} & \dfrac{2EI}{l} & -\dfrac{6EI}{l^2} & \dfrac{4EI}{l} \end{bmatrix} \tag{11-26}$$

连续梁的整体分析与前述刚架的分析类似，下面通过一例题予以阐述。

【例 11-6】　计算图 11-20a 所示连续梁的结点位移和杆端内力，作出内力图。设 $EI = 36 \times 10^4 \, \text{kNm}^2$。

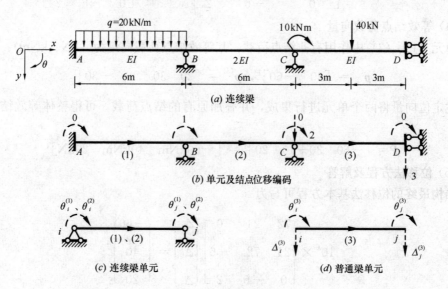

(a) 连续梁

(b) 单元及结点位移编码

(c) 连续梁单元   (d) 普通梁单元

图 11-20　例 11-6 图

【解】　该梁可认为是一个受对称荷载作用的五跨连续梁取半边结构得到的。显然，单元（1）、（2）均为连续梁单元（图 11-20b、c），而单元（3）需作为普通梁单元分析（图 11-20d）。

（1）单元及结点位移编码

各单元及结点位移整体编码如图 11-20b 所示，图 11-20c、d 标出了两种单元的杆端位移指向。根据各单元局部与整体结点位移编码的对应关系，写出其定位向量如下：

$$\boldsymbol{\lambda}^{(1)} = \begin{bmatrix} 0 & 1 \end{bmatrix}^{\mathrm{T}}, \ \boldsymbol{\lambda}^{(2)} = \begin{bmatrix} 1 & 2 \end{bmatrix}^{\mathrm{T}}, \ \boldsymbol{\lambda}^{(3)} = \begin{bmatrix} 0 & 2 & 3 & 0 \end{bmatrix}^{\mathrm{T}}$$

（2）单元刚度矩阵

单元刚度矩阵可由式（11-25）、式（11-26）求得，注意到 $EI = 36 \times 10^4 \, \mathrm{kNm^2}$，则有

$$\boldsymbol{k}^{(1)} = 10^4 \times \begin{bmatrix} 24 & 12 \\ 12 & 24 \end{bmatrix} \begin{matrix} 0 \\ 1 \end{matrix}, \quad \boldsymbol{k}^{(2)} = 10^4 \times \begin{bmatrix} 48 & 24 \\ 24 & 48 \end{bmatrix} \begin{matrix} 1 \\ 2 \end{matrix}$$

$$\boldsymbol{k}^{(3)} = 10^4 \times \begin{bmatrix} 2 & 6 & -2 & 6 \\ 6 & 24 & -6 & 12 \\ -2 & -6 & 2 & -6 \\ 6 & 12 & -6 & 24 \end{bmatrix} \begin{matrix} 0 \\ 2 \\ 3 \\ 0 \end{matrix}$$

（3）整体刚度矩阵

根据单元刚度矩阵行列序号中所标注的整体编码，可集成结构的整体刚度矩阵如下（力单位 kN、长度单位 m）：

$$\boldsymbol{K} = 10^4 \times \begin{bmatrix} 24+48 & 24 & 0 \\ 24 & 48+24 & -6 \\ 0 & -6 & 2 \end{bmatrix} = 10^4 \times \begin{bmatrix} 72 & 24 & 0 \\ 24 & 72 & -6 \\ 0 & -6 & 2 \end{bmatrix}$$

（4）等效结点荷载向量

单元（1）、（3）中作用有非结点荷载，其等效结点荷载向量为（kN、kNm）：

$$\boldsymbol{p}^{(1)} = \begin{bmatrix} 60 & -60 \end{bmatrix}^{\mathrm{T}}, \ \boldsymbol{p}^{(3)} = \begin{bmatrix} 20 & 30 & 20 & -30 \end{bmatrix}^{\mathrm{T}}$$

按前述定位向量将两个单元进行集成，并叠加原有的结点荷载，可得整体等效结点荷载向量：

$$\boldsymbol{P} = \begin{bmatrix} -60 & 30+10 & 20 \end{bmatrix}^{\mathrm{T}} = \begin{bmatrix} -60\mathrm{kNm} & 40\mathrm{kNm} & 20\mathrm{kN} \end{bmatrix}^{\mathrm{T}}$$

（5）位移法方程及解答

结构最终的位移法基本方程可写为

$$10^4 \times \begin{bmatrix} 72 & 24 & 0 \\ 24 & 72 & -6 \\ 0 & -6 & 2 \end{bmatrix} \begin{Bmatrix} \Delta_1 \\ \Delta_2 \\ \Delta_3 \end{Bmatrix} = \begin{Bmatrix} -60 \\ 40 \\ 20 \end{Bmatrix}$$

解方程得结点位移为（rad、m）：

$$\boldsymbol{\Delta} = 10^{-4} \times \begin{bmatrix} -1.703 & 2.609 & 17.826 \end{bmatrix}^{\mathrm{T}}$$

（6）内力计算

再次单元分析时，为同时获得杆端弯矩（kNm）和杆端剪力（kN），可将三个单元均作为普通梁单元计算：

$$\boldsymbol{F}^{(1)} = \boldsymbol{k}^{(1)} \boldsymbol{\Delta}^{(1)} + \boldsymbol{F}_{\mathrm{P}}^{(1)} = \begin{bmatrix} 2 & 6 & -2 & 6 \\ 6 & 24 & -6 & 12 \\ -2 & -6 & 2 & -6 \\ 6 & 12 & -6 & 24 \end{bmatrix} \begin{Bmatrix} 0 \\ 0 \\ 0 \\ -1.703 \end{Bmatrix} + \begin{Bmatrix} -60 \\ -60 \\ -60 \\ 60 \end{Bmatrix} = \begin{Bmatrix} -70.22 \\ -80.44 \\ -49.78 \\ 19.13 \end{Bmatrix}$$

$$\boldsymbol{F}^{(2)} = \boldsymbol{k}^{(2)} \boldsymbol{\Delta}^{(2)} = 2 \times \begin{bmatrix} 2 & 6 & -2 & 6 \\ 6 & 24 & -6 & 12 \\ -2 & -6 & 2 & -6 \\ 6 & 12 & -6 & 24 \end{bmatrix} \begin{Bmatrix} 0 \\ -1.703 \\ 0 \\ 2.609 \end{Bmatrix} = \begin{Bmatrix} 10.87 \\ -19.13 \\ -10.87 \\ 84.35 \end{Bmatrix}$$

$$\boldsymbol{F}^{(3)} = \boldsymbol{k}^{(3)} \boldsymbol{\Delta}^{(3)} + \boldsymbol{F}_{\mathrm{P}}^{(3)} = \begin{bmatrix} 2 & 6 & -2 & 6 \\ 6 & 24 & -6 & 12 \\ -2 & -6 & 2 & -6 \\ 6 & 12 & -6 & 24 \end{bmatrix} \begin{Bmatrix} 0 \\ 2.609 \\ 17.826 \\ 0 \end{Bmatrix} + \begin{Bmatrix} -20 \\ -30 \\ -20 \\ 30 \end{Bmatrix} = \begin{Bmatrix} -40.00 \\ -74.35 \\ 0.00 \\ -45.65 \end{Bmatrix}$$

（7）绘制内力图

利用求得的杆端力并结合区段叠加法，可绘出该梁的剪力图和弯矩图，如图 11-21 所示。

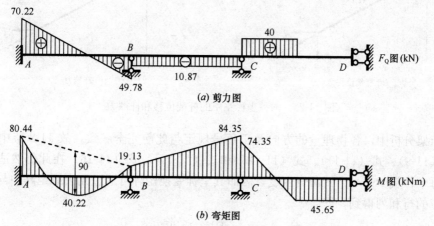

图 11-21　例 11-6 内力图

11-5-2　桁架的分析

桁架各杆均为二力直杆，故**桁架杆单元**只有轴向力和轴向变形，在局部坐标系下其杆端力与杆端位移之间的关系为（图 11-22）

$$\begin{Bmatrix} \overline{F}_{xi}^{\mathrm{e}} \\ \overline{F}_{xj}^{\mathrm{e}} \end{Bmatrix} = \begin{bmatrix} \dfrac{EA}{l} & -\dfrac{EA}{l} \\ -\dfrac{EA}{l} & \dfrac{EA}{l} \end{bmatrix} \begin{Bmatrix} \overline{u}_i^{\mathrm{e}} \\ \overline{u}_j^{\mathrm{e}} \end{Bmatrix} \tag{11-27}$$

其中的系数矩阵即为相应的单元刚度矩阵：

$$\overline{\boldsymbol{k}}^{\mathrm{e}} = \begin{bmatrix} \dfrac{EA}{l} & -\dfrac{EA}{l} \\ -\dfrac{EA}{l} & \dfrac{EA}{l} \end{bmatrix} = \dfrac{EA}{l} \begin{bmatrix} 1 & -1 \\ -1 & 1 \end{bmatrix} \tag{11-28}$$

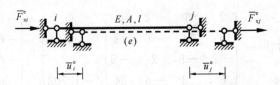

图 11-22 桁架杆单元的杆端位移和杆端力

在整体坐标系中，桁架结点一般具有 x、y 两个方向的位移（参见图 11-23），因此为了便于坐标变换，常将局部坐标系下的单元刚度方程扩展成如下四阶的形式：

$$\begin{bmatrix} \overline{F}_{xi}^e \\ \overline{F}_{yi}^e \\ \overline{F}_{xj}^e \\ \overline{F}_{yj}^e \end{bmatrix} = \frac{EA}{l} \begin{bmatrix} 1 & 0 & -1 & 0 \\ 0 & 0 & 0 & 0 \\ -1 & 0 & 1 & 0 \\ 0 & 0 & 0 & 0 \end{bmatrix} \begin{bmatrix} \overline{u}_i^e \\ \overline{v}_i^e \\ \overline{u}_j^e \\ \overline{v}_j^e \end{bmatrix} \qquad (11\text{-}29)$$

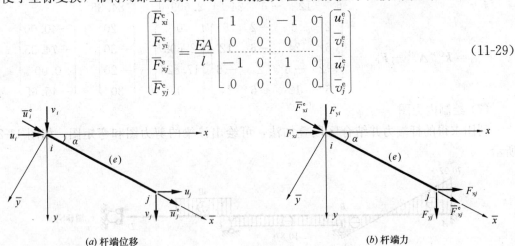

(a) 杆端位移　　　　　　　　　　　　　(b) 杆端力

图 11-23　两种坐标系中的杆端位移和杆端力

在桁架分析中，各物理量的方向及正负号规定与此前完全一致，故 11-2 节中的坐标变换式（11-9）、式（11-11）、式（11-12）和式（11-14）、式（11-16）在此仍然适用，只是现在每个杆端少了一个转角自由度，因而其坐标变换矩阵可通过删去原矩阵中与转角自由度对应的行和列得到，即

$$\boldsymbol{T} = \begin{bmatrix} \boldsymbol{t} & 0 \\ 0 & \boldsymbol{t} \end{bmatrix} \text{ 或 } \boldsymbol{T} = \begin{bmatrix} \cos\alpha & \sin\alpha & 0 & 0 \\ -\sin\alpha & \cos\alpha & 0 & 0 \\ 0 & 0 & \cos\alpha & \sin\alpha \\ 0 & 0 & -\sin\alpha & \cos\alpha \end{bmatrix} \qquad (11\text{-}30)$$

式中 $\boldsymbol{t}$ 为对应于单个杆端（i 或 j）的坐标变换子矩阵，且此时 $\boldsymbol{T}$ 与 $\boldsymbol{t}$ 仍为正交矩阵。

利用坐标变换式（11-16），容易获得桁架单元在整体坐标系下的刚度矩阵的四个子块为

$$\boldsymbol{k}_{ii}^e = \boldsymbol{k}_{jj}^e = \frac{EA}{l} \begin{bmatrix} \cos^2\alpha & \sin\alpha\cos\alpha \\ \sin\alpha\cos\alpha & \sin^2\alpha \end{bmatrix}, \quad \boldsymbol{k}_{ij}^e = \boldsymbol{k}_{ji}^e = -\boldsymbol{k}_{ii}^e \qquad (11\text{-}31)$$

桁架结构的整体刚度矩阵同样可采用单元集成法形成。因桁架只承受结点荷载，故其荷载向量可按结点位移编码的顺序直接组成，后续的计算过程则与刚架无异。

【例 11-7】 计算图 11-24a 所示桁架的内力，设各杆 $EA = 2.5 \times 10^5$ kN。

【解】 该桁架具有 5 个单元、4 个结点，其整体及各单元局部坐标系指向如图 11-24b 所示。

(1) 单元及结点位移编码

各单元编号及结点位移整体编码如图 11-24b 所示，由此可写出各单元的定位向量如下：

$$\boldsymbol{\lambda}^{(1)} = \begin{bmatrix} 0 & 0 & 1 & 0 \end{bmatrix}^{\mathrm{T}}, \quad \boldsymbol{\lambda}^{(2)} = \begin{bmatrix} 1 & 0 & 2 & 0 \end{bmatrix}^{\mathrm{T}}, \quad \boldsymbol{\lambda}^{(3)} = \begin{bmatrix} 3 & 4 & 0 & 0 \end{bmatrix}^{\mathrm{T}}$$

$$\boldsymbol{\lambda}^{(4)} = \begin{bmatrix} 3 & 4 & 1 & 0 \end{bmatrix}^{\mathrm{T}}, \quad \boldsymbol{\lambda}^{(5)} = \begin{bmatrix} 3 & 4 & 2 & 0 \end{bmatrix}^{\mathrm{T}}$$

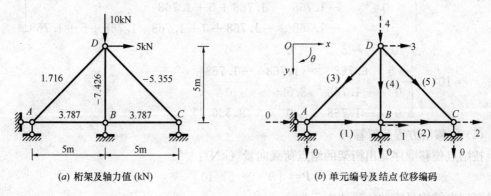

(a) 桁架及轴力值 (kN)　　　　　(b) 单元编号及结点位移编码

图 11-24　例 11-7 图

(2) 单元刚度矩阵

各单元的轴向线刚度及方位角 α 分别为（参见图 11-24b）：

单元 (1)、(2)、(4)：$\dfrac{EA}{l} = 5 \times 10^4 \, \mathrm{kN/m}$；单元 (1)、(2)：$\alpha = 0°$，单元 (4)：$\alpha = 90°$；

单元 (3)、(5)：$\dfrac{EA}{l} = 3.5355 \times 10^4 \, \mathrm{kN/m}$；单元 (3)：$\alpha = 135°$，单元 (5)：$\alpha = 45°$。

于是由式 (11-31) 可形成各单元在整体坐标系下的刚度矩阵如下 (kN/m)：

$$\boldsymbol{k}^{(1)} = 5 \times 10^4 \times \begin{matrix} 0 & 0 & 1 & 0 \\ \begin{bmatrix} 1 & 0 & -1 & 0 \\ 0 & 0 & 0 & 0 \\ -1 & 0 & 1 & 0 \\ 0 & 0 & 0 & 0 \end{bmatrix} & \begin{matrix} 0 \\ 0 \\ 1 \\ 0 \end{matrix} \end{matrix}, \quad \boldsymbol{k}^{(2)} = 5 \times 10^4 \times \begin{matrix} 1 & 0 & 2 & 0 \\ \begin{bmatrix} 1 & 0 & -1 & 0 \\ 0 & 0 & 0 & 0 \\ -1 & 0 & 1 & 0 \\ 0 & 0 & 0 & 0 \end{bmatrix} & \begin{matrix} 1 \\ 0 \\ 2 \\ 0 \end{matrix} \end{matrix}$$

$$\boldsymbol{k}^{(3)} = 1.768 \times 10^4 \times \begin{matrix} 3 & 4 & 0 & 0 \\ \begin{bmatrix} 1 & -1 & -1 & 1 \\ -1 & 1 & 1 & -1 \\ -1 & 1 & 1 & -1 \\ 1 & -1 & -1 & 1 \end{bmatrix} & \begin{matrix} 3 \\ 4 \\ 0 \\ 0 \end{matrix} \end{matrix}, \quad \boldsymbol{k}^{(4)} = 5 \times 10^4 \times \begin{matrix} 3 & 4 & 1 & 0 \\ \begin{bmatrix} 0 & 0 & 0 & 0 \\ 0 & 1 & 0 & -1 \\ 0 & 0 & 0 & 0 \\ 0 & -1 & 0 & 1 \end{bmatrix} & \begin{matrix} 3 \\ 4 \\ 1 \\ 0 \end{matrix} \end{matrix}$$

$$\boldsymbol{k}^{(5)} = 1.768 \times 10^4 \times \begin{matrix} 3 & 4 & 2 & 0 \\ \begin{bmatrix} 1 & 1 & -1 & -1 \\ 1 & 1 & -1 & -1 \\ -1 & -1 & 1 & 1 \\ -1 & -1 & 1 & 1 \end{bmatrix} & \begin{matrix} 3 \\ 4 \\ 2 \\ 0 \end{matrix} \end{matrix}$$

（3）整体刚度矩阵

根据各单元刚度矩阵行列序号中所标注的整体编码，可将之集成结构的整体刚度矩阵（kN/m）：

$$\boldsymbol{K} = 10^4 \times \begin{bmatrix} 5+5+0 & & & 对称 \\ -5 & 5+1.768 & & \\ 0 & -1.768 & 1.768+0+1.768 & \\ 0 & -1.768 & -1.768+0+1.768 & 1.768+5+1.768 \end{bmatrix}$$

$$= 10^4 \times \begin{bmatrix} 10 & -5 & 0 & 0 \\ -5 & 6.768 & -1.768 & -1.768 \\ 0 & -1.768 & 3.536 & 0 \\ 0 & -1.768 & 0 & 8.536 \end{bmatrix}$$

（4）位移法方程及解答

按结点位移顺序写出桁架的结点荷载向量（kN）：

$$\boldsymbol{P} = \begin{bmatrix} 0 & 0 & 5 & 10 \end{bmatrix}^T$$

于是可列出结构最终的位移法方程为

$$10^4 \times \begin{bmatrix} 10 & -5 & 0 & 0 \\ -5 & 6.768 & -1.768 & -1.768 \\ 0 & -1.768 & 3.536 & 0 \\ 0 & -1.768 & 0 & 8.536 \end{bmatrix} \begin{Bmatrix} \Delta_1 \\ \Delta_2 \\ \Delta_3 \\ \Delta_4 \end{Bmatrix} = \begin{Bmatrix} 0 \\ 0 \\ 5 \\ 10 \end{Bmatrix}$$

解方程得结点位移（m）：

$$\boldsymbol{\Delta} = 10^{-5} \times \begin{bmatrix} 7.5736 & 15.1472 & 21.7156 & 14.8528 \end{bmatrix}^T$$

（5）内力计算

先获得单元在局部坐标系下的杆端轴向位移，再由单元刚度方程计算出杆端力：

$$\overline{\boldsymbol{F}}^{(1)} = \boldsymbol{F}^{(1)} = \boldsymbol{k}^{(1)} \boldsymbol{\Delta}^{(1)} = 5 \times 10^4 \times \begin{bmatrix} 1 & -1 \\ -1 & 1 \end{bmatrix} \begin{pmatrix} 0 \\ 7.5736 \end{pmatrix} \times 10^{-5} = \begin{pmatrix} -3.787 \\ 3.787 \end{pmatrix} kN$$

$$\overline{\boldsymbol{F}}^{(2)} = \boldsymbol{F}^{(2)} = \boldsymbol{k}^{(2)} \boldsymbol{\Delta}^{(2)} = 0.5 \times \begin{bmatrix} 1 & -1 \\ -1 & 1 \end{bmatrix} \begin{pmatrix} 7.5736 \\ 15.1472 \end{pmatrix} = \begin{pmatrix} -3.787 \\ 3.787 \end{pmatrix} kN$$

$$\overline{\boldsymbol{\Delta}}^{(3)} = \boldsymbol{T} \boldsymbol{\Delta}^{(3)} = \frac{\sqrt{2}}{2} \times \begin{bmatrix} -1 & 1 & 0 & 0 \\ -1 & -1 & 0 & 0 \\ 0 & 0 & -1 & 1 \\ 0 & 0 & -1 & -1 \end{bmatrix} \begin{pmatrix} 21.7156 \\ 14.8528 \\ 0 \\ 0 \end{pmatrix} \times 10^{-5} = \begin{pmatrix} -4.8527 \\ -25.8614 \\ 0 \\ 0 \end{pmatrix} \times 10^{-5} m$$

$$\overline{\boldsymbol{F}}^{(3)} = \overline{\boldsymbol{k}}^{(3)} \overline{\boldsymbol{\Delta}}^{(3)} = 3.5355 \times 10^{-1} \times \begin{bmatrix} 1 & -1 \\ -1 & 1 \end{bmatrix} \begin{pmatrix} -4.8527 \\ 0 \end{pmatrix} = \begin{pmatrix} -1.716 \\ 1.716 \end{pmatrix} kN$$

$$\overline{\boldsymbol{\Delta}}^{(4)} = \boldsymbol{T} \boldsymbol{\Delta}^{(4)} = \begin{bmatrix} 0 & 1 & 0 & 0 \\ -1 & 0 & 0 & 0 \\ 0 & 0 & 0 & 1 \\ 0 & 0 & -1 & 0 \end{bmatrix} \begin{pmatrix} 21.7156 \\ 14.8528 \\ 7.5736 \\ 0 \end{pmatrix} \times 10^{-5} = \begin{pmatrix} 14.8528 \\ -21.7156 \\ 0 \\ -7.5736 \end{pmatrix} \times 10^{-5} m$$

$$\overline{\boldsymbol{F}}^{(4)} = \overline{\boldsymbol{k}}^{(4)}\,\overline{\boldsymbol{\Delta}}^{(4)} = 5\times10^{-1}\times\begin{bmatrix}1 & -1\\ -1 & 1\end{bmatrix}\begin{pmatrix}14.8528\\ 0\end{pmatrix} = \begin{pmatrix}7.426\\ -7.426\end{pmatrix}\text{kN}$$

$$\overline{\boldsymbol{\Delta}}^{(5)} = \boldsymbol{T}\boldsymbol{\Delta}^{(5)} = \frac{\sqrt{2}}{2}\times\begin{bmatrix}1 & 1 & 0 & 0\\ -1 & 1 & 0 & 0\\ 0 & 0 & 1 & 1\\ 0 & 0 & -1 & 1\end{bmatrix}\begin{pmatrix}21.7156\\ 14.8528\\ 15.1472\\ 0\end{pmatrix}\times10^{-5} = \begin{pmatrix}25.8578\\ -4.7427\\ 10.7107\\ -10.7107\end{pmatrix}\times10^{-5}\text{m}$$

$$\overline{\boldsymbol{F}}^{(5)} = \overline{\boldsymbol{k}}^{(5)}\,\overline{\boldsymbol{\Delta}}^{(5)} = 3.5355\times10^{-1}\times\begin{bmatrix}1 & -1\\ -1 & 1\end{bmatrix}\begin{pmatrix}25.8578\\ 10.7107\end{pmatrix} = \begin{pmatrix}5.355\\ -5.355\end{pmatrix}\text{kN}$$

标出各杆轴力值如图 11-24a 所示。

11-5-3 组合结构的分析

组合结构中同时包含一般杆件单元和桁架杆单元。需注意的是，两种单元的连接点处具有相同的线位移，但一般单元在此处还具有角位移自由度，而桁架杆单元不包含该自由度。计算时两种单元应采用各自对应的单元刚度矩阵，其他方面则可参照刚架和桁架的步骤进行。

【例 11-8】 用矩阵位移法计算图 11-25 所示组合结构的内力。设横梁 $A = 270\times10^{-4}$ m^2，$I = 1.71\times10^{-3}\text{m}^4$，斜拉杆 $A_1 = 5.4\times10^{-4}\text{m}^2$；各杆 $E = 2\times10^8\text{kN/m}^2$。

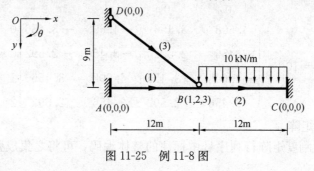

图 11-25　例 11-8 图

【解】 （1）结构整体与单元局部坐标方向、单元及结点位移编码如图 11-25 所标示，由此可写出各单元的定位向量如下：

$$\boldsymbol{\lambda}^{(1)} = \begin{bmatrix}0 & 0 & 0 & 1 & 2 & 3\end{bmatrix}^{\text{T}}$$
$$\boldsymbol{\lambda}^{(2)} = \begin{bmatrix}1 & 2 & 3 & 0 & 0 & 0\end{bmatrix}^{\text{T}}$$
$$\boldsymbol{\lambda}^{(3)} = \begin{bmatrix}0 & 0 & 1 & 2\end{bmatrix}^{\text{T}}$$

（2）单元刚度矩阵

单元（1）、（2）为一般杆件单元，其相关计算参数为：

$$\frac{12EI}{l^3} = 2.375\times10^3\text{kN/m},\ \frac{6EI}{l^2} = 14.25\times10^3\text{kN},$$

$$\frac{4EI}{l} = 114\times10^3\text{kNm},\ \frac{EA}{l} = 450\times10^3\text{kN/m}$$

单元（3）为桁架杆单元，其轴向线刚度为：

$$\frac{EA_1}{l_1} = 7.2\times10^3\text{kN/m}$$

单元（1）、（2）的方位角 $\alpha=0°$，故其整体与局部坐标系下的单元刚度矩阵相同，

$$
\boldsymbol{k}^{(1)}=\overline{\boldsymbol{k}}^{(1)}=10^3\times\begin{array}{ccc ccc}
 & 0 & & 0 & & 0 & & 1 & & 2 & & 3\\
\end{array}
$$

$$
\boldsymbol{k}^{(1)}=\overline{\boldsymbol{k}}^{(1)}=10^3\times\left[\begin{array}{ccc:ccc}
450 & 0 & 0 & -450 & 0 & 0\\
0 & 2.375 & 14.25 & 0 & -2.375 & 14.25\\
0 & 14.25 & 114 & 0 & -14.25 & 57\\
\hdashline
-450 & 0 & 0 & 450 & 0 & 0\\
0 & -2.375 & -14.25 & 0 & 2.375 & -14.25\\
0 & 14.25 & 57 & 0 & -14.25 & 114
\end{array}\right]\begin{array}{c}0\\0\\0\\1\\2\\3\end{array}
$$

$$
\boldsymbol{k}^{(2)}=\overline{\boldsymbol{k}}^{(2)}=10^3\times\begin{array}{ccccccc}1 & 2 & 3 & 0 & 0 & 0\end{array}
$$

$$
\boldsymbol{k}^{(2)}=\overline{\boldsymbol{k}}^{(2)}=10^3\times\left[\begin{array}{ccc:ccc}
450 & 0 & 0 & -450 & 0 & 0\\
0 & 2.375 & 14.25 & 0 & -2.375 & 14.25\\
0 & 14.25 & 114 & 0 & -14.25 & 57\\
\hdashline
-450 & 0 & 0 & 450 & 0 & 0\\
0 & -2.375 & -14.25 & 0 & 2.375 & -14.25\\
0 & 14.25 & 57 & 0 & -14.25 & 114
\end{array}\right]\begin{array}{c}1\\2\\3\\0\\0\\0\end{array}
$$

单元（3）的方位角关系为：$\sin\alpha=0.6$，$\cos\alpha=0.8$，由式（11-31）可形成其在整体坐标系下的刚度矩阵如下：

$$
\boldsymbol{k}^{(3)}=10^3\times\begin{array}{cccc}0 & 0 & 1 & 2\end{array}
$$

$$
\boldsymbol{k}^{(3)}=10^3\times\left[\begin{array}{cc:cc}
4.608 & 3.456 & -4.608 & -3.456\\
3.456 & 2.592 & -3.456 & -2.592\\
\hdashline
-4.608 & -3.456 & 4.608 & 3.456\\
-3.456 & -2.592 & 3.456 & 2.592
\end{array}\right]\begin{array}{c}0\\0\\1\\2\end{array}
$$

（3）整体刚度矩阵

根据上述单元刚度矩阵行列序号中标注的整体编码，可将之集成整体刚度矩阵如下（力 kN，长度 m）：

$$
\boldsymbol{K}=10^3\times\left[\begin{array}{ccc}
450+450+4.068 & & \text{对称}\\
0+0+3.456 & 2.375+2.375+2.592 & \\
0+0 & -14.25+14.25 & 114+114
\end{array}\right]
$$

$$
=10^3\times\left[\begin{array}{ccc}
904.068 & 3.456 & 0\\
3.456 & 7.342 & 0\\
0 & 0 & 228
\end{array}\right]
$$

（4）位移法方程及解答

在图示荷载作用下，求得结构的等效结点荷载向量为（kN、kNm）：

$$
\boldsymbol{P}=\begin{bmatrix}0 & 60 & 120\end{bmatrix}^{\mathrm{T}}
$$

于是结构最终的位移法方程为

$$
10^3\times\begin{bmatrix}
904.068 & 3.456 & 0\\
3.456 & 7.342 & 0\\
0 & 0 & 228
\end{bmatrix}\begin{Bmatrix}\Delta_1\\\Delta_2\\\Delta_3\end{Bmatrix}=\begin{Bmatrix}0\\60\\120\end{Bmatrix}
$$

90

解方程得结点位移（m、rad）：

$$\boldsymbol{\Delta} = 10^{-5} \times \begin{bmatrix} -3.1296 & 818.6892 & 52.6316 \end{bmatrix}^{\mathrm{T}}$$

（5）内力计算

由局部坐标系下的单元刚度方程可求得各单元的杆端力（kN、kNm）：

$$\overline{\boldsymbol{F}}^{(1)} = \overline{\boldsymbol{k}}^{(1)}\,\overline{\boldsymbol{\Delta}}^{(1)}$$

$$= 10^{-2} \times \begin{bmatrix} 450 & 0 & 0 & -450 & 0 & 0 \\ 0 & 2.375 & 14.25 & 0 & -2.375 & 14.25 \\ 0 & 14.25 & 114 & 0 & -14.25 & 57 \\ -450 & 0 & 0 & 450 & 0 & 0 \\ 0 & -2.375 & -14.25 & 0 & 2.375 & -14.25 \\ 0 & 14.25 & 57 & 0 & -14.25 & 114 \end{bmatrix} \begin{bmatrix} 0 \\ 0 \\ 0 \\ -3.1296 \\ 818.6892 \\ 52.6316 \end{bmatrix}$$

$$= \begin{bmatrix} 14.08 \\ -11.94 \\ -86.66 \\ -14.08 \\ 11.94 \\ -56.66 \end{bmatrix}$$

$$\overline{\boldsymbol{F}}^{(2)} = \overline{\boldsymbol{k}}^{(2)}\,\overline{\boldsymbol{\Delta}}^{(2)} + \overline{\boldsymbol{F}}_{\mathrm{P}}^{(2)}$$

$$= 10^{-2} \times \begin{bmatrix} 450 & 0 & 0 & -450 & 0 & 0 \\ 0 & 2.375 & 14.25 & 0 & -2.375 & 14.25 \\ 0 & 14.25 & 114 & 0 & -14.25 & 57 \\ -450 & 0 & 0 & 450 & 0 & 0 \\ 0 & -2.375 & -14.25 & 0 & 2.375 & -14.25 \\ 0 & 14.25 & 57 & 0 & -14.25 & 114 \end{bmatrix} \begin{bmatrix} -3.1296 \\ 818.6892 \\ 52.6316 \\ 0 \\ 0 \\ 0 \end{bmatrix}$$

$$+ \begin{bmatrix} 0 \\ -60 \\ -120 \\ 0 \\ -60 \\ 120 \end{bmatrix} = \begin{bmatrix} -14.08 \\ -33.06 \\ 56.66 \\ 14.08 \\ -86.94 \\ 266.66 \end{bmatrix}$$

$$\overline{\boldsymbol{\Delta}}^{(3)} = \boldsymbol{T}\boldsymbol{\Delta}^{(3)} = \begin{bmatrix} 0.8 & 0.6 & 0 & 0 \\ -0.6 & 0.8 & 0 & 0 \\ 0 & 0 & 0.8 & 0.6 \\ 0 & 0 & -0.6 & 0.8 \end{bmatrix} \begin{bmatrix} 0 \\ 0 \\ -3.1296 \\ 818.6892 \end{bmatrix} \times 10^{-5} = \begin{bmatrix} 0 \\ 0 \\ 489.3358 \\ 656.8291 \end{bmatrix} \times 10^{-5}$$

$$\overline{\boldsymbol{F}}^{(3)} = \overline{\boldsymbol{k}}^{(3)}\,\overline{\boldsymbol{\Delta}}^{(3)} = 7.2 \times 10^{-2} \times \begin{bmatrix} 1 & -1 \\ -1 & 1 \end{bmatrix} \begin{pmatrix} 0 \\ 489.3358 \end{pmatrix} = \begin{pmatrix} -35.23 \\ 35.23 \end{pmatrix}$$

结构最后的内力图（值）如图 11-26 所示。

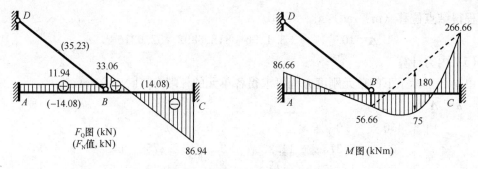

图 11-26　例 11-8 内力图（值）

11-6　支座移动和温度改变时的分析

在支座移动和温度改变等因素作用下，结构的整体刚度矩阵与荷载作用时并无两样，故这里主要讨论等效结点荷载的确定和最后内力的计算。

与荷载作用时类似，在这些外因作用下，同样可将结构计算分解为附加约束后的基本结构单独作用这些因素与原结构作用反向约束力的叠加，如图 11-27 所示。显然后者所施加的反向约束力即为此时的等效结点荷载，该荷载可由单元集成法形成，并可用结点平衡法校核。计算时，各单元在支座移动作用下的附加约束力可由单元刚度方程求得，而在温度改变影响下的固端力可查表 11-1 第 8 栏得到。

有了等效结点荷载，则从最终的位移法方程 $\boldsymbol{K\Delta}=\boldsymbol{P}$ 中可解出结点位移。而各单元的最后杆端力可由下式计算：

$$\boldsymbol{F}^{\mathrm{e}}=\boldsymbol{k}^{\mathrm{e}}\boldsymbol{\Delta}^{\mathrm{e}}+\boldsymbol{F}_{\mathrm{c}}^{\mathrm{e}}+\boldsymbol{F}_{\mathrm{t}}^{\mathrm{e}}\qquad \text{或}\qquad \overline{\boldsymbol{F}}^{\mathrm{e}}=\overline{\boldsymbol{k}}^{\mathrm{e}}\overline{\boldsymbol{\Delta}}^{\mathrm{e}}+\overline{\boldsymbol{F}}_{\mathrm{c}}^{\mathrm{e}}+\overline{\boldsymbol{F}}_{\mathrm{t}}^{\mathrm{e}} \tag{11-32}$$

式中 $\boldsymbol{F}_{\mathrm{c}}^{\mathrm{e}}$、$\boldsymbol{F}_{\mathrm{t}}^{\mathrm{e}}$ 是由支座移动、温度改变所引起的单元固端力向量。

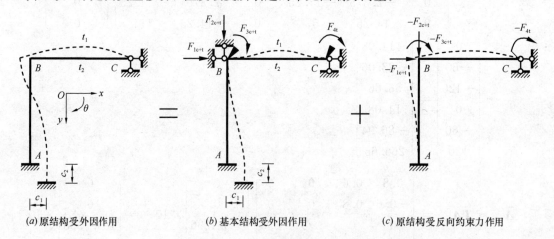

图 11-27　结构受支座移动、温度改变等外因作用时的分解

【例 11-9】　图 11-28a 所示刚架，支座 D 发生了 1cm 的沉降，BC 杆下侧温度升高了 20℃。试用矩阵位移法计算，作出内力图。设各杆截面均为矩形，$EA=720\times10^4$ kN、EI $=21.6\times10^4$ kNm²，截面高度 $h=0.6$m；材料线膨胀系数 $\alpha=1.0\times10^{-5}$℃$^{-1}$。

【解】 刚架的单元和结点位移编码如图 11-28a 所示，各单元刚度矩阵和结构的整体刚度矩阵已在例 11-2 中求得，故接下去形成结构的等效结点荷载向量。

单元（2）在局部和整体坐标系下由温度改变引起的固端力为（kN、kNm，参见图 11-28b）：

$$\mathbf{F}_t^{(2)} = \overline{\mathbf{F}}_t^{(2)} = \left[EA\alpha t_0 \quad 0 \quad -\frac{EI\alpha\Delta t}{h} \quad -EA\alpha t_0 \quad 0 \quad \frac{EI\alpha\Delta t}{h} \right]^T$$

$$= \begin{bmatrix} 720 & 0 & -72 & -720 & 0 & 72 \end{bmatrix}^T$$

对于单元（3），因结点 D 的支座位移沿着整体坐标方向，故由此产生的固端约束力可由该单元在整体坐标系下的刚度方程计算得到（kN、kNm）：

$$\mathbf{F}_c^{(3)} = \mathbf{k}^{(3)} \boldsymbol{\Delta}_c^{(3)}$$

$$= 10^4 \times \begin{bmatrix} 53.167 & 68.125 & -4.147 & -53.167 & -68.125 & -4.147 \\ 68.125 & 92.906 & 3.110 & -68.125 & -92.906 & 3.110 \\ -4.147 & 3.110 & 17.280 & 4.147 & -3.110 & 8.640 \\ -53.167 & -68.125 & 4.147 & 53.167 & 68.125 & 4.147 \\ -68.125 & -92.906 & -3.110 & 68.125 & 92.906 & -3.110 \\ -4.147 & 3.110 & 8.640 & 4.147 & -3.110 & 17.280 \end{bmatrix} \begin{bmatrix} 0 \\ 0 \\ 0 \\ 0 \\ 0.01 \\ 0 \end{bmatrix}$$

$$= \begin{bmatrix} -6812.5 \\ -9290.6 \\ -331.0 \\ 6812.5 \\ 9290.6 \\ -311.0 \end{bmatrix}$$

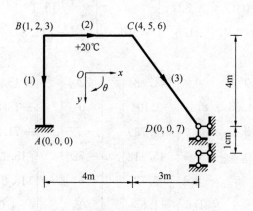

(a) 刚架发生支座移动和温度改变

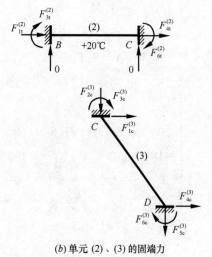

(b) 单元 (2)、(3) 的固端力

图 11-28 例 11-9 图

将上述固端力反号，即得两单元在整体坐标系下的等效结点荷载向量（kN、kNm）：

$$\mathbf{p}^{(2)} = \begin{bmatrix} -720 & 0 & 72 & 720 & 0 & -72 \end{bmatrix}^T$$

$$\mathbf{p}^{(3)} = \begin{bmatrix} 6812.5 & 9290.6 & 311.0 & -6812.5 & -9290.6 & 311.0 \end{bmatrix}^T$$

按照图 11-28a 标示的结点位移编码，可集成结构的等效结点荷载向量为（kN、kNm）：

$$\boldsymbol{P}= \begin{bmatrix} -720 & 0 & 72 & 7532.5 & 9290.6 & 239.0 & 311.0 \end{bmatrix}^{\mathrm{T}}$$

于是结构的位移法方程可写为：

$$10^4 \times \begin{bmatrix} 184.05 & 0 & -8.1 & -180 & 0 & 0 & 0 \\ 0 & 184.05 & 8.1 & 0 & -4.05 & 8.1 & 0 \\ -8.1 & 8.1 & 43.2 & 0 & -8.1 & 10.8 & 0 \\ -180 & 0 & 0 & 233.167 & 68.125 & -4.147 & -4.147 \\ 0 & -4.05 & -8.1 & 68.125 & 96.956 & -4.990 & 3.110 \\ 0 & 8.1 & 10.8 & -4.147 & -4.990 & 38.880 & 8.640 \\ 0 & 0 & 0 & -4.147 & 3.110 & 8.640 & 17.280 \end{bmatrix} \begin{Bmatrix} \Delta_1 \\ \Delta_2 \\ \Delta_3 \\ \Delta_4 \\ \Delta_5 \\ \Delta_6 \\ \Delta_7 \end{Bmatrix} = \begin{Bmatrix} -720 \\ 0 \\ 72 \\ 7532.5 \\ 9290.6 \\ 239.0 \\ 311.0 \end{Bmatrix}$$

解得（单位 m、rad）：

$$\boldsymbol{\Delta}=10^{-4} \times \begin{bmatrix} 41.334 & 0.104 & 18.799 & 45.418 & 65.726 & 11.689 & 11.224 \end{bmatrix}^{\mathrm{T}}$$

由式（11-32）求出各单元的最后杆端力为（kN 或 kNm）

$$\overline{\boldsymbol{F}}^{(1)} = \overline{\boldsymbol{k}}^{(1)} \boldsymbol{T} \boldsymbol{\Delta}^{(1)}$$

$$= \begin{bmatrix} 180 & 0 & 0 & -180 & 0 & 0 \\ 0 & 4.05 & 8.1 & 0 & -4.05 & 8.1 \\ 0 & 8.1 & 21.6 & 0 & -8.1 & 10.8 \\ -180 & 0 & 0 & 180 & 0 & 0 \\ 0 & -4.05 & -8.1 & 0 & 4.05 & -8.1 \\ 0 & 8.1 & 10.8 & 0 & -8.1 & 21.6 \end{bmatrix} \begin{Bmatrix} 0.104 \\ -41.334 \\ 18.799 \\ 0 \\ 0 \\ 0 \end{Bmatrix} = \begin{Bmatrix} 18.8 \\ -15.1 \\ 71.2 \\ -18.8 \\ 15.1 \\ -131.8 \end{Bmatrix}$$

$$\overline{\boldsymbol{F}}^{(2)} = \boldsymbol{F}^{(2)} = \boldsymbol{k}^{(2)} \boldsymbol{\Delta}^{(2)} + \boldsymbol{F}_{\mathrm{t}}^{(2)}$$

$$= \begin{bmatrix} 180 & 0 & 0 & -180 & 0 & 0 \\ 0 & 4.05 & 8.1 & 0 & -4.05 & 8.1 \\ 0 & 8.1 & 21.6 & 0 & -8.1 & 10.8 \\ -180 & 0 & 0 & 180 & 0 & 0 \\ 0 & -4.05 & -8.1 & 0 & 4.05 & -8.1 \\ 0 & 8.1 & 10.8 & 0 & -8.1 & 21.6 \end{bmatrix} \begin{Bmatrix} 41.334 \\ 0.104 \\ 18.799 \\ 45.418 \\ 65.726 \\ 11.689 \end{Bmatrix} + \begin{Bmatrix} 720 \\ 0 \\ -72 \\ -720 \\ 0 \\ 72 \end{Bmatrix} = \begin{Bmatrix} -15.1 \\ -18.8 \\ -71.2 \\ 15.1 \\ 18.8 \\ -4.0 \end{Bmatrix}$$

$$\boldsymbol{F}^{(3)} = \boldsymbol{k}^{(3)} \boldsymbol{\Delta}^{(3)} + \boldsymbol{F}_{\mathrm{c}}^{(3)}$$

$$= \begin{bmatrix} 53.167 & 68.125 & -4.147 & -53.167 & -68.125 & -4.147 \\ 68.125 & 92.906 & 3.110 & -68.125 & -92.906 & 3.110 \\ -4.147 & 3.110 & 17.280 & 4.147 & -3.110 & 8.640 \\ -53.167 & -68.125 & 4.147 & 53.167 & 68.125 & 4.147 \\ -68.125 & -92.906 & -3.110 & 68.125 & 92.906 & -3.110 \\ -4.147 & 3.110 & 8.640 & 4.147 & -3.110 & 17.280 \end{bmatrix} \begin{Bmatrix} 45.418 \\ 65.726 \\ 11.689 \\ 0 \\ 0 \\ 11.224 \end{Bmatrix}$$

$$\pm \begin{Bmatrix} -6812.5 \\ -9290.6 \\ -311.0 \\ 6812.5 \\ 9290.6 \\ -311.0 \end{Bmatrix} = \begin{Bmatrix} -15.1 \\ -18.8 \\ 4.0 \\ 15.1 \\ 18.8 \\ 0 \end{Bmatrix}$$

$$\overline{\boldsymbol{F}}^{(3)} = \boldsymbol{TF}^{(3)} = \begin{bmatrix} -24.1 & 0.8 & 4 & 24.1 & -0.8 & 0 \end{bmatrix}^{\mathrm{T}}$$

结构最后的内力图如图 11-29 所示。

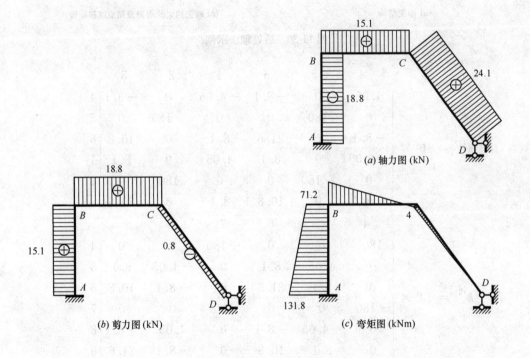

图 11-29　例 11-9 刚架内力图

11-7　后处理法简介

所谓**后处理法**，是在形成结构的整体刚度矩阵时先不考虑位移边界条件，也就是无论杆端或结点上有无约束，均将之视为自由的结点，这样形成的整体刚度矩阵称为结构的**原始刚度矩阵**；而后统一对位移边界条件进行处理，修改原始刚度矩阵，获得引入边界条件后的**修正刚度矩阵**或简称**结构刚度矩阵**。

例如图 11-30a 所示的刚架由两个单元组成。若略去所有的边界约束，则每个结点均有三个自由度，各自由度的整体编码标于图 11-30b 括号内。设两单元 $EA=720\times10^4$ kN、$EI=21.6\times10^4$ kNm², 则可写出其在整体坐标系下的单元刚度矩阵如下（力单位 kN，长度单位 m）：

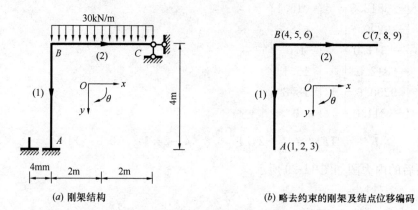

图 11-30 后处理法示例

$$\boldsymbol{k}^{(1)} = 10^4 \times \begin{matrix} & 4 & 5 & 6 & 1 & 2 & 3 \\ \begin{bmatrix} 4.05 & 0 & -8.1 & -4.05 & 0 & -8.1 \\ 0 & 180 & 0 & 0 & -180 & 0 \\ -8.1 & 0 & 21.6 & 8.1 & 0 & 10.8 \\ -4.05 & 0 & 8.1 & 4.05 & 0 & 8.1 \\ 0 & -180 & 0 & 0 & 180 & 0 \\ -8.1 & 0 & 10.8 & 8.1 & 0 & 21.6 \end{bmatrix} & \begin{matrix} 4 \\ 5 \\ 6 \\ 1 \\ 2 \\ 3 \end{matrix} \end{matrix}$$

$$\boldsymbol{k}^{(2)} = 10^4 \times \begin{matrix} & 4 & 5 & 6 & 7 & 8 & 9 \\ \begin{bmatrix} 180 & 0 & 0 & -180 & 0 & 0 \\ 0 & 4.05 & 8.1 & 0 & -4.05 & 8.1 \\ 0 & 8.1 & 21.6 & 0 & -8.1 & 10.8 \\ -180 & 0 & 0 & 180 & 0 & 0 \\ 0 & -4.05 & -8.1 & 0 & 4.05 & -8.1 \\ 0 & 8.1 & 10.8 & 0 & -8.1 & 21.6 \end{bmatrix} & \begin{matrix} 4 \\ 5 \\ 6 \\ 7 \\ 8 \\ 9 \end{matrix} \end{matrix}$$

按照上述矩阵行列序号中所标注的整体编码，可集成结构的原始刚度矩阵如下（力单位 kN，长度单位 m）：

$$\boldsymbol{K}_0 = 10^4 \times \begin{bmatrix} 4.05 & 0 & 8.1 & -4.05 & 0 & 8.1 & 0 & 0 & 0 \\ 0 & 180 & 0 & 0 & -180 & 0 & 0 & 0 & 0 \\ 8.1 & 0 & 10.8 & -8.1 & 0 & 10.8 & 0 & 0 & 0 \\ -4.05 & 0 & -8.1 & 184.05 & 0 & -8.1 & -180 & 0 & 0 \\ 0 & -180 & 0 & 0 & 184.05 & 8.1 & 0 & -4.05 & 8.1 \\ 8.1 & 0 & 10.8 & -8.1 & 8.1 & 43.2 & 0 & -8.1 & 10.8 \\ 0 & 0 & 0 & -180 & 0 & 0 & 180 & 0 & 0 \\ 0 & 0 & 0 & 0 & -4.05 & -8.1 & 0 & 4.05 & -8.1 \\ 0 & 0 & 0 & 0 & 8.1 & 10.8 & 0 & -8.1 & 21.6 \end{bmatrix}$$

单元（2）由荷载引起的等效结点荷载向量为（kN、kNm）：

96

$$\boldsymbol{p}^{(2)} = \begin{bmatrix} 0 & 60 & 40 & 0 & 60 & -40 \end{bmatrix}^{\mathrm{T}}$$

由于暂时略去了位移边界条件，故这里无需计入支座位移引起的等效结点荷载。按"对号入座"原则由 $\boldsymbol{p}^{(2)}$ 集成结构的原始等效结点荷载向量如下（kN、kNm）：

$$\boldsymbol{P}_0 = \begin{bmatrix} 0 & 0 & 0 & 0 & 60 & 40 & 0 & 60 & -40 \end{bmatrix}^{\mathrm{T}}$$

原始刚度矩阵是针对无约束的自由结构建立的，因而是一个奇异矩阵，必须引入位移边界条件，对该矩阵和所形成的原始等效结点荷载向量进行修正后，方能进行位移求解。为此将原始方程组 $\boldsymbol{K}_0\boldsymbol{\Delta} = \boldsymbol{P}_0$ 中各方程的顺序重新排列，其中结点位移向量分为未知位移子向量 $\boldsymbol{\Delta}_\alpha$ 和已知位移子向量 $\boldsymbol{\Delta}_\beta$ 两部分，而原始刚度矩阵也分成相应的四个子块 $\boldsymbol{K}_{\alpha\alpha}$、$\boldsymbol{K}_{\alpha\beta}$、$\boldsymbol{K}_{\beta\alpha}$ 和 $\boldsymbol{K}_{\beta\beta}$，也即

$$\begin{bmatrix} \boldsymbol{K}_{\alpha\alpha} & \vdots & \boldsymbol{K}_{\alpha\beta} \\ \hdashline \boldsymbol{K}_{\beta\alpha} & \vdots & \boldsymbol{K}_{\beta\beta} \end{bmatrix} \begin{pmatrix} \boldsymbol{\Delta}_\alpha \\ \hdashline \boldsymbol{\Delta}_\beta \end{pmatrix} = \begin{pmatrix} \boldsymbol{P}_\alpha \\ \hdashline \boldsymbol{P}_\beta \end{pmatrix} \tag{11-33}$$

将与 $\boldsymbol{\Delta}_\alpha$ 对应的部分展开，可得

$$\boldsymbol{K}_{\alpha\alpha}\boldsymbol{\Delta}_\alpha = \boldsymbol{P}_\alpha - \boldsymbol{K}_{\alpha\beta}\boldsymbol{\Delta}_\beta \tag{11-34}$$

该方程即为引入位移边界条件的最终位移法方程，其中 $\boldsymbol{K}_{\alpha\alpha}$ 为修正后的**结构刚度矩阵**，它是一个缩减的矩阵，$\boldsymbol{P}_\alpha$ 为修正后未计入支座位移影响的等效结点荷载向量，而 $(-\boldsymbol{K}_{\alpha\beta}\boldsymbol{\Delta}_\beta)$ 则为支座位移引起的等效结点荷载向量。由该方程可解出未知结点位移，而各单元最后杆端力的计算与先处理法并无不同。

对于图 11-30a 中的刚架，其已知结点位移为

$$\boldsymbol{\Delta}_\beta = \begin{bmatrix} \Delta_1 & \Delta_2 & \Delta_3 & \Delta_7 & \Delta_8 \end{bmatrix}^{\mathrm{T}} = \begin{bmatrix} -0.004\mathrm{m} & 0 & 0 & 0 & 0 \end{bmatrix}^{\mathrm{T}}$$

将其代入式（11-34），可形成结构的最终位移法方程如下：

$$\begin{bmatrix} 184.05 & 0 & -8.1 & 0 \\ 0 & 184.05 & 8.1 & 8.1 \\ -8.1 & 8.1 & 43.2 & 10.8 \\ 0 & 8.1 & 10.8 & 21.6 \end{bmatrix} \begin{bmatrix} \Delta_4 \\ \Delta_5 \\ \Delta_6 \\ \Delta_9 \end{bmatrix} = \begin{bmatrix} 0 \\ 60 \\ 40 \\ -40 \end{bmatrix} - \begin{bmatrix} 162 \\ 0 \\ -324 \\ 0 \end{bmatrix} = \begin{bmatrix} -162 \\ 60 \\ 364 \\ -40 \end{bmatrix}$$

解方程得未知结点位移为（m、rad）：

$$\boldsymbol{\Delta} = \begin{bmatrix} \Delta_4 & \Delta_5 & \Delta_6 & \Delta_9 \end{bmatrix}^{\mathrm{T}} = 10^{-5} \times \begin{bmatrix} -4.381 & 1.896 & 100.445 & -69.452 \end{bmatrix}^{\mathrm{T}}$$

利用求得的结点位移计算出两单元的最后杆端力如下（kN、kNm）：

$$\overline{\boldsymbol{F}}^{(1)} = \overline{\boldsymbol{k}}^{(1)}\boldsymbol{T}\boldsymbol{\Delta}^{(1)}$$

$$= 10^{-1} \times \begin{bmatrix} 180 & 0 & 0 & -180 & 0 & 0 \\ 0 & 4.05 & 8.1 & 0 & -4.05 & 8.1 \\ 0 & 8.1 & 21.6 & 0 & -8.1 & 10.8 \\ \hdashline -180 & 0 & 0 & 180 & 0 & 0 \\ 0 & -4.05 & -8.1 & 0 & 4.05 & -8.1 \\ 0 & 8.1 & 10.8 & 0 & -8.1 & 21.6 \end{bmatrix} \begin{bmatrix} 1.896 \\ 4.381 \\ 100.445 \\ 0 \\ 400 \\ 0 \end{bmatrix} = \begin{bmatrix} 34.1 \\ -78.9 \\ 103.5 \\ -34.1 \\ 78.9 \\ 212.0 \end{bmatrix}$$

$$\overline{\boldsymbol{F}}^{(2)} = \boldsymbol{F}^{(2)} = \boldsymbol{k}^{(2)} \boldsymbol{\Delta}^{(2)} + \boldsymbol{F}_{\mathrm{P}}^{(2)}$$

$$= 10^{-1} \times \begin{bmatrix} 180 & 0 & 0 & -180 & 0 & 0 \\ 0 & 4.05 & 8.1 & 0 & -4.05 & 8.1 \\ 0 & 8.1 & 21.6 & 0 & -8.1 & 10.8 \\ -180 & 0 & 0 & 180 & 0 & 0 \\ 0 & -4.05 & -8.1 & 0 & 4.05 & -8.1 \\ 0 & 8.1 & 10.8 & 0 & -8.1 & 21.6 \end{bmatrix} \begin{bmatrix} -4.381 \\ 1.896 \\ 100.445 \\ 0 \\ 0 \\ -69.452 \end{bmatrix}$$

$$+ \begin{bmatrix} 0 \\ -60 \\ -40 \\ 0 \\ -60 \\ 40 \end{bmatrix} = \begin{bmatrix} -78.9 \\ -34.1 \\ 103.5 \\ 78.9 \\ -85.9 \\ 0 \end{bmatrix}$$

结构最后的内力图（值）如图 11-31 所示。

上面介绍的缩减矩阵后处理法主要用于阐明计算原理或用于手算。计算机分析时一般并不采用该方法，而是用一些替代方法如"对角元素改 1 法"、"乘大数法"等进行处理，其目的是在保持原始刚度矩阵的阶数及元素顺序的同时，构建与式（11-34）及已知结点位移等价的位移法方程。这部分内容读者可参阅结构有限元分析方面的书籍。

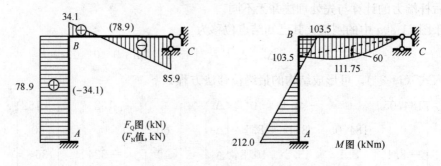

图 11-31　后处理法示例内力图

思　考　题

11.1　矩阵位移法的分析过程包括哪几个环节？各环节的主要任务是什么？

11.2　矩阵位移法中为何要建立两种坐标系，并规定所有力和位移的物理量均沿坐标正方向为正？

11.3　单元刚度矩阵各元素的物理意义是什么？该矩阵有何特性？分别作何物理解释？

11.4　任取一斜杆单元，绘图并分别标出局部和整体坐标系下单元刚度矩阵的第二列6 个元素（含下标编码及指向）的物理含义。

11.5　确定结构的整体刚度元素或形成整体刚度矩阵的方法有两种：单元集成法和结点平衡法。这两种方法有何区别与联系？它们各有什么优势和不足？

11.6　整体刚度矩阵各元素的物理意义是什么？该矩阵有何性质？分别作何物理

解释？

11.7 采用先处理法形成的结构整体刚度矩阵为何是一个非奇异阵？它与后处理法形成的原始刚度矩阵有何区别及联系？

11.8 等效结点荷载中的"等效"是指哪些方面具有等效性？其依据是什么？

11.9 采用基于计算机分析的单元集成法形成结构的等效结点荷载向量，与采用基于手算的结点平衡法有何区别及联系？两种方法各有什么优势和不足？

11.10 计算各单元的最后杆端内力时，如果单元上有非结点荷载作用，为何还要叠加相应的固端约束力？

11.11 采用矩阵位移法计算组合结构时应注意哪些问题？

11.12 采用先处理法和后处理法进行支座移动作用下的结构计算，两者对已知位移的引入方法有何不同？

习　题

11-1 图示结构各杆件 $A=1.2\times10^{-3}\,\text{m}^2$，$I=3.6\times10^{-5}\,\text{m}^4$，$E=2.1\times10^5\,\text{MPa}$。试写出局部和整体坐标系下各杆件的单元刚度矩阵（杆内箭头指向为局部坐标 $\bar{x}$ 轴方向）。

11-2 对题 11-1a、b 结构标示结点位移整体编码，并形成整体刚度矩阵。

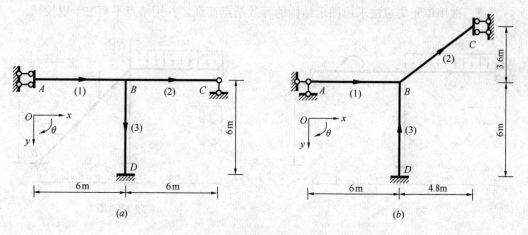

题 11-1 图

11-3 图示结构仅由一个单元组成，试用先处理法写出最终的位移法方程。截面 E、A、I 均为常数。

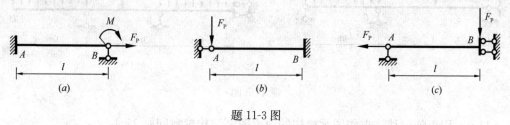

题 11-3 图

11-4 图示结构各杆 $EA=720\times10^4\,\text{kN}$，$EI=21.6\times10^4\,\text{kNm}^2$。试形成结构的整体刚度矩阵，并计算结点位移和杆端力，作出内力图。

11-5 形成图示结构的整体刚度矩阵，并计算结点位移和杆端力。已知两杆截面相同，$EA=540\times10^4\,\mathrm{kN}$，$EI=16.2\times10^4\,\mathrm{kNm^2}$。

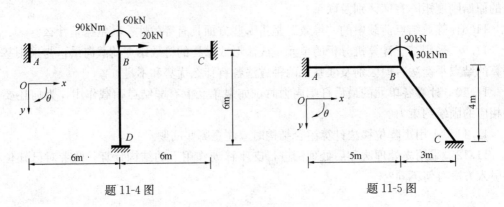

题 11-4 图　　　　　　　　　　　题 11-5 图

11-6　题 11-1（a）结构若承受图示荷载作用。

（a）用单元集成法形成结构的等效结点荷载向量，并用结点平衡法校核结点 B 的荷载分量；

（b）写出最终的位移法方程。

11-7　试用单元集成法求出图示结构的等效结点荷载，并用结点平衡法予以校核。

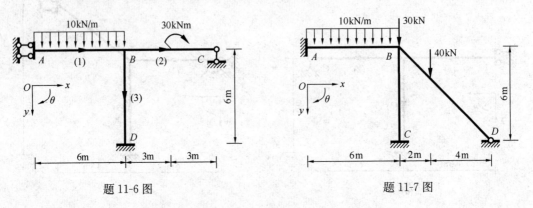

题 11-6 图　　　　　　　　　　　题 11-7 图

11-8　试求出图示连续梁的等效结点荷载向量。

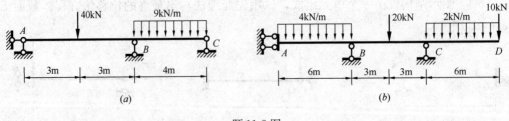

题 11-8 图

11-9　用矩阵位移法求作图示结构的内力图，结构参数同题 11-4。

11-10　用矩阵位移法计算图示结构，并作弯矩图。结构参数同题 11-5。

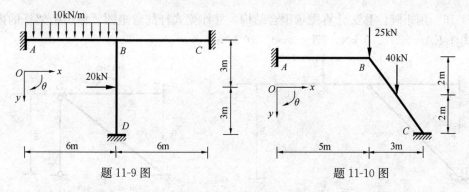

题 11-9 图   题 11-10 图

11-11 用矩阵位移法计算图示连续梁，并作 M 图、F_Q 图。梁截面 EI＝常数。

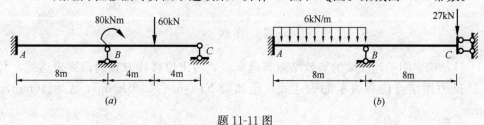

题 11-11 图

11-12 忽略杆件的轴向变形，用单元集成法形成图示矩形刚架的整体刚度矩阵，并写出位移法方程的具体表达式。已知各杆 EA＝720×10^4 kN，EI＝21.6×10^4 kNm^2。

11-13 忽略杆件的轴向变形，用矩阵位移法计算图示矩形刚架，作出内力图。各杆截面参数与上题相同。

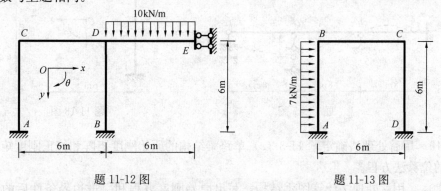

题 11-12 图   题 11-13 图

11-14 形成图示桁架的整体刚度矩阵，列出位移法方程的具体表达式。各杆 EA＝常数。

11-15 用矩阵位移法计算图示桁架的各杆内力。已知各杆 EA＝常数。

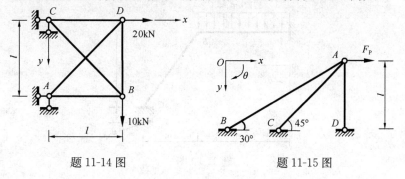

题 11-14 图   题 11-15 图

11-16 用矩阵位移法计算图示组合结构，并作梁式杆的弯矩图，标出桁架杆的内力。设梁式杆 $EA=720\times10^4$ kN，$EI=38.4\times10^4$ kNm^2。

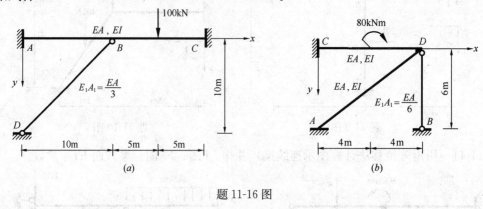

题 11-16 图

11-17 确定图示连续梁的等效结点荷载向量，写出位移法方程的最终表达式，写出支座 D 反力用结点位移表示的表达式。已知梁 $EI=6.4\times10^4$ kNm^2，$\Delta_C=10$mm，$\Delta_D=5$mm。

11-18* 用矩阵位移法计算图示刚架由温度改变引起的内力，作出内力图。已知杆件截面均为矩形，$b\times h=0.4$m$\times0.6$m，$E=3\times10^4$ MPa；材料线膨胀系数 $\alpha=1.0\times10^{-5}$℃$^{-1}$。

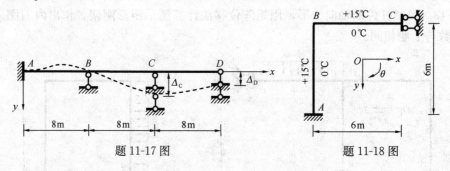

题 11-17 图　　　　　　题 11-18 图

11-19 用后处理法确定题 11-3（c）单跨梁结构的原始刚度矩阵和修正刚度矩阵，写出最终的位移法方程。

11-20* 用后处理法计算图示结构，写出原始刚度方程和引进边界条件后的最终位移法方程。已知 $c=10$mm，$\theta=0.001$rad，结构参数同题 11-5。

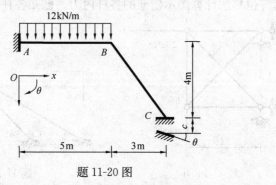

题 11-20 图

102

11-21** 编制平面杆系结构的小型分析程序。至少包含两种单元类型：等截面一般杆件单元和桁架杆单元；能够处理三种荷载方式：任意集中荷载、均布荷载和集中力偶；编程语言不限。提交一个刚架和一个组合结构算例的输入数据与输出结果，绘出结构的最终内力图。

第 12 章　结构的动力计算

12-1　概述

12-1-1　动力荷载和动力计算简述

作用于工程结构的各种荷载，除了自重等一些永久性的荷载以外，其他都会随时间或多或少地发生变化。如果这种变化足够缓慢，以至于并不会使结构产生明显的惯性力，那么就可归为**静力荷载**；如果这种变化使得结构的位移响应也随时间发生显著的改变，以至于包含不可忽略的加速度和惯性力，那么就要视作**动力荷载**。本章将专题讨论这种既随时间变化又包含惯性力的结构动力计算问题。

作用于工程结构的动力荷载多种多样，常见的有风（图 12-1a）、浪、潮汐、地震（图 12-1b）、爆炸、机器转动、车辆颠簸等产生的动力作用。按照荷载的变化规律，可将其分为以下几类：

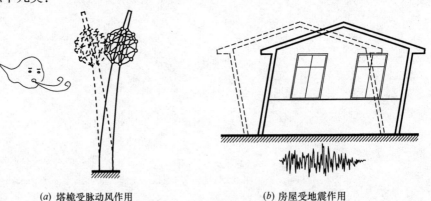

(a) 塔桅受脉动风作用　　　　　　　　(b) 房屋受地震作用

图 12-1　动力荷载（作用）示例

（1）**周期荷载**。这类荷载随时间作周期性变化（图 12-2a）。例如**简谐荷载**是最简单和常见的一种周期荷载，它随时间按正弦或余弦规律变化（图 12-2b）。安装于结构上的机器马达在匀速运转时因偏心而产生的离心力可近似作为简谐荷载。

（2）**冲击荷载**。是指在很短时间内其量值发生急剧增大或减小的荷载，例如**爆炸荷载**、**脉冲荷载**（图 12-3a）、**突加荷载**（图 12-3b）等都可归为冲击荷载。

（3）**随机荷载**。这类荷载随时间的变化规律无法预先确定，故也称为非确定性荷载。例如车辆颠簸、风压脉动、地震作用等的大小及变化在其发生之前都无法用确定的函数予以表达，故均属随机荷载。如果荷载随时间的变化规律是事先知道或可预先确定的，则称为**确定性荷载**。对确定性荷载可用确定的函数关系予以描述，而对随机荷载只能用概率方法寻求其统计规律。本书只讨论确定性荷载的动力计算。

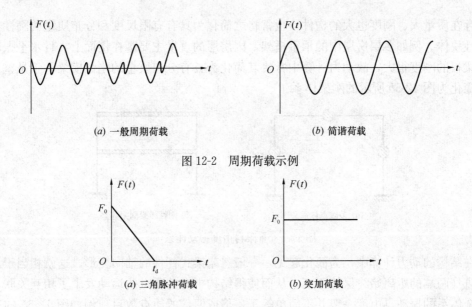

(a) 一般周期荷载　　　　　　　　　　(b) 简谐荷载

图 12-2　周期荷载示例

(a) 三角脉冲荷载　　　　　　　　　　(b) 突加荷载

图 12-3　冲击荷载示例

对工程结构进行动力计算的最终目的是寻求结构在各种动力荷载或**干扰力**作用下的内力、位移等响应随时间变化的规律以及它们的控制值，从而为结构设计或检算提供依据。结构在外部干扰力不断作用下的振动称为**强迫振动**或**受迫振动**。除此之外还有一种振动值得关注，那就是结构在初始时刻受到干扰而产生振动，但此后便不再受到干扰的作用，这种振动称为**自由振动**。通过对自由振动的分析，可以掌握结构的自振频率、自振形态等固有的动力特性，从而为强迫振动的研究打下基础。

12-1-2　结构振动的自由度

动力计算中包含有惯性力，而惯性力等于质量与加速度的乘积，方向与加速度指向相反，因此要进行动力计算，就要掌握结构中的全部质量在每一时刻所处的运动位置，并用独立参数将之表示出来。例如图 12-4a 所示的简支梁，其跨中装有一台质量较大的机器。如果梁的质量也已等效至跨中，则可将整个结构简化为图 12-4b 所示的单质点体系。若再忽略梁的轴向变形，则该质点的运动位置用一个竖向位移 y 就可完全确定。我们把确定振动体系中全部质量的位置所需要的独立参数的数目称为体系的**振动自由度**或**动力自由度**。显然，图 12-4b 的体系是一个单自由度体系。

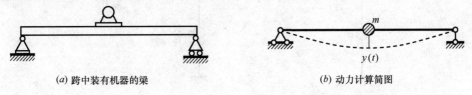

(a) 跨中装有机器的梁　　　　　　　　(b) 动力计算简图

图 12-4　振动自由度图例

鉴于实际结构的质量总是连续分布的，故严格来说，所有弹性结构都是无限自由度的振动体系。但是无限自由度体系的动力计算往往十分复杂，因此工程中常将之简化为有限自由度体系进行计算。一种常用的简化方法是**集中质量法**，即把连续分布的质量按一定规则集中到指定的离散位置，成为一个多质点的振动体系（图 12-5a）。另一方面，如果结构中存在质量大、刚度也大的构件，也常将之简化为具有有限尺度和分布质量的刚性杆件或刚性块体。例如多层房屋中的承重框架，因房屋的重量主要落在楼面上，且水平振动时楼面梁板的刚度很大，故动力计算中常将其简化为具有分布质量的刚性横梁，于是整个框架就简化为图 12-5b 所示的刚架体系。

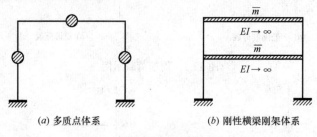

(a) 多质点体系　　　　　　　　(b) 刚性横梁刚架体系

图 12-5　有限自由度振动体系

在结构的动力计算中，为简化起见，一般忽略梁式杆件的轴向变形。这就相当于设定梁式直杆两端的距离始终保持不变，从而使得结构中有些质点的运动发生了相互关联，致使整个体系的振动自由度一般并不简单等于一倍或两倍的质点数目。例如图 12-5a 的三质点体系，其振动自由度的数目等于 4（图 12-6a），而不是 3 或 6。由于质点是尺度无限小的点，故只需计入其线位移方向的自由度即可。这样，体系的振动自由度就等于把各质点所在位置均视为结点后，其独立结点线位移的数目，可以采用 7-5 节位移法中判断独立结点线位移的方法予以确定（图 12-6b）。对于具有刚性杆的结构，同样可将刚性杆作为分析对象，采用 7-5 节的方法判断其独立结点位移的数目，也即体系振动自由度的数目（图 12-7）。

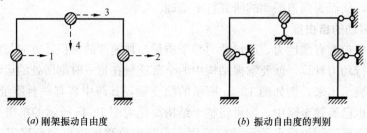

(a) 刚架振动自由度　　　　　　　　(b) 振动自由度的判别

图 12-6　质点体系的振动自由度

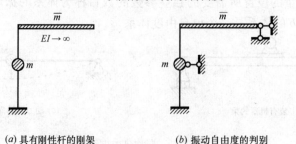

(a) 具有刚性杆的刚架　　　　　　　　(b) 振动自由度的判别

图 12-7　带刚性杆结构的振动自由度

12-2　单自由度体系的自由振动

自由振动是指仅在开始时刻受到干扰从而产生初始位移和初始速度，此后不再受干扰的那种振动。对于实际结构，施加初始位移比较简单，只要给质点加上外力使其产生指定的位移然后放松即可。施加初始速度又不产生位移也是可以实现的，此时只要给质点 m 施加适当的瞬时冲量 S，这样质点 m 就获得了动量改变 mv_0。而根据动量定理，该改变就等于冲量 S，于是质点产生了初始速度（参见图12-8）：

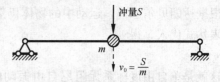

图12-8　施加冲量获取初始速度

$$v_0 = \frac{S}{m} \tag{12-1}$$

结构在振动过程中，总会受到材料摩擦、空气阻碍等一些阻力的作用。根据分析过程中是否考虑这些阻力的影响，可将振动分为**无阻尼振动**和**有阻尼振动**。以下先就单自由度体系的无阻尼自由振动作出分析，然后讨论有阻尼的情况。

12-2-1　无阻尼自由振动

1. 振动微分方程的建立

要进行结构的动力计算，首先需要建立其振动微分方程。建立方程的基本方法有两种：**刚度法和柔度法**。前者是取质点或质量块为隔离体，依据**达朗贝尔原理**或**动静法**建立 t 时刻隔离体在弹性恢复力、惯性力及动力荷载等作用下的平衡方程，整理即得体系的振动微分方程。因恢复力需由刚度系数列出，故称之为**刚度法**。后者以整个弹性结构为对象，列出 t 时刻结构在惯性力和动力荷载共同作用下沿自由度方向的位移算式，该算式经整理即为体系的振动微分方程。因位移算式需用柔度系数写出，故称之为**柔度法**。

例如图12-9a所示顶部具有集中质量 m 的悬臂柱，质点 m 只有一个水平方向的运动自由度，设以向右为正，用 y 表示。若采用刚度法分析，则先求出该柱沿自由度 y 方向的刚度系数，按6-7节的方法在 y 方向添加约束（图12-9b），并令其沿 y 正方向发生单位位移，由此得到的约束反力即为刚度系数 k。显然 k 值利用形常数表便可求得，参见式（9-4a）。有了刚度系数 k，则柱顶质量 m 的运动方式与图12-9c中的弹簧-质量体系完全等效。

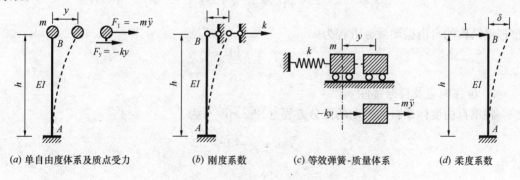

(a) 单自由度体系及质点受力　　(b) 刚度系数　　(c) 等效弹簧-质量体系　　(d) 柔度系数

图12-9　刚度法和柔度法示例

取出柱顶或弹簧-质量体系中的质点 m 为隔离体（图12-9a、c），暂且忽略阻尼的影响，则发生自由振动时质点 m 受到的作用力有：

（1）弹性**恢复力**：$F_y = -ky$

（2）**惯性力**：$F_I = -m\ddot{y}$

根据达朗贝尔原理，运动中的物体仍然处于一种动力平衡状态，也即 $F_y + F_I = 0$。将上述表达式代入，得

$$m\ddot{y} + ky = 0 \qquad (12\text{-}2)$$

这就是单自由度体系无阻尼自由振动的微分方程，它是一个二阶常系数的齐次线性微分方程。

若采用柔度法分析，则先按图 12-9d 的方法求出悬臂柱沿自由度 y 方向的柔度系数 δ，再列出该柱在惯性力作用下沿 y 方向的位移算式，于是有

$$y = (-m\ddot{y})\delta \quad \text{或} \quad m\ddot{y} + \frac{1}{\delta}y = 0 \qquad (12\text{-}3)$$

因单自由度体系的柔度系数 δ 与刚度系数 k 互为倒数，故该方程与式（12-2）等价。

【例 12-1】 图 12-10a 所示伸臂梁体系，刚性杆 AC 具有分布质量 $\overline{m}$ = 常数，其自由端还具有集中质量 m。已知弹簧支座的刚度为 k，试采用合适的方法建立结构自由振动的微分方程。

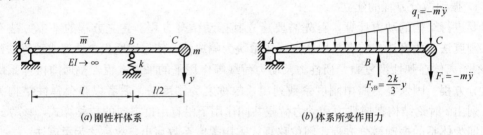

图 12-10　例 12-1 图

【解】 该结构为一单自由度体系。设发生自由振动时质点 m 的竖向位移为 y（图 12-10a），以向下为正，并以体系处于静力平衡的位置为原点，则刚性杆的竖向位移自左向右为一线性分布。结构受到的惯性力和弹簧恢复力如图 12-10b 所标示，其中刚性质杆上的惯性力为一个三角形分布力。利用刚度法，由 $\sum M_A = 0$ 可建立刚性杆的平衡方程如下：

$$-m\ddot{y} \times \frac{3l}{2} - \frac{1}{2} \times \overline{m}\ddot{y} \times \frac{3l}{2} \times l - k \times \frac{2y}{3} \times l = 0$$

整理得结构的自由振动微分方程为

$$(2m + \overline{m}l)\ddot{y} + \frac{8k}{9}y = 0$$

2. 位移响应及自振特性

将单自由度体系自由振动的微分方程（12-2）改写为

$$\ddot{y} + \omega^2 y = 0 \qquad (12\text{-}4)$$

式中

$$\omega^2 = \frac{k}{m} \qquad (a)$$

该齐次方程的通解为

$$y(t) = A\cos\omega t + B\sin\omega t \qquad (b)$$

其中待定系数 A、B 由初始条件确定。

若 $t=0$ 时，

$$y(0) = y_0, \quad \dot{y}(0) = v_0$$

代入式（b），可解得

$$A = y_0, \quad B = \frac{v_0}{\omega}$$

于是得到单自由度体系自由振动的位移响应式为

$$y(t) = y_0 \cos\omega t + \frac{v_0}{\omega}\sin\omega t \tag{12-5}$$

可见，在自由振动中，物体随时间变化的位移响应包含两部分：一部分由初始位移产生，表现为余弦规律；另一部分由初始速度产生，表现为正弦规律。两部分的位移时程曲线绘制于图 12-11a、b 中。

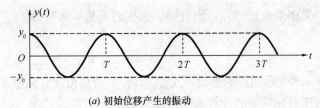

(a) 初始位移产生的振动

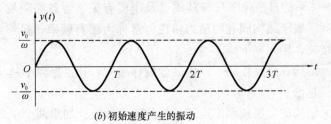

(b) 初始速度产生的振动

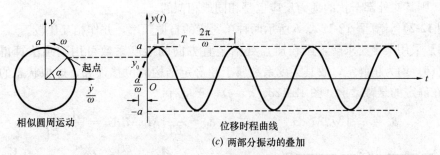

相似圆周运动　　　　　　　位移时程曲线

(c) 两部分振动的叠加

图 12-11　自由振动的位移时程曲线

这两部分振动的叠加构成了式（12-5）描述的单自由度体系无阻尼自由振动的一般形式。该一般式可合并写为

$$y(t) = a\sin(\omega t + \alpha) \tag{12-6}$$

这里 a 为**振幅**，α 为**初始相位角**，且

$$a = \sqrt{(y_0)^2 + \left(\frac{v_0}{\omega}\right)^2}, \quad \alpha = \arctan\frac{y_0\omega}{v_0} \tag{12-7}$$

图 12-11c 给出了上述一般振动的位移时程曲线以及与之相似的圆周运动的轨迹线。由图可见，该一般振动与一角速度为 ω、半径为 a、起点处的圆心角为 α 的匀速圆周运动

相似。该简谐振动的频率可由式（a）求得为

$$\omega = \sqrt{\frac{k}{m}} \qquad (12\text{-}8)$$

这里的 ω 是指体系在 2π 个单位时间内的振动次数，故称为**自振圆频率**。

由圆频率容易求得体系的**自振周期**为

$$T = \frac{2\pi}{\omega} \qquad (12\text{-}9)$$

周期的倒数代表单位时间内的振动次数，称之为**工程频率**，记作 f，其单位为 s^{-1} 或 Hz，且

$$f = \frac{1}{T} = \frac{\omega}{2\pi} \qquad (12\text{-}10)$$

如果采用柔度法计算，则自振圆频率的表达式可写为

$$\omega = \sqrt{\frac{1}{m\delta}} = \sqrt{\frac{g}{W\delta}} = \sqrt{\frac{g}{\Delta_{\mathrm{st}}}} \qquad (12\text{-}11)$$

式中 $W = mg$ 表示质点的重量，Δ_{st} 表示将 W 沿自由度方向施加于质点时所产生的静位移。

从上述自振频率的计算式中可以看到：

（1）体系的自振频率只与其质量及刚度有关（暂忽略阻尼），而与外部干扰无关，因此自振频率属于结构固有的**动力特性**，常称为**固有频率**。显然，若刚度增加则频率增大；而质量增加，则频率下降。

（2）结构在自重作用下产生的静位移越大，其自振频率越小。这说明结构越柔，则自振频率就越低。

（3）结构的自振频率决定了结构的动力性能。如果两个单自由度结构的自振频率相同或相近，则其对外部干扰的动力反应也是相同或相似的。

【**例 12-2**】计算图 12-12a、b 所示两种单跨梁的自振频率，并作相互比较。

【**解**】采用柔度法求解，梁在质点处沿竖直方向的柔度系数可用图乘法算得。因梁（a）和（b）均为超静定，故其柔度系数属于超静定结构的位移计算，虚拟状态的单位力可作用在静定的悬臂梁上（图 12-12c、d、e），于是有

$$\delta_{\mathrm{a}} = \frac{1}{EI}\int M_{1\mathrm{a}}\overline{M}_1 \mathrm{d}x = \frac{7}{768}\frac{l^3}{EI}, \quad \delta_{\mathrm{b}} = \frac{1}{EI}\int M_{1\mathrm{b}}\overline{M}_1 \mathrm{d}x = \frac{1}{192}\frac{l^3}{EI}$$

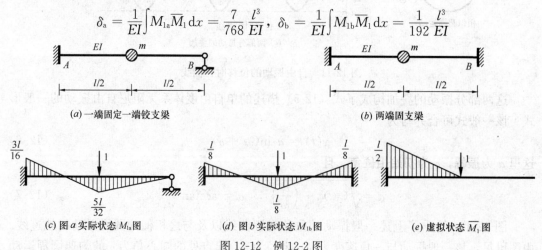

(a) 一端固定一端铰支梁 　　　　　　　　　　(b) 两端固支梁

(c) 图 a 实际状态 $M_{1\mathrm{a}}$ 图　　　(d) 图 b 实际状态 $M_{1\mathrm{b}}$ 图　　　(e) 虚拟状态 $\overline{M}_1$ 图

图 12-12　例 12-2 图

由此可得到梁（a）和（b）的自振圆频率分别为

$$\omega_a = \sqrt{\frac{1}{m\delta_a}} = \sqrt{\frac{768}{7}\frac{EI}{ml^3}} = 10.47\sqrt{\frac{EI}{ml^3}}, \quad \omega_b = 13.86\sqrt{\frac{EI}{ml^3}}$$

可见两端固定梁的自振频率更高，这是由于该梁与一端固定一端铰支梁相比，在铰支端增加了转动约束，从而提高了梁的竖向刚度。

12-2-2 有阻尼自由振动

实际结构的自由振动总是衰减的，这主要是由于阻尼的影响。阻尼是结构振动过程中由于材料内摩擦、与支承物之间的摩擦以及空气、液体等周围介质的阻碍对振动体所产生的阻力作用。阻尼的计算假设有多种，工程中最常用的是**黏滞阻尼**假设，即设定物体在运动过程中受到的阻尼力与其运动速度成正比，方向与速度指向相反，即

$$F_D = -c\dot{y} \tag{12-12}$$

式中系数 c 称为**黏滞阻尼系数**。

对于图 12-13 所示的有阻尼单自由度体系，其自由振动的微分方程可写为

$$m\ddot{y} + c\dot{y} + ky = 0 \tag{12-13}$$

或

$$\ddot{y} + 2\xi\omega\dot{y} + \omega^2 y = 0 \tag{12-13a}$$

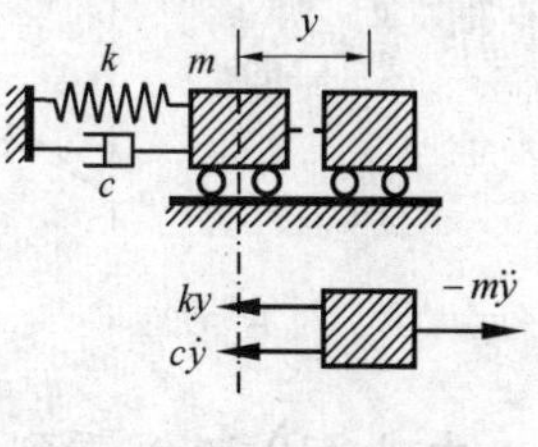

式中

$$\xi = \frac{c}{2m\omega} \tag{12-14}$$

图 12-13　有阻尼自由振动

称为体系的**阻尼比**。上述微分方程的相应特征方程如下

$$\lambda^2 + 2\xi\omega\lambda + \omega^2 = 0$$

其特征根为

$$\lambda = -\xi\omega \pm \omega\sqrt{\xi^2 - 1} \tag{a}$$

下面根据阻尼比的大小分三种情况进行讨论。

（1）$0 < \xi < 1$ 的情况

此为**欠阻尼**情况，相应的特征根为两个共轭复根，故微分方程（12-13a）的通解为

$$y(t) = e^{-\xi\omega t}(A\cos\omega_r t + B\sin\omega_r t) \tag{b}$$

式中

$$\omega_r = \omega\sqrt{1-\xi^2} \tag{12-15}$$

即为有阻尼单自由度体系的**自振圆频率**。

将初始位移 $y(0) = y_0$ 和初始速度 $\dot{y}(0) = v_0$ 代入式（b），有

$$y(t) = e^{-\xi\omega t}\left(y_0\cos\omega_r t + \frac{v_0 + \xi\omega y_0}{\omega_r}\sin\omega_r t\right) \tag{12-16}$$

或写为

$$y(t) = ae^{-\xi\omega t}\sin(\omega_r t + \alpha) \tag{12-16a}$$

式中，a 和 α 由下式确定：

$$a = \sqrt{y_0^2 + \left(\frac{v_0 + \xi\omega y_0}{\omega_r}\right)^2}, \quad \alpha = \arctan\frac{y_0\omega_r}{v_0 + \xi\omega y_0} \tag{12-17}$$

由式（12-16a）可绘出有阻尼自由振动的位移图线如图 12-14 所示。由图可见：

1）在欠阻尼或称低阻尼的情况下，结构的自由振动是一个**衰减振动**，但仍具有往复周期性，其自振频率 ω_r 随阻尼比的增大而减小。鉴于实际工程结构的阻尼比一般都比较小，大致在 0.01 与 0.1 之间，故考虑阻尼与不考虑阻尼的频率值非常接近，一般可忽略阻尼对自振频率的影响。

2）阻尼的存在对振幅有较明显的影响。因振幅中含有随时间而增长的负指数项，故振幅将随时间的延续而逐渐衰减，且阻尼比越大，衰减速度越快。

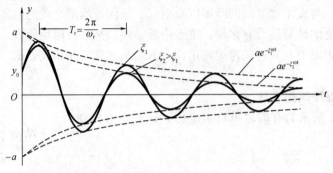

图 12-14　不同阻尼比的位移衰减曲线比较

由式（12-16a）看到，经过一个周期后，相邻两个振幅 y_k 与 y_{k+1} 的比值为（参见图 12-15）：

$$\frac{y_k}{y_{k+1}} = \frac{e^{-\xi\omega t_k}}{e^{-\xi\omega(t_k+T_r)}} = e^{\xi\omega T_r}$$

式中：$T_r = \dfrac{2\pi}{\omega_r}$。将上式两边取对数，有

$$\ln \frac{y_k}{y_{k+1}} = \xi\omega T_r = 2\pi\xi\frac{\omega}{\omega_r} \tag{12-18}$$

这就是振幅的**对数衰减关系**。

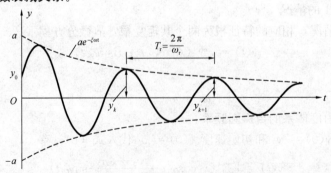

图 12-15　位移随阻尼比的衰减关系

这一衰减关系为我们测定单自由度体系的阻尼比提供了一个有效方法。由式（12-18）推知，若经过了 n 个周期，则相应的对数衰减关系可改写为

$$\ln \frac{y_k}{y_{k+n}} = n\xi\omega T_r = 2\pi n\xi\frac{\omega}{\omega_r} \tag{12-18a}$$

112

当阻尼比较小（如 $\xi < 0.2$）时，$\omega_r \approx \omega$，故有

$$\xi \approx \frac{1}{2\pi n}\ln\frac{y_k}{y_{k+n}} \tag{12-19}$$

这样，只要测得相距 n 个周期的两个时间点的振幅，就可按上式求得阻尼比。

（2）$\xi = 1$ 的情况

此时由式（a）表达的特征根是一对实数重根，其微分方程的通解为

$$y(t) = e^{-\omega t}(A + Bt)$$

相应的位移曲线为一条类似于图 12-16 中实线的曲线，不具有往复振动的特征。而前述 $\xi < 1$ 的情况均具有上下波动的特点，因此 $\xi = 1$ 是体系能否产生往复振动的分界点，与此对应的状态是一个**临界阻尼**状态，相应的阻尼系数称为**临界阻尼系数**，用 c_r 表示，且有

$$c_r = 2m\omega$$

由式（12-14）表达的阻尼比其实就是实际阻尼系数与临界阻尼系数的比值，即

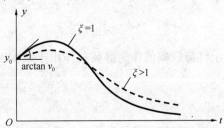

图 12-16 临界阻尼和过阻尼时的位移曲线

$$\xi = \frac{c}{c_r} \tag{12-20}$$

（3）$\xi > 1$ 的情况

此为**过阻尼**情况，其特征方程的根是两个不同的负实根，而微分方程的通解为

$$y(t) = e^{-\xi\omega t}\left(A\cosh\sqrt{\xi^2 - 1}\,\omega t + B\sinh\sqrt{\xi^2 - 1}\,\omega t\right)$$

相应的位移曲线如图 12-16 虚线所示，显然体系因阻尼过大并未激起振动。一般工程结构不会出现临界阻尼或过阻尼的情况。

12-3 单自由度体系在简谐荷载作用下的强迫振动

强迫振动是指结构在动力荷载或干扰力持续作用下的振动，其振动微分方程仍可采用前述的刚度法或柔度法建立，所不同的只是与自由振动相比此时的作用力中增加了一个动力荷载 $F(t)$，如图 12-17 所示。若采用刚度法，则所建立的单自由度体系的振动微分方程可写为

$$m\ddot{y} + c\dot{y} + ky = F(t) \tag{12-21}$$

当动力荷载为简谐荷载即 $F(t) = F\sin\theta t$ 时，这里 θ 为荷载圆频率，F 为荷载幅值，上述振动微分方程变成为

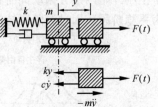

图 12-17 有阻尼强迫振动

$$m\ddot{y} + c\dot{y} + ky = F\sin\theta t \tag{a}$$

12-3-1 无阻尼强迫振动

当忽略阻尼时，式（a）可简化为

$$\ddot{y} + \omega^2 y = \frac{F}{m}\sin\theta t \tag{12-22}$$

设该方程有一特解，其形式为

$$y(t) = Y\sin\theta t \tag{b}$$

将其代入式（12-22），并约去 $\sin\theta t$，得到**动位移幅值**如下：

$$Y = \frac{F}{m(\omega^2 - \theta^2)} = \frac{1}{1 - \dfrac{\theta^2}{\omega^2}} \cdot \frac{F}{m\omega^2} = \beta y_{st} \tag{12-23}$$

式中

$$y_{st} = \frac{F}{k} = \frac{F}{m\omega^2} \tag{c}$$

表示将荷载幅值作为静荷载作用于结构时所产生的静位移，而

$$\beta = \frac{Y}{y_{st}} = \frac{1}{1 - \dfrac{\theta^2}{\omega^2}} \tag{12-24}$$

为动位移幅值与静位移之比，称之为位移**动力放大系数**，简称**动力系数**。可见动力系数仅与频率比有关，当其值为正时，表明动位移幅值与动力荷载同向，否则为反向。

于是，微分方程（12-22）的特解可改写为

$$y(t) = y_{st}\beta\sin\theta t \tag{12-25}$$

而微分方程的齐次解就是上一节自由振动的解，于是其通解可表示为

$$y(t) = A\cos\omega t + B\sin\omega t + y_{st}\beta\sin\theta t \tag{d}$$

式中的系数 A、B 由初始条件确定。

设 $t=0$ 时 $y_0=0$、$v_0=0$，则得到无阻尼情况下的位移响应为

$$y(t) = -y_{st}\beta\frac{\theta}{\omega}\sin\omega t + y_{st}\beta\sin\theta t \tag{12-26}$$

可见，初始静止的单自由度体系在简谐荷载作用下的强迫振动由两部分组成：一是按自振频率 ω 振动的部分，可理解为伴随着强迫振动而生成的一种自由振动，称之为**伴生自由振动**，因实际结构总有阻尼，故该部分振动将随时间的推移很快衰减（参见图 12-18）；二是按荷载频率 θ 振动的部分，称之为**纯强迫振动**或平稳强迫振动（简称**平稳振动**）。通常把刚开始两部分振动同时存在的阶段称为**过渡阶段**，而后来只存在纯强迫振动的阶段称为**平稳阶段**。因过渡阶段持续的时间较短，故一般更侧重于平稳阶段的分析。

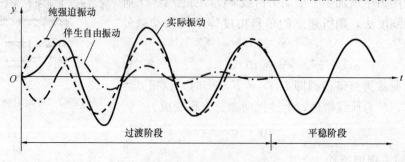

图 12-18　简谐荷载作用下的典型位移曲线（$\theta < \omega$ 时）

由式（12-24）看到，当频率比 $\dfrac{\theta}{\omega} = 1$ 时，动力系数 β 将趋于无穷大，这就是**共振现**

象。质点发生无阻尼共振时，其位移响应式（12-26）通过求极限可简化为

$$\lim_{\theta\to\omega}y(t)=y_{\mathrm{st}}\lim_{\theta\to\omega}\frac{\sin\theta t-\dfrac{\theta}{\omega}\sin\omega t}{1-\dfrac{\theta^2}{\omega^2}}=y_{\mathrm{st}}\lim_{\theta\to\omega}\frac{t\cos\theta t-\dfrac{\sin\omega t}{\omega}}{-\dfrac{2\theta}{\omega^2}}=\frac{y_{\mathrm{st}}}{2}(\sin\omega t-\omega t\cos\omega t)$$

上述计算中运用了洛必达（L'Hospital）法则，即分子、分母分别对 θ 求导后再取其极限。

由上式可绘出质点在共振时的一条典型位移曲线如图 12-19 所示。可见此时的振幅虽不会立即成为无穷大，但会随时间增长持续增大，从而最终导致结构破坏。因此，在实际工程中应设法避免共振现象，一般可通过调整结构自振频率使其避开 $0.75<\dfrac{\theta}{\omega}<1.25$ 的共振区域。

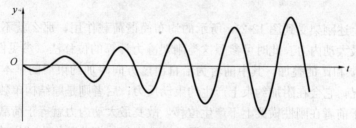

图 12-19　共振时的典型位移曲线

【例 12-3】图 12-20a 所示单层刚架结构，质量集中于横梁上。试求简谐荷载作用下的位移动力系数，并作出最大动弯矩图。已知 $\theta=0.7\omega$，这里 ω 为结构的自振频率。

【解】该刚架为一单自由度结构。利用刚度法容易求得其侧移刚度 k 如下：

$$k=k_{\mathrm{AC}}+k_{\mathrm{BD}}=\frac{12EI}{h^3}+\frac{12EI}{h^3}=\frac{24EI}{h^3}$$

于是体系的自振圆频率为

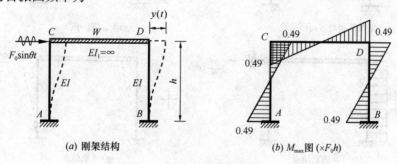

(a) 刚架结构　　　　　(b) $M_{\max}$ 图（$\times F_0 h$）

图 12-20　例 12-3 图

$$\omega=\sqrt{\frac{k}{m}}=\sqrt{\frac{24EIg}{Wh^3}}$$

注意到 $\theta=0.7\omega$，则横梁的位移动力系数为

$$\beta=\frac{1}{1-\dfrac{\theta^2}{\omega^2}}=\frac{1}{0.51}=1.96$$

刚架由荷载幅值 F_0 引起的静位移为

$$y_{st} = \frac{F_0}{k} = \frac{F_0 h^3}{24EI}$$

而最大动位移 $Y = \beta y_{st}$。进一步由 Y 值并查形常数表可求出各控制截面的最大动弯矩，以 A 端为例，有

$$M_{A,max} = \frac{6EI}{h^2}Y = \beta \frac{6EI}{h^2}y_{st} = \frac{1}{0.51} \times \frac{6EI}{h^2} \times \frac{F_0 h^3}{24EI} = 0.49F_0 h \quad (Y \text{ 为正时左侧受拉})$$

刚架的最大动弯矩 M_{max} 图如图 12-20b 所示。由图可见，此时整个结构的**最大动内力**就等于将荷载幅值作为静荷载作用于结构时所引起的静内力乘以位移动力系数。该结论仅限于动力荷载沿质点自由度方向作用，也即外荷载与惯性力作用点和作用线均一致的情况。当两者不一致时，结构的内力放大系数与位移放大系数以及不同位置的位移或内力放大系数一般都不相同。

例如，若上述刚架受到图 12-21a 所示的均布简谐荷载作用，那么就不能直接采用上面的方法计算最大动内力。此时可参照这类刚架静力计算的位移法（参见图 9-19），将其分解为图 12-21c 和 d 的叠加，其中前者为沿自由度方向附加约束后的基本结构单独作用动力荷载的情况，它会在附加约束上产生约束动反力；后者则是原结构单独作用反向动反力的情况。由于前者在刚性横梁上不产生位移，故其最大动内力就等于荷载幅值产生的静内力，而后者的最大动内力可采用上面例题的方法求得。据此可作出结构的最大动弯矩图如图 12-21b 所示。

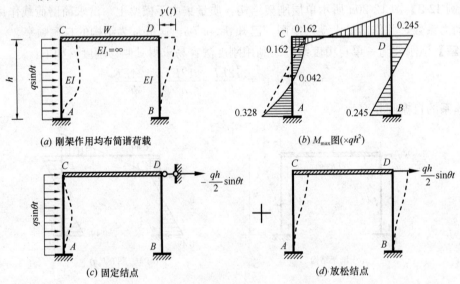

(a) 刚架作用均布简谐荷载 (b) M_{max}图$(\times qh^2)$

(c) 固定结点 (d) 放松结点

图 12-21　荷载不沿自由度方向作用时的分析

由上述叠加法可知，刚性横梁的最大位移就等于图 12-21d 的最大位移，故其动力系数仍可按式（12-24）求得，但其他位置（如 AC 柱中某一截面）的位移动力系数和内力动力系数就不能按此计算。例如柱底 A 由均布荷载幅值 q 产生的静弯矩容易求得为 $M_{A,st} = 0.208qh^2$，于是可写出 A 端弯矩的动力系数为

$$\beta_{AM} = \frac{M_{A,max}}{M_{A,st}} = \frac{0.328F_0 h}{0.208F_0 h} = 1.577$$

该动力系数与刚性横梁的位移动力系数（$\beta=1.96$）并不一致。

【**例 12-4**】图 12-22a 所示刚架，各杆 $EI=$ 常数，简谐荷载作用于横梁中点。若 $\theta=\sqrt{\dfrac{3EI}{4ml^3}}$，试求质点处的最大动位移和 D 点的最大动弯矩。

【**解**】该刚架为静定结构，故采用柔度法计算比较方便。记结点 C、E 的竖直向下方向分别为方向 1 和 2（参见图 12-22b），则可写出质点沿方向 1 的位移表达式为

$$y_1 = -m\ddot{y}_1\delta_{11} + (F_0\sin\theta t)\delta_{12}$$

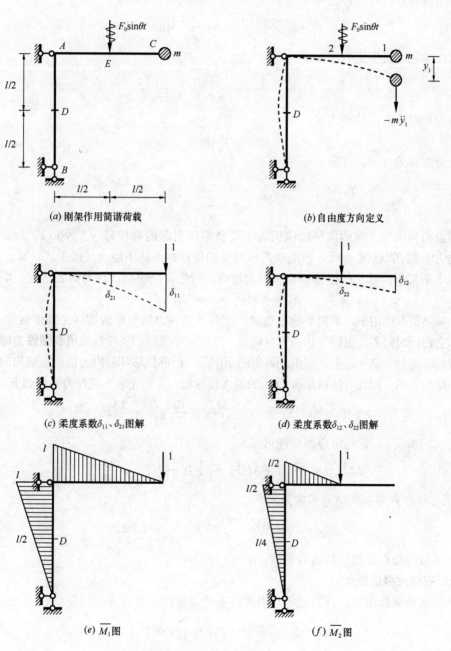

(a) 刚架作用简谐荷载

(b) 自由度方向定义

(c) 柔度系数 δ_{11}、δ_{21} 图解

(d) 柔度系数 δ_{12}、δ_{22} 图解

(e) $\overline{M}_1$ 图

(f) $\overline{M}_2$ 图

图 12-22　例 12-4 图

或改写为

$$m\ddot{y}_1 + \frac{1}{\delta_{11}}y_1 = \frac{\delta_{12}}{\delta_{11}}F_0\sin\theta t$$

式中 δ_{11}、δ_{12} 为方向 1 的两个柔度系数,物理含义如图 12-22c、d 所示,其值可由图 12-22e、f 并利用图乘法求得:

$$\delta_{11} = \frac{2l^3}{3EI}, \quad \delta_{12} = \frac{13l^3}{48EI}$$

于是上述微分方程可具体化为

$$m\ddot{y}_1 + \frac{3EI}{2l^3}y_1 = \frac{13}{32}F_0\sin\theta t \tag{a}$$

由此求得体系的自振圆频率如下

$$\omega = \sqrt{\frac{1}{m\delta}} = \sqrt{\frac{1}{m\delta_{11}}} = \sqrt{\frac{3EI}{2ml^3}} \tag{b}$$

设平稳振动时质点的位移为

$$y_1 = Y_1\sin\theta t$$

代入微分方程式(a),可得

$$Y_1 = \frac{\delta_{12}F_0}{1 - m\delta_{11}\theta^2} = \frac{y_{1,\text{st}}}{1 - \dfrac{\theta^2}{\omega^2}} = \beta y_{1,\text{st}} = \frac{13F_0l^3}{24EI}$$

可见质点沿自由度方向的位移幅值仍等于荷载幅值引起的静位移 $y_{1,\text{st}}$ 乘以式(12-24)给出的动力系数 β,这里 $\beta=2$,但刚架其他部位的位移幅值并不能直接按上式计算。

为求刚架不同部位的位移幅值和内力幅值,可先写出质点惯性力的表达式,即

$$F_I = -m\ddot{y}_1 = m\theta^2 Y_1\sin\theta t$$

可见在简谐荷载作用下,结构平稳振动时的位移及惯性力均与荷载按同一简谐规律 $\sin\theta t$ 变化,即它们同时归零,也同时达到各自幅值。这样,如果我们将荷载幅值和**惯性力幅值**作为静荷载同时施加于结构之上,则由此得到的不同部位的静位移和静内力值就是结构的最大动位移和动内力值。用此方法可求得 D 点的最大动弯矩。为此先求出惯性力幅值如下:

$$I_0 = m\theta^2 Y_1 = m \times \frac{3EI}{4ml^3} \times \frac{13F_0l^3}{24EI} = \frac{13}{32}F_0$$

再由图 12-22e、f,并利用叠加原理可得

$$M_{D,\max} = \overline{M}_1 I_0 + \overline{M}_2 F_0 = \frac{l}{2}I_0 + \frac{l}{4}F_0 = \frac{29}{64}F_0 l$$

由此可求出 D 点弯矩的动力系数为

$$\beta_{DM} = \frac{M_{D,\max}}{M_{D,\text{st}}} = \frac{29F_0l}{64} \times \frac{4}{F_0l} = 1.8125$$

该动力系数与质点处的位移动力系数($\beta=2$)并不相等。

12-3-2 有阻尼强迫振动

在简谐荷载作用下,有阻尼单自由度体系的振动微分方程为

$$\ddot{y} + 2\xi\omega\dot{y} + \omega^2 y = \frac{F}{m}\sin\theta t \tag{12-27}$$

设方程的特解为

$$y = C_1 \cos\theta t + C_2 \sin\theta t \tag{a}$$

代入方程（12-27），可求得

$$C_1 = \frac{F}{m} \cdot \frac{-2\xi\omega\theta}{(\omega^2-\theta^2)^2 + 4\xi^2\omega^2\theta^2}, \quad C_2 = \frac{F}{m} \cdot \frac{\omega^2-\theta^2}{(\omega^2-\theta^2)^2 + 4\xi^2\omega^2\theta^2} \tag{b}$$

再叠加相应齐次方程的解，可得上述微分方程的通解为

$$y(t) = e^{-\xi\omega t}(A\cos\omega_r t + B\sin\omega_r t) + (C_1\cos\theta t + C_2\sin\theta t) \tag{c}$$

式中系数 A、B 由初始条件确定。若 $t=0$ 时 $y_0=0$、$v_0=0$，则可得到 A、B 两个待定系数为

$$A = -C_1, \quad B = -\frac{C_1\xi\omega + C_2\theta}{\omega_r}$$

由式（c）可见，在简谐荷载作用下，有阻尼单自由度体系的强迫振动同样包含频率为 ω 的**伴生自由振动**和频率为 θ 的**纯强迫振动（平稳振动）**两部分，其中前者的振幅中含有 $e^{-\xi\omega t}$ 项，故将随时间很快衰减并消失掉，最后就剩下纯强迫振动部分。以下仅对平稳阶段进行分析。

将式（c）后两项的平稳振动部分写成如下的单项形式

$$y(t) = Y\sin(\theta t - \alpha) \tag{12-28}$$

式中 Y 为振幅，α 为位移与荷载之间的相位角。利用式（b）可求得

$$\left. \begin{aligned} Y &= \frac{F}{m\omega^2} \cdot \frac{1}{\sqrt{\left(1-\dfrac{\theta^2}{\omega^2}\right)^2 + 4\xi^2\dfrac{\theta^2}{\omega^2}}} = y_{st}\beta \\[2mm] \alpha &= \arctan\frac{2\xi\dfrac{\theta}{\omega}}{1-\dfrac{\theta^2}{\omega^2}} \end{aligned} \right\} \tag{12-28a}$$

这里 β 为有阻尼体系的**位移动力系数**，

$$\beta = \frac{1}{\sqrt{\left(1-\dfrac{\theta^2}{\omega^2}\right)^2 + 4\xi^2\dfrac{\theta^2}{\omega^2}}} \tag{12-29}$$

图 12-23a、b 给出了动力系数 β 及相位角 α 随频率比 $\dfrac{\theta}{\omega}$ 的变化曲线。由此可见：

（1）有阻尼单自由度体系在简谐荷载作用下的平稳振动仍是一个按荷载频率 θ 进行的简谐振动，但此时位移比荷载滞后一个相位角 α，从而导致两者不会同时达到最大值。

（2）动力系数 β 不仅与频率比 $\dfrac{\theta}{\omega}$ 有关，还与阻尼比 ξ 相关。在共振点 $\dfrac{\theta}{\omega}=1$ 附近，阻尼比越小，β-$\dfrac{\theta}{\omega}$ 曲线越陡。

（3）对于 $0<\xi<\dfrac{\sqrt{2}}{2}$ 的情况，在共振点 $\dfrac{\theta}{\omega}=1$ 处，动力系数 $\beta=\dfrac{1}{2\xi}$。但该处并非 β-$\dfrac{\theta}{\omega}$ 曲线的峰值点，通过对 β-$\dfrac{\theta}{\omega}$ 函数关系求极值，可知峰值出现在 $\dfrac{\theta}{\omega}=\sqrt{1-2\xi^2}$ 之处，此时

$$\beta_{max} = \frac{1}{2\xi\sqrt{1-\xi^2}} \tag{12-30}$$

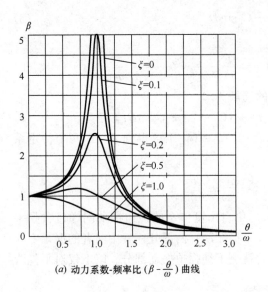

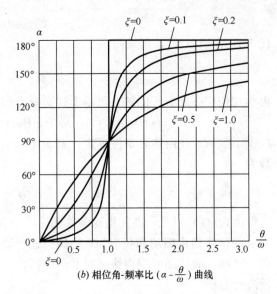

(a) 动力系数-频率比 $\left(\beta - \dfrac{\theta}{\omega}\right)$ 曲线　　　　(b) 相位角-频率比 $\left(\alpha - \dfrac{\theta}{\omega}\right)$ 曲线

图 12-23　位移动力系数及相位角随频率比变化曲线

因实际结构的阻尼比一般较小，故认为

$$\beta_{\max} \approx \beta\big|_{\frac{\theta}{\omega}=1} = \frac{1}{2\xi}$$

（4）当荷载频率 θ 为以下三种取值时，其相应的振动值得我们关注：

a) $\theta \ll \omega$，或 $\dfrac{\theta}{\omega} \to 0$ 时，位移动力系数 $\beta \to 1$，相位差 $\alpha \to 0°$，说明动力放大效应很小，类似于静力作用的情况。此时因振动很慢，惯性力和阻尼力都很小，且位移与荷载同向，故外荷载主要由恢复力平衡。

b) $\theta \gg \omega$，或 $\dfrac{\theta}{\omega} \to \infty$ 时，无论阻尼大小，位移动力系数 β 都很小，但振动频率很高，也即惯性力很大，而恢复力和阻尼力相对较小，故外荷载主要由惯性力平衡。由图 12-23b 看到，此时相位差 $\alpha \to 180°$，故位移与荷载反向，荷载无法由恢复力平衡。

c) $\theta \approx \omega$，或 $\dfrac{\theta}{\omega} \to 1$ 时，动力系数 $\beta \approx \dfrac{1}{2\xi}$，相位差 $\alpha \to 90°$，若阻尼比 ξ 较小，则位移会很大，体系处于共振状态。此时的位移方程（12-28）可化简为

$$y(t) = \beta y_{\mathrm{st}} \sin(\theta t - 90°) = \beta y_{\mathrm{st}} \cos\omega t$$

相应的恢复力、惯性力和阻尼力分别为

$$F_y = -ky = k\beta y_{\mathrm{st}}\cos\omega t$$

$$F_{\mathrm{I}} = -m\ddot{y} = -m\omega^2 \beta y_{\mathrm{st}}\cos\omega t = -k\beta y_{\mathrm{st}}\cos\omega t$$

$$F_{\mathrm{D}} = -c\dot{y} = -2\xi m\omega\beta y_{\mathrm{st}}\sin\omega t = -F\sin\omega t$$

可见共振时恢复力与惯性力相互平衡，而荷载只能由阻尼力平衡，阻尼大小将起决定作用。然而，实际结构的阻尼系数一般较小，故很容易因位移过大而导致结构破坏。

120

12-4　单自由度体系在一般荷载作用下的强迫振动

随时间按一般规律变化的荷载总可以分解为一系列微小冲量的叠加（图 12-24），为此我们先讨论瞬时冲量作用下单自由度体系的动力响应。

若原本处于静止状态的质点 m 在 $t=0$ 时刻受到瞬时冲量 S 的作用，则由式（12-1）得知，该冲量等价于给质点施加了一个初始速度 $v_0=\dfrac{S}{m}$。于是根据自由振动的位移响应式（12-5），可得到瞬时冲量 S 作用下的质点位移响应方程为

$$y(t)=\frac{S}{m\omega}\sin\omega t \tag{a}$$

如果瞬时冲量 S 不在 $t=0$ 而是在 $t=\tau$ 时刻施加的，则相应的位移方程可改写为

$$y(t)=\frac{S}{m\omega}\sin\omega(t-\tau)\quad(t\geqslant\tau) \tag{b}$$

由图 12-24 可见，一般动力荷载 $F(t)$ 可视作一系列微小冲量 $\mathrm{d}S=F(\tau)\mathrm{d}\tau$ 的叠加，故得

$$y(t)=\frac{1}{m\omega}\int_0^t F(\tau)\sin\omega(t-\tau)\mathrm{d}\tau \tag{12-31a}$$

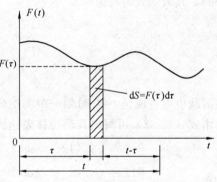

图 12-24　一般动力荷载

这就是无阻尼单自由度体系在一般动力荷载作用下的位移积分式，该积分式称为**杜哈梅积分**。

上式是质点初始为静止时的积分式。如果质点在 $t=0$ 时刻还具有初始位移 y_0 和初始速度 v_0，则总位移可写为

$$y(t)=y_0\cos\omega t+\frac{v_0}{\omega}\sin\omega t+\frac{1}{m\omega}\int_0^t F(\tau)\sin\omega(t-\tau)\mathrm{d}\tau \tag{12-31b}$$

类似地，对于有阻尼的单自由度体系，其位移方程式可写为

$$y(t)=e^{-\xi\omega t}\left(y_0\cos\omega_\mathrm{r}t+\frac{v_0+\xi\omega y_0}{\omega_\mathrm{r}}\sin\omega_\mathrm{r}t\right)+\frac{1}{m\omega_\mathrm{r}}\int_0^t F(\tau)e^{-\xi\omega(t-\tau)}\sin\omega_\mathrm{r}(t-\tau)\mathrm{d}\tau$$

$$\tag{12-32}$$

以下对初始处于静止状态的无阻尼体系在几种常见动力荷载作用下的振动作一讨论。

（1）突加荷载

突加荷载是指突然施加于结构并在结构上维持不变的荷载（图 12-25a），其表达式为

$$F(t)=\begin{cases}0,\ t<0\\F_0,\ t>0\end{cases}$$

当结构初始为静止时，利用杜哈梅积分可求得质点在 $t>0$ 时的动力位移为

$$y(t)=\frac{1}{m\omega}\int_0^t F_0\sin\omega(t-\tau)\mathrm{d}\tau=\frac{F_0}{m\omega^2}(1-\cos\omega t)=y_\mathrm{st}(1-\cos\omega t) \tag{12-33}$$

式中 $y_\mathrm{st}=\dfrac{F_0}{m\omega^2}$ 是把 F_0 作为静荷载施加于结构时所产生的质点静位移。从图 12-25b 的位

移图线可以看到，突加荷载作用下的振动是以静位移 $y=y_{st}$ 为基线的简谐振动。显然，当经过半个自振周期后，质点将首次达到最大位移 $y_{max}=2y_{st}$，可见其动力系数 $\beta=2$。

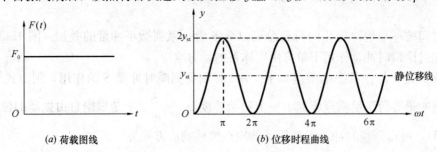

(a) 荷载图线   (b) 位移时程曲线

图 12-25 突加荷载及位移图线

（2）短时荷载

短时荷载是指突然施加于结构并在结构上维持一段时间后又突然撤除的荷载（图 12-26a），其表达式可写为

$$F(t)=\begin{cases}0, & t<0 \\ F_0, & 0<t<t_d \\ 0, & t>t_d\end{cases}$$

该荷载也可看成是 $t=0$ 时刻一个突加荷载 F_0 和 $t=t_d$ 时刻另一个突加荷载 $-F_0$ 的叠加，这样由式（12-33）可写出其动位移表达式为

$$y(t)=\begin{cases}y_{st}(1-\cos\omega t), & 0<t\leqslant t_d \\ y_{st}(1-\cos\omega t)-y_{st}[1-\cos\omega(t-t_d)] \\ \quad=y_{st}[\cos\omega(t-t_d)-\cos\omega t], & t>t_d\end{cases} \quad (12\text{-}34)$$

这里 y_{st} 的含义与突加荷载时相同。实际上，结构在 $t>t_d$ 阶段的振动是一个以第一阶段终点 $t=t_d$ 时刻的位移和速度为初始条件的自由振动，故也可按自由振动的方式列出此阶段的位移方程。

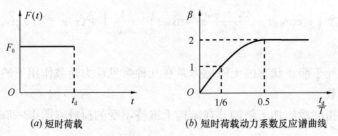

(a) 短时荷载   (b) 短时荷载动力系数反应谱曲线

图 12-26 短时荷载及动力系数反应谱曲线

显然，质点在第一阶段的位移响应与突加荷载的情况完全相同。如果荷载维持时间达到或超过了半个自振周期，即 $t_d\geqslant\dfrac{T}{2}$，则位移将在该阶段达到最大值（参见图 12-25b），且动力系数 $\beta=2$。如果 $t_d<\dfrac{T}{2}$，则最大位移将发生在 $t>t_d$ 的第二阶段。将式（12-34）第二阶段的位移写成如下形式：

$$y(t) = 2y_{st}\sin\frac{\omega t_d}{2}\sin\omega\left(t - \frac{t_d}{2}\right), \; t > t_d$$

容易看出其最大动位移为

$$y_{max} = 2y_{st}\sin\frac{\omega t_d}{2} = 2y_{st}\sin\frac{\pi t_d}{T}$$

故动力系数

$$\beta = 2\sin\frac{\omega t_d}{2} = 2\sin\frac{\pi t_d}{T} \tag{12-35}$$

由此可见，短时荷载的动力系数 β 是一个与荷载维持时间 t_d 有关的参数。图 12-26b 给出了这两者之间的关系曲线，称之为**动力系数反应谱曲线**，它体现了结构动力反应幅值与荷载时变特性之间的相互关系。

（3）线性渐增荷载

线性渐增荷载是指在一定时间内从零线性增加至最终值而后保持不变的荷载（图 12-27），其表达式为

$$F(t) = \begin{cases} \dfrac{F_0}{t_r}t, \; 0 \leqslant t \leqslant t_r \\ F_0, \; t > t_r \end{cases}$$

其位移响应利用杜哈梅积分可求得为

$$y(t) = \begin{cases} y_{st}\dfrac{\omega t - \sin\omega t}{\omega t_r}, & 0 \leqslant t \leqslant t_r \\ y_{st}\left[1 - \dfrac{\sin\omega t - \sin\omega(t - t_r)}{\omega t_r}\right], & t > t_r \end{cases} \tag{12-36}$$

这里 $y_{st} = \dfrac{F_0}{m\omega^2}$ 是把荷载最终值作为静荷载施加于结构时的质点静位移。

该荷载产生的最大位移或位移动力系数与荷载渐增时间 t_r 的长短有关，图 12-28 给出了动力系数 β 随渐增时间与自振周期比值 $\dfrac{t_r}{T}$ 之间的关系曲线，也即动力系数反应谱曲线。由图可见，当荷载递增时间很短，如 $t_r < \dfrac{T}{4}$ 时，动力系数 $\beta \to 2$，接近于突加荷载的情况；当荷载递增时间很长，如 $t_r > 4T$ 时，动力系数 $\beta \to 1$，接近于静荷载的情况。工程中的简单加载过程可近似看作为这种线性渐增过程。如果希望施加的是静荷载，则应确保荷载渐增时间至少是结构自振周期的 4 倍以上。

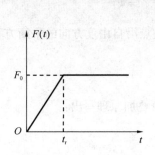

图 12-27　线性渐增荷载图线

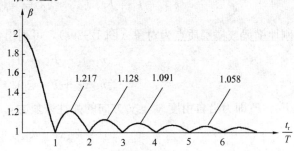

图 12-28　线性渐增荷载动力系数反应谱曲线

12-5 多自由度体系的自由振动

许多工程结构的振动问题，例如多层或高层建筑的侧向振动、烟囱及塔桅的振动等，需要简化为多自由度体系进行分析。多自由度体系的振动微分方程与单自由度体系一样，可以采用刚度法或柔度法建立。本节先以两自由度体系为例讨论自由振动的解答及体系的动力特性，然后推广至 n 个自由度的体系。

12-5-1 两自由度体系的频率和振型

1. 刚度法

图 12-29a 所示为具有刚性横梁的两层刚架结构，质量集中于横梁上。这类刚架模型可作为大部分多层或高层房屋结构侧向振动的计算模型，因为这些结构的楼板与楼面梁往往是连成一体的（例如现浇楼板），刚度较大，而且房屋的重量主要落在楼面上。刚架的侧向刚度主要由柱子提供，横梁起到约束柱端转动的作用。

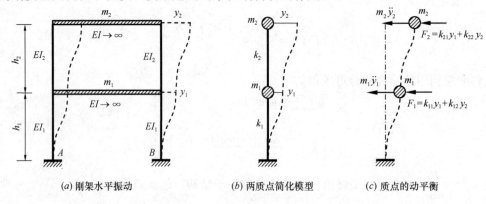

(a) 刚架水平振动   (b) 两质点简化模型   (c) 质点的动平衡

图 12-29　两层刚架的自由振动

对这类刚架进行动力计算时，通常先求得刚架相邻两层之间的相对侧移刚度，即所谓的**层间侧移刚度** k_1、k_2、…，然后组成整体结构的刚度矩阵。这样，图中的两层刚架也可等效为图 12-29b 所示具有层间刚度 k_1、k_2 的质点体系，这里默认立柱在质点处不发生转动。

有了层间刚度，再根据整体刚度系数的含义可求出各个系数如下（参见图 12-30）：

$$k_{11} = k_1 + k_2,\ k_{12} = k_{21} = -k_2,\ k_{22} = k_2 \tag{a}$$

以各刚性横梁或楼层质点为对象（图 12-29c），可列出各质点沿自由度方向的平衡方程为

$$\left. \begin{array}{l} m_1 \ddot{y}_1 + F_1 = 0 \\ m_2 \ddot{y}_2 + F_2 = 0 \end{array} \right\} \tag{b}$$

式中 F_1、F_2 即为沿自由度 y_1、y_2 方向的弹性**恢复力**，可由叠加原理写出：

$$\left. \begin{array}{l} F_1 = k_{11} y_1 + k_{12} y_2 \\ F_2 = k_{21} y_1 + k_{22} y_2 \end{array} \right\} \tag{c}$$

将式（c）代入式（b），即得两自由度体系自由振动的微分方程：

$$m_1\ddot{y}_1 + k_{11}y_1 + k_{12}y_2 = 0 \atop m_2\ddot{y}_2 + k_{21}y_1 + k_{22}y_2 = 0 \Bigg\} \tag{12-37}$$

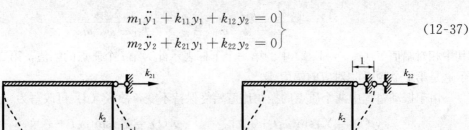

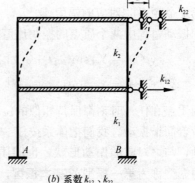

(a) 系数 k_{11}、k_{21}　　　　　　　　　(b) 系数 k_{12}、k_{22}

图 12-30　刚度系数图解

下面讨论振动微分方程的解。类似于单自由度体系，假设自由振动的解为如下形式：

$$y_1(t) = Y_1\sin(\omega t + \alpha) \atop y_2(t) = Y_2\sin(\omega t + \alpha) \Bigg\} \tag{d}$$

其中 Y_1、Y_2 表示两质点的位移幅值或称**振幅**，α 为**初始相位角**，它们可由初始条件确定。

将式（d）代入方程（12-37），并消去公因子 $\sin(\omega t + \alpha)$，得

$$(k_{11} - \omega^2 m_1)Y_1 + k_{12}Y_2 = 0 \atop k_{21}Y_1 + (k_{22} - \omega^2 m_2)Y_2 = 0 \Bigg\} \tag{12-38}$$

该方程为关于振幅 Y_1、Y_2 的齐次线性代数方程，零解对应于无振动的静止状态，不是我们要求的。为获得非零解，方程的系数行列式必须为零，于是问题转化为如下的特征值计算问题：

$$\begin{vmatrix} k_{11} - \omega^2 m_1 & k_{12} \\ k_{21} & k_{22} - \omega^2 m_2 \end{vmatrix} = 0 \tag{12-39}$$

由该式可求出自振圆频率 ω，故称该式为**频率方程**或**特征方程**。

将上述频率方程展开，经整理得

$$(\omega^2)^2 - \left(\frac{k_{11}}{m_1} + \frac{k_{22}}{m_2}\right)\omega^2 + \frac{k_{11}k_{22} - k_{12}{}^2}{m_1 m_2} = 0 \tag{12-39a}$$

这是一个关于 ω^2 的二次方程，其根为

$$\omega^2 = \frac{1}{2}\left(\frac{k_{11}}{m_1} + \frac{k_{22}}{m_2}\right) \pm \sqrt{\left[\frac{1}{2}\left(\frac{k_{11}}{m_1} + \frac{k_{22}}{m_2}\right)\right]^2 - \frac{k_{11}k_{22} - k_{12}{}^2}{m_1 m_2}} \tag{12-40}$$

对于实际结构，可以获得关于 ω 的两个正根，也即体系的两个自振圆频率，其中较小的一个称为**第一圆频率**或**基本圆频率**，用 ω_1 表示；另一个称为**第二圆频率**，用 ω_2 表示。

将求得的两个圆频率代入式（12-38），可求得振幅 Y_1、Y_2 的比值。对应于 ω_1、ω_2 的两个比值分别为

$$\frac{Y_{11}}{Y_{21}} = -\frac{k_{12}}{k_{11} - \omega_1{}^2 m_1}, \quad \frac{Y_{12}}{Y_{22}} = -\frac{k_{12}}{k_{11} - \omega_2{}^2 m_1} \tag{12-41}$$

其中相对幅值 $Y_{ij}(i,j=1、2)$ 中的第一个下标表示此为第 i 个质点的幅值，第二个下标表示这是第 j 个频率 ω_j 对应的幅值。

由于振动过程中两个质点的振幅比值始终保持不变，故式（d）可改写为

$$\left.\begin{array}{l} y_1(t) = Y_{11}\sin(\omega_1 t + \alpha_1) \\ y_2(t) = Y_{21}\sin(\omega_1 t + \alpha_1) \end{array}\right\} \quad \text{或} \quad \left.\begin{array}{l} y_1(t) = Y_{12}\sin(\omega_2 t + \alpha_2) \\ y_2(t) = Y_{22}\sin(\omega_2 t + \alpha_2) \end{array}\right\} \tag{12-42}$$

这说明两质点在任一时刻都保持相似的位移形状，整个体系就如同一个单自由度体系一样同步进行着简谐振动。我们把体系按任一频率 ω_i（这里 $i=1、2$）进行的简谐振动称为一个**主振动**，与之对应的振动形状，也即质点振幅的比值称为**主振型**或简称**振型**，其中与 ω_1 对应的振型称为**第一振型**或**基本振型**，与 ω_2 对应的称为**第二振型**。有了自振圆频率，其相应的振型可由齐次方程式（12-38）解出，故该齐次方程也称为**振型方程**。显然自振频率和主振型仅与结构的质量和刚度分布有关，反映了多自由度结构固有的**动力特性**。

对于实际结构具有初始条件的情况，其自由振动的通解可表示为两个主振动的线性叠加，即

$$\left.\begin{array}{l} y_1(t) = A_1 Y_{11}\sin(\omega_1 t + \alpha_1) + A_2 Y_{12}\sin(\omega_2 t + \alpha_2) \\ y_2(t) = A_1 Y_{21}\sin(\omega_1 t + \alpha_1) + A_2 Y_{22}\sin(\omega_2 t + \alpha_2) \end{array}\right\} \tag{12-43}$$

式中系数 A_1、A_2 和相位角 α_1、α_2 由两质点的初始位移和初始速度确定。

【例 12-5】 图 12-31a 所示两层刚架，其层间刚度分别为 k_1、k_2，试求下面两种情况下的自振频率和主振型：（1）$k_1=k_2=k$，$m_1=m_2=m$；（2）$k_1=nk_2=nk$，$m_1=nm_2=nm$。

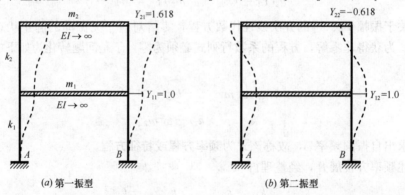

(a) 第一振型　　　　　　　　　(b) 第二振型

图 12-31　例 12-5 图（$k_1=k_2$，$m_1=m_2$ 时）

【解】 该刚架的刚度系数可由前面的式（a）写出，将其与质量 m_1、m_2 代入频率方程并展开，得

$$m_1 m_2 \omega^4 - (k_1 m_2 + k_2 m_2 + k_2 m_1)\omega^2 + k_1 k_2 = 0$$

（1）$k_1=k_2=k$，$m_1=m_2=m$ 时

此时的频率方程可简化为

$$m^2\omega^4 - 3km\omega^2 + k^2 = 0$$

解方程得

$$\omega_1^2 = \frac{3-\sqrt{5}}{2}\frac{k}{m}, \quad \omega_2^2 = \frac{3+\sqrt{5}}{2}\frac{k}{m}$$

故两个圆频率分别为

$$\omega_1 = 0.618\sqrt{\frac{k}{m}}, \quad \omega_2 = 1.618\sqrt{\frac{k}{m}}$$

再代入振型方程式（12-38），有

$$\begin{bmatrix} 2k-\omega^2 m & -k \\ -k & k-\omega^2 m \end{bmatrix} \begin{Bmatrix} Y_1 \\ Y_2 \end{Bmatrix} = 0$$

解得

$$\frac{Y_{11}}{Y_{21}} = \frac{1}{1.618}, \quad \frac{Y_{12}}{Y_{22}} = -\frac{1}{0.618}$$

上述振型也可直接由式（12-41）求出。该情况下结构的振型形状如图 12-31a、b 所示。

（2）$k_1 = nk_2 = nk$，$m_1 = nm_2 = nm$ 时

此时的频率方程变为

$$nm^2\omega^4 - (2n+1)km\omega^2 + nk^2 = 0$$

解得

$$\omega_{\frac{1}{2}}^2 = \frac{2n+1 \mp \sqrt{4n+1}}{2n}\frac{k}{m}$$

代入振型方程可求得

$$\frac{Y_{21}}{Y_{11}} = \frac{1}{2} + \frac{1}{2}\sqrt{4n+1}, \quad \frac{Y_{22}}{Y_{12}} = \frac{1}{2} - \frac{1}{2}\sqrt{4n+1}$$

若设 $n=110$，则有

$$\frac{Y_{21}}{Y_{11}} = \frac{11}{1}, \quad \frac{Y_{22}}{Y_{12}} = -\frac{10}{1}$$

这说明如果顶层的刚度和质量远小于下层，那么顶部的位移会明显大于下部。这种情况类似于挥动鞭子时其下端的位移虽不大，但刚度和质量均很小的鞭梢的位移却非常大的现象，称之为**鞭梢效应**。在结构设计中如遇到结构顶部具有突出小构件的情况，例如屋顶配有小阁楼、通讯塔等，应关注这种效应的影响（参见图 12-32）。

2. 柔度法

图 12-33a 所示为具有若干个集中质量的悬臂柱结构，工程中的烟囱、塔桅等细长结构往往可简化为这种动力模型。

对于两自由度体系，采用柔度法建立自由振动的微分方程，就是要列出 t 时刻体系在惯性力作用下两质点处的位移表达式（参见图 12-33b），即

图 12-32　鞭梢效应及示例

$$y_1 = (-m_1\ddot{y}_1)\delta_{11} + (-m_2\ddot{y}_2)\delta_{12} \left.\right\}$$
$$y_2 = (-m_1\ddot{y}_1)\delta_{21} + (-m_2\ddot{y}_2)\delta_{22} \left.\right\}$$

(12-44)

其中 $\delta_{ij}(i,j=1,2)$ 为两个自由度方向的**柔度系数**，即沿 j 方向施加单位力在 i 方向上产生的位移，参见图 12-33c、d 所示。

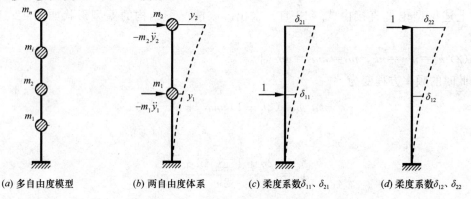

(a) 多自由度模型　　(b) 两自由度体系　　(c) 柔度系数δ_{11}、δ_{21}　　(d) 柔度系数δ_{12}、δ_{22}

图 12-33　悬臂柱模型的自由振动

假设上述振动微分方程的解仍为如下形式：

$$y_1(t) = Y_1\sin(\omega t + \alpha)$$
$$y_2(t) = Y_2\sin(\omega t + \alpha)$$

代入方程（12-44），并消去公因子，有

$$\left(\delta_{11}m_1 - \frac{1}{\omega^2}\right)Y_1 + \delta_{12}m_2Y_2 = 0 \left.\right\}$$
$$\delta_{21}m_1Y_1 + \left(\delta_{22}m_2 - \frac{1}{\omega^2}\right)Y_2 = 0 \left.\right\}$$

(12-45)

这是一个关于振幅 Y_1、Y_2 的齐次线性代数方程，也即用柔度系数表达的**振型方程**。为获得非零解，其系数行列式须为零：

$$\begin{vmatrix} \delta_{11}m_1 - \dfrac{1}{\omega^2} & \delta_{12}m_2 \\[2mm] \delta_{21}m_1 & \delta_{22}m_2 - \dfrac{1}{\omega^2} \end{vmatrix} = 0$$

(12-46)

128

这就是用柔度系数表达的**频率方程**或称**特征方程**，由其可求得自振圆频率 ω_1、ω_2。

将上式展开，并设 $\lambda = \dfrac{1}{\omega^2}$，可得到一个关于 λ 的二次方程

$$\lambda^2 - (\delta_{11}m_1 + \delta_{22}m_2)\lambda + (\delta_{11}\delta_{22} - \delta_{12}{}^2)\,m_1m_2 = 0$$

由此可解出 λ 的两个根如下：

$$\lambda_{\frac{1}{2}} = \frac{(\delta_{11}m_1 + \delta_{22}m_2) \pm \sqrt{(\delta_{11}m_1 + \delta_{22}m_2)^2 - 4(\delta_{11}\delta_{22} - \delta_{12}{}^2)m_1m_2}}{2} \tag{12-47a}$$

而体系的第一和第二自振圆频率分别为

$$\omega_1 = \frac{1}{\sqrt{\lambda_1}}, \quad \omega_2 = \frac{1}{\sqrt{\lambda_2}} \tag{12-47b}$$

将求得的两个圆频率代入振型方程（12-45），可求得相应的振型：

$$\frac{Y_{11}}{Y_{21}} = \frac{\delta_{12}m_2}{\dfrac{1}{\omega_1^2} - \delta_{11}m_1}, \quad \frac{Y_{12}}{Y_{22}} = \frac{\delta_{12}m_2}{\dfrac{1}{\omega_2^2} - \delta_{11}m_1} \tag{12-48}$$

【例 12-6】 试求图 12-34a 所示超静定伸臂梁的自振频率和主振型，已知梁 EI＝常数。

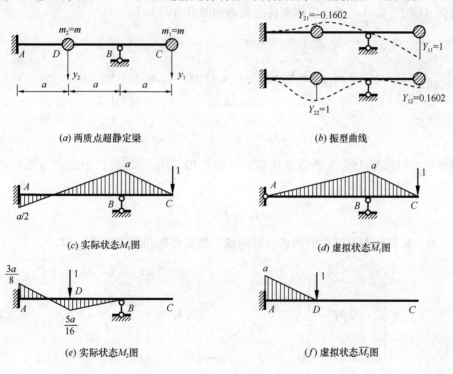

(a) 两质点超静定梁　　　　　　(b) 振型曲线

(c) 实际状态 M_1 图　　　　　　(d) 虚拟状态 $\overline{M}_1$ 图

(e) 实际状态 M_2 图　　　　　　(f) 虚拟状态 $\overline{M}_2$ 图

图 12-34　例 12-6 图

【解】 该结构采用柔度法分析较为方便。各柔度系数可依据其物理含义用图乘法求得，需注意的是，因结构为超静定，故各系数的计算均属超静定结构的位移计算。为求 δ_{11}、δ_{21}，除了作出原结构在 y_1 方向作用单位力时的弯矩 M_1 图（图 12-34c），为简便起见还可将虚拟状态的单位力施加在相应的静定结构上，由此得到的弯矩 $\overline{M}_1$、$\overline{M}_2$ 图分别如图 12-34d、f 所示。这样将前者与后两者分别图乘即得 δ_{11}、δ_{21}；由图 12-34e 同理可求得 δ_{12}、δ_{22}：

$$\delta_{11} = \frac{5}{6} \frac{a^3}{EI}, \quad \delta_{12} = \delta_{21} = -\frac{1}{8} \frac{a^3}{EI}, \quad \delta_{22} = \frac{7}{96} \frac{a^3}{EI}$$

将这些系数连同 $m_1 = m_2 = m$ 代入频率方程（12-46）或直接代入式（12-47）中，可求得两个频率

$$\omega_1 = \sqrt{\frac{192}{87 + \sqrt{5905}} \frac{EI}{ma^3}} = 1.0825 \sqrt{\frac{EI}{ma^3}}, \quad \omega_2 = \sqrt{\frac{192}{87 - \sqrt{5905}} \frac{EI}{ma^3}} = 4.3480 \sqrt{\frac{EI}{ma^3}}$$

再利用振型方程（12-45）或直接代入式（12-48），可求得相应的振型为

$$\frac{Y_{11}}{Y_{21}} = -\frac{1}{0.1602}, \quad \frac{Y_{12}}{Y_{22}} = \frac{0.1602}{1}$$

各阶振型曲线参见图 12-34b。

12-5-2 n 自由度体系的频率和振型

上述两自由度体系的振动微分方程及相应的频率方程和振型方程可直接推广至 n 自由度体系（图 12-35a）。若采用刚度法，则根据各质点在惯性力和弹性恢复力共同作用下的平衡条件（图 12-35b），可写出体系自由振动的微分方程如下：

$$\left. \begin{array}{l} m_1 \ddot{y}_1 + k_{11} y_1 + k_{12} y_2 + \cdots + k_{1n} y_n = 0 \\ m_2 \ddot{y}_2 + k_{21} y_1 + k_{22} y_2 + \cdots + k_{2n} y_n = 0 \\ \cdots\cdots\cdots\cdots\cdots \\ m_n \ddot{y}_n + k_{n1} y_1 + k_{n2} y_2 + \cdots + k_{nn} y_n = 0 \end{array} \right\} \tag{12-49}$$

显然这里的弹性恢复力为 n 个质点位移贡献的叠加（图 12-35b）。上式若写成矩阵形式，则有

$$M\ddot{y} + Ky = 0 \tag{12-49a}$$

这里 y、M、K 分别表示结构的**质点位移向量、质量矩阵和刚度矩阵**，即

$$y = \begin{Bmatrix} y_1 \\ y_2 \\ \vdots \\ y_n \end{Bmatrix}, \quad M = \begin{bmatrix} m_1 & & & 0 \\ & m_2 & & \\ & & \ddots & \\ 0 & & & m_n \end{bmatrix}, \quad K = \begin{bmatrix} k_{11} & k_{12} & \cdots & k_{1n} \\ k_{21} & k_{22} & \cdots & k_{2n} \\ \vdots & \vdots & \cdots & \vdots \\ k_{n1} & k_{n2} & \cdots & k_{nn} \end{bmatrix} \tag{12-50}$$

对集中质量体系，M 为一对角矩阵；而根据刚度系数的含义可知 K 为一对称方阵。

n 自由度体系自由振动的解仍可设为如下的简谐形式：

$$y(t) = Y\sin(\omega t + \alpha)$$

这里 $Y = \begin{bmatrix} Y_1 & Y_2 & \cdots & Y_n \end{bmatrix}^{\mathrm{T}}$ 为振幅向量或**振型向量**。将上式代入微分方程并消去 $\sin(\omega t + \alpha)$ 得

$$(K - \omega^2 M)Y = 0 \tag{12-51}$$

该方程即为 n 自由度体系用刚度系数表达的**振型方程**。要获得非零的振动形态，其系数行

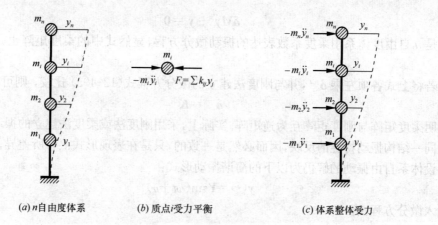

(a) n自由度体系   (b) 质点i受力平衡   (c) 体系整体受力

图 12-35 n 自由度体系的自由振动

列式必须为零，即

$$|\boldsymbol{K} - \omega^2 \boldsymbol{M}| = 0 \tag{12-52}$$

该式即为 n 自由度体系用刚度系数表达的**频率方程**或称**特征方程**。它是一个关于 ω^2 的 n 次代数方程，由其可解得 ω 的 n 个正实根，即为体系的 n 个自振圆频率 ω_1、ω_2、$\cdots$、ω_n。

将得到的 n 个自振圆频率分别代入振型方程 (12-51)，可求得 n 个振幅的比值，也就是体系的 n 个主振型。由于实际结构中较低自振频率的振型一般对动力响应的影响更大，故习惯上将 n 个自振频率按从小到大的顺序，即 ω_1、ω_2、$\cdots$、ω_n 排列，分别称为第一、第二、$\cdots$、第 n 阶频率，相应的振型称为第一、第二、$\cdots$、第 n 阶振型，分别用 $\boldsymbol{Y}^{(1)}$、$\boldsymbol{Y}^{(2)}$、$\cdots$、$\boldsymbol{Y}^{(n)}$ 表示。由此可见，n 自由度体系具有 n 个自振频率，相应的有 n 个主振型。自振频率和主振型仅与结构的质量和刚度分布有关，反映了结构固有的力学性能，常称之为结构的**动力特性**。

主振型向量中的每个元素是各质点振幅的相对比值。为使每个元素具有确定的值，通常采用以下两种方法进行处理：一种是令 $\boldsymbol{Y}^{(i)}$ 中的某一个元素（如第一个元素）为 1，这样其他元素的值也就确定了；另一种是规定主振型 $\boldsymbol{Y}^{(i)}$ 满足下式：

$$(\boldsymbol{Y}^{(i)})^{\mathrm{T}} \boldsymbol{M} \boldsymbol{Y}^{(i)} = 1$$

经这样处理后的振型称为**标准化振型**或**归一化振型**。

上述 n 自由度体系的自由振动若采用柔度法分析，则可列出整个体系在惯性力作用下各质点处的位移计算式为（参见图 12-35c）：

$$\left.\begin{aligned}
y_1 &= -m_1 \ddot{y}_1 \delta_{11} - m_2 \ddot{y}_2 \delta_{12} - \cdots - m_n \ddot{y}_n \delta_{1n} \\
y_2 &= -m_1 \ddot{y}_1 \delta_{21} - m_2 \ddot{y}_2 \delta_{22} - \cdots - m_n \ddot{y}_n \delta_{2n} \\
&\cdots\cdots\cdots\cdots \\
y_n &= -m_1 \ddot{y}_1 \delta_{n1} - m_2 \ddot{y}_2 \delta_{n2} - \cdots - m_n \ddot{y}_n \delta_{nn}
\end{aligned}\right\} \tag{12-53}$$

式中 δ_{ij}（i、$j=1$、2、$\cdots$、n）为柔度系数。若引入**柔度矩阵**

$$\boldsymbol{\delta} = \begin{bmatrix} \delta_{11} & \delta_{12} & \cdots & \delta_{1n} \\ \delta_{21} & \delta_{22} & \cdots & \delta_{2n} \\ \vdots & \vdots & \cdots & \vdots \\ \delta_{n1} & \delta_{n2} & \cdots & \delta_{nn} \end{bmatrix} \tag{12-54}$$

并把方程等号右边移至左边，则可将其写成如下的矩阵形式：

$$\boldsymbol{\delta M \ddot{y} + y = 0} \tag{12-53a}$$

这就是 n 自由度体系用柔度系数表达的振动微分方程,显然式中的柔度矩阵也是一个对称方阵。

若将上式各项左乘 $\boldsymbol{\delta}^{-1}$,并与刚度法建立的微分方程式(12-49a)比较,则可得

$$\boldsymbol{\delta}^{-1} = \boldsymbol{K} \tag{12-55}$$

这表明柔度矩阵与刚度矩阵互为逆矩阵。实际上,采用刚度法或柔度法建立的振动微分方程都是同一结构振动特性的反映,因而必然是一致的,只是在表现形式上有所差异。

设体系自由振动的解仍为以下的简谐振动形式:

$$\boldsymbol{y}(t) = \boldsymbol{Y}\sin(\omega t + \alpha)$$

则代入微分方程,有

$$\left(\boldsymbol{\delta M} - \frac{1}{\omega^2}\boldsymbol{I}\right)\boldsymbol{Y} = \boldsymbol{0} \quad 或 \quad (\boldsymbol{\delta M} - \lambda \boldsymbol{I})\boldsymbol{Y} = \boldsymbol{0} \tag{12-56}$$

这就是 n 自由度体系用柔度系数表达的**振型方程**,其中 $\boldsymbol{I}$ 为单位矩阵。该方程具有非零解的充分和必要条件是方程的系数行列式为零,即

$$|\boldsymbol{\delta M} - \lambda \boldsymbol{I}| = 0 \tag{12-57}$$

此为 n 自由度体系用柔度系数表达的**频率方程**或称**特征方程**。它是一个关于 $\lambda = \dfrac{1}{\omega^2}$ 的 n 次代数方程,解方程可求得 n 个自振圆频率 ω_1、ω_2、$\cdots$、ω_n。再将求得的圆频率一一代入振型方程,可进一步求得 n 个主振型。

【例 12-7】 试求图 12-36a 所示三层刚架的自振频率和主振型。

【解】 该刚架各层横梁只能发生平动,故为一个三自由度体系,其自振频率采用刚度法计算比较方便。刚架各层的层间侧移刚度自下而上分别为:

$$k_1 = 2 \times \frac{12E(4I)}{h^3} = \frac{96EI}{h^3}, \quad k_2 = \frac{48EI}{h^3}, \quad k_3 = \frac{24EI}{h^3}$$

于是可建立整体刚度矩阵为

$$\boldsymbol{K} = \begin{bmatrix} k_1 + k_2 & -k_2 & 0 \\ -k_2 & k_2 + k_3 & -k_3 \\ 0 & -k_3 & k_3 \end{bmatrix} = \frac{24EI}{h^3}\begin{bmatrix} 6 & -2 & 0 \\ -2 & 3 & -1 \\ 0 & -1 & 1 \end{bmatrix}$$

而刚架的质量矩阵为一对角矩阵,

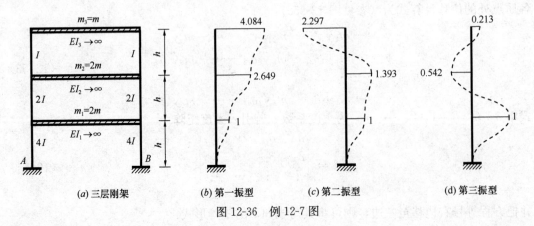

(a) 三层刚架 (b) 第一振型 (c) 第二振型 (d) 第三振型

图 12-36 例 12-7 图

$$\boldsymbol{M} = m \begin{bmatrix} 2 & 0 & 0 \\ 0 & 2 & 0 \\ 0 & 0 & 1 \end{bmatrix}$$

故有

$$\boldsymbol{K} - \omega^2 \boldsymbol{M} = \frac{24EI}{h^3} \begin{bmatrix} 6-2\mu & -2 & 0 \\ -2 & 3-2\mu & -1 \\ 0 & -1 & 1-\mu \end{bmatrix} \tag{a}$$

式中，$\mu = \dfrac{mh^3}{24EI}\omega^2$。令上述矩阵的行列式为零，即得频率方程

$$\begin{vmatrix} 6-2\mu & -2 & 0 \\ -2 & 3-2\mu & -1 \\ 0 & -1 & 1-\mu \end{vmatrix} = 0$$

展开得

$$2\mu^3 - 11\mu^2 + 15\mu - 4 = 0$$

用试算法求出该方程的三个根分别为

$$\mu_1 = 0.3515, \quad \mu_2 = 1.6066, \quad \mu_3 = 3.5419$$

于是刚架的三个自振频率为

$$\omega_1 = \sqrt{\frac{24EI}{mh^3}\mu_1} = 2.904\sqrt{\frac{EI}{mh^3}}, \quad \omega_2 = 6.210\sqrt{\frac{EI}{mh^3}}, \quad \omega_3 = 9.220\sqrt{\frac{EI}{mh^3}}$$

为求刚架的主振型，将式（a）代入振型方程（12-51），经整理得

$$\begin{bmatrix} 6-2\mu & -2 & 0 \\ -2 & 3-2\mu & -1 \\ 0 & -1 & 1-\mu \end{bmatrix} \begin{Bmatrix} Y_1 \\ Y_2 \\ Y_3 \end{Bmatrix} = \begin{Bmatrix} 0 \\ 0 \\ 0 \end{Bmatrix}$$

将 $\mu_1 = 0.3515$ 代入上式，有

$$\begin{bmatrix} 5.297 & -2 & 0 \\ -2 & 2.297 & -1 \\ 0 & -1 & 0.6485 \end{bmatrix} \begin{Bmatrix} Y_1 \\ Y_2 \\ Y_3 \end{Bmatrix} = \begin{Bmatrix} 0 \\ 0 \\ 0 \end{Bmatrix}$$

该式三个方程中只有两个是独立的，如令 $Y_1 = 1$，则可求得标准化的第一振型为

$$\boldsymbol{Y}^{(1)} = \begin{Bmatrix} Y_{11} \\ Y_{21} \\ Y_{31} \end{Bmatrix} = \begin{Bmatrix} 1 \\ 2.649 \\ 4.084 \end{Bmatrix}$$

采用同样方法，可求得第二和第三振型分别为

$$\boldsymbol{Y}^{(2)} = \begin{Bmatrix} Y_{12} \\ Y_{22} \\ Y_{32} \end{Bmatrix} = \begin{Bmatrix} 1 \\ 1.393 \\ -2.297 \end{Bmatrix}, \quad \boldsymbol{Y}^{(3)} = \begin{Bmatrix} Y_{13} \\ Y_{23} \\ Y_{33} \end{Bmatrix} = \begin{Bmatrix} 1 \\ -0.542 \\ 0.213 \end{Bmatrix}$$

三个振型的具体形状如图 12-36b、c、d 所示。

12-5-3 主振型的正交性

从上面的分析得知，任一 n 自由度体系具有 n 个自振频率和 n 个主振型。每一个自振

频率和主振型都满足式（12-51），即

$$(K - \omega_i^2 M)Y^{(i)} = 0$$

现分别令 $i=k$ 和 $i=l$，则有

$$KY^{(k)} = \omega_k^2 MY^{(k)} \qquad\qquad (a)$$

$$KY^{(l)} = \omega_l^2 MY^{(l)} \qquad\qquad (b)$$

对式 a、b 等号两边分别左乘 $(Y^{(l)})^T$ 和 $(Y^{(k)})^T$，则得

$$(Y^{(l)})^T KY^{(k)} = \omega_k^2 (Y^{(l)})^T MY^{(k)} \qquad\qquad (c)$$

$$(Y^{(k)})^T KY^{(l)} = \omega_l^2 (Y^{(k)})^T MY^{(l)} \qquad\qquad (d)$$

考虑到 K 和 M 均为对称阵，即 $K^T=K$，$M^T=M$，故将式（d）两边转置并减去式（c），经整理有

$$(\omega_l^2 - \omega_k^2)(Y^{(l)})^T MY^{(k)} = 0$$

当 $k \neq l$ 时，一般有 $\omega_k \neq \omega_l$，故得

$$(Y^{(l)})^T MY^{(k)} = 0 \qquad\qquad (12\text{-}58a)$$

该式表明，不同频率的两个主振型关于质量矩阵是彼此正交的。该正交关系称为主振型之间的**第一正交关系**。将这一关系代入式（c），则得

$$(Y^{(l)})^T KY^{(k)} = 0 \qquad\qquad (12\text{-}58b)$$

可见不同频率的两个主振型关于刚度矩阵也是正交的，该正交关系称为主振型之间的**第二正交关系**。

主振型的正交性是结构自身固有的特性。该特性表明结构各个主振型之间是彼此线性无关的，据此可以检验所获得的主振型形状的正确性。例如图 12-37 所示的悬臂式结构，其前几阶振型的大致形状如图中虚线所示，其中第一振型的曲线都位于结构的同侧，而第二、三、四振型除支座点外分别与基线有一个、两个和三个交点。这些交点对相应的自振频率来说是不会振动的，故称之为振型**驻点**。显然驻点的数目随着振型阶次的增加而增多。又如图 12-38 所示的两端固定梁式结构，因左右对称，故各阶主振型交替呈现正对称和反对称的形态。

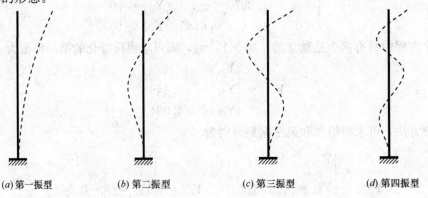

(a)第一振型　　　(b)第二振型　　　(c)第三振型　　　(d)第四振型

图 12-37　悬臂式结构前四阶振型形状

上面针对不同振型获得了相互之间的两个正交关系。如果是同一振型，则引入两个量：

$$M_i^* = (Y^{(i)})^T MY^{(i)} \qquad\qquad (12\text{-}59a)$$

134

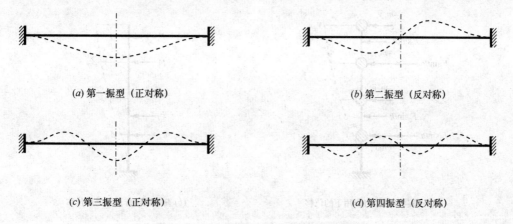

(a) 第一振型（正对称）　　　　　　　　　　(b) 第二振型（反对称）

(c) 第三振型（正对称）　　　　　　　　　　(d) 第四振型（反对称）

图 12-38　对称梁式结构前四阶振型形状

$$K_i^* = (Y^{(i)})^{\mathrm{T}}KY^{(i)} \tag{12-59b}$$

分别称为第 i 阶主振型的**广义质量**和**广义刚度**，或直接称之为第 i 阶**振型质量**和**振型刚度**。令式（c）中的 $k=l=i$，容易获得

$$\omega_i^2 = \frac{K_i^*}{M_i^*} \qquad 或 \qquad \omega_i = \sqrt{\frac{K_i^*}{M_i^*}} \quad (i=1、2、\cdots、n) \tag{12-60}$$

该式表明，第 i 阶自振频率就等于该阶广义刚度与广义质量比值的平方根，显然可将之视为单自由度体系自振频率计算式的一个推广。

利用主振型的正交性以及广义质量和广义刚度的概念，往往可以简化多自由度结构强迫振动的位移计算，后面介绍的振型分解法就是这种简化的一个应用。

12-6　多自由度体系的强迫振动

动力分析的最终目的是解决结构在动力荷载作用下的振动响应问题。本节先讨论多自由度体系在简谐荷载作用下的无阻尼强迫振动，然后简要探讨如何利用振型的正交性分析多自由度体系在一般动力荷载作用下的振动问题。

12-6-1　简谐荷载作用下的强迫振动

多自由度体系强迫振动的微分方程仍可采用刚度法或柔度法建立，下面先讨论柔度法。

采用柔度法建立振动微分方程，就是要列出整个体系在动力荷载和惯性力等外力共同作用下各质点处的位移方程。对于图 12-39a 所示简谐荷载的情况，有

$$\left.\begin{aligned}
y_1 &= -m_1\ddot{y}_1\delta_{11} - m_2\ddot{y}_2\delta_{12} - \cdots - m_n\ddot{y}_n\delta_{1n} + \Delta_{1\mathrm{P}}\sin\theta t\\
y_2 &= -m_1\ddot{y}_1\delta_{21} - m_2\ddot{y}_2\delta_{22} - \cdots - m_n\ddot{y}_n\delta_{2n} + \Delta_{2\mathrm{P}}\sin\theta t\\
&\cdots\cdots\\
y_n &= -m_1\ddot{y}_1\delta_{n1} - m_2\ddot{y}_2\delta_{n2} - \cdots - m_n\ddot{y}_n\delta_{m} + \Delta_{n\mathrm{P}}\sin\theta t
\end{aligned}\right\} \tag{12-61}$$

式中 $\Delta_{i\mathrm{P}}$（$i=1$、2、$\cdots$、n）表示由简谐荷载幅值单独作用引起的质点 m_i 处的静位移（图 12-39b）。

将方程移项并写成矩阵形式，可得

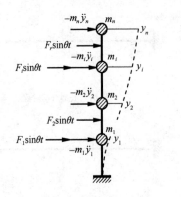

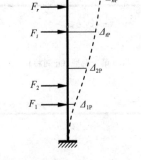

(a) 荷载和惯性力作用下的位移   (b) 荷载幅值作用下的静位移

图 12-39   多自由度体系的强迫振动（柔度法）

$$\boldsymbol{\delta}\,\boldsymbol{M}\ddot{\boldsymbol{y}} + \boldsymbol{y} = \boldsymbol{\Delta}_{\mathrm{P}}\sin\theta t \tag{12-61a}$$

式中 $\boldsymbol{\Delta}_{\mathrm{P}} = \begin{bmatrix} \Delta_{1\mathrm{P}} & \Delta_{2\mathrm{P}} & \cdots & \Delta_{n\mathrm{P}} \end{bmatrix}^{\mathrm{T}}$ 为简谐荷载幅值引起的静位移向量。

与单自由度体系一样，上述微分方程的通解同样包含伴生自由振动和纯受迫振动（即平稳振动）两部分，其中前者因阻尼作用将很快衰减，故这里主要讨论后者。设平稳阶段各质点均按荷载频率 θ 作简谐振动，即

$$\boldsymbol{y}(t) = \boldsymbol{Y}\sin\theta t \tag{a}$$

这里 $\boldsymbol{Y} = \begin{bmatrix} Y_1 & Y_2 & \cdots & Y_n \end{bmatrix}^{\mathrm{T}}$ 为**位移幅值**向量。将上式代入微分方程，并消去公因子 $\sin\theta t$，得

$$\left(\boldsymbol{\delta}\,\boldsymbol{M} - \frac{1}{\theta^2}\boldsymbol{I}\right)\boldsymbol{Y} + \frac{1}{\theta^2}\boldsymbol{\Delta}_{\mathrm{P}} = \boldsymbol{0} \tag{12-62}$$

此为一非齐次的线性代数方程组，解方程可得到各质点强迫振动的位移幅值。将之代入式 (a) 再对时间求两次导，可获得各质点的惯性力表达式：

$$F_{\mathrm{I}i} = -m_i\ddot{y}_i = m_iY_i\theta^2\sin\theta t = I_i\sin\theta t \quad (i = 1、2、\cdots、n) \tag{b}$$

式中

$$I_i = m_i\theta^2Y_i \quad (i = 1、2、\cdots、n) \tag{12-63}$$

为质点 m_i 的**惯性力幅值**。

从上面的分析可以看到：

(1) 在简谐荷载作用下，体系平稳振动时各质点的位移和惯性力均与荷载一起做同步简谐变化，也就是三者同时归零也同时达到相应幅值。这样，如果将荷载幅值和惯性力幅值均作为静荷载同时施加于结构，那么由此得到的静位移和静内力就是结构在简谐荷载作用下的最大动位移和最大动内力。这相当于把一个动力计算问题简化成了一个静力计算问题。

(2) 将方程 (12-62) 中的系数矩阵与方程 (12-56) 求振型时的系数矩阵作对比，可知当 $\theta = \omega_i$ ($i = 1$、2、$\cdots$、n)，即荷载频率与结构任一阶自振频率相等时，其系数行列式等于零，位移幅值将趋于无穷大，这就是**共振**现象。显然 n 自由度体系有 n 个可能共振点，在工程中应逐一加以避免。

以最简单的两自由度体系为例，将位移幅值方程 (12-62) 展开，有

$$\left.\begin{array}{c}(\delta_{11}m_1-\dfrac{1}{\theta^2})Y_1+\delta_{12}m_2Y_2+\dfrac{1}{\theta^2}\Delta_{1P}=0\\[3mm]\delta_{21}m_1Y_1+(\delta_{22}m_2-\dfrac{1}{\theta^2})Y_2+\dfrac{1}{\theta^2}\Delta_{2P}=0\end{array}\right\}\qquad(12\text{-}64)$$

由此解得位移幅值为

$$\left.\begin{array}{c}Y_1=\dfrac{(1-\delta_{22}m_2\theta^2)\Delta_{1P}+\delta_{12}m_2\theta^2\Delta_{2P}}{D_0}\\[4mm]Y_2=\dfrac{\delta_{21}m_1\theta^2\Delta_{1P}+(1-\delta_{11}m_1\theta^2)\Delta_{2P}}{D_0}\end{array}\right\}\qquad(12\text{-}65)$$

式中

$$D_0=(1-\delta_{11}m_1\theta^2)(1-\delta_{22}m_2\theta^2)-\delta_{12}\delta_{21}m_1m_2\theta^4\qquad(12\text{-}65a)$$

而由频率方程（12-46）可得

$$(1-\delta_{11}m_1\omega^2)(1-\delta_{22}m_2\omega^2)-\delta_{12}\delta_{21}m_1m_2\omega^4=0$$

对比上述两式可知，当 $\theta=\omega_1$ 或 ω_2 时，$D_0=0$。若此时式（12-65）等号右边的分子不全为零，则位移幅值将趋于无穷大，即出现共振现象。

【例 12-8】试求图 12-40a 所示体系在简谐弯矩 $M\sin\theta t$ 作用下的质点最大动位移和支座 A 处的最大动弯矩。已知梁截面 $EI=$ 常数，荷载频率为结构基频的 0.7 倍。

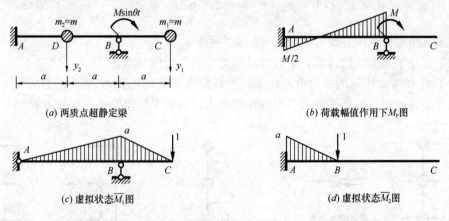

图 12-40　例 12-8 图

【解】该结构的柔度系数及自振频率、主振型已在例 12-6 中求得。为求位移幅值，还需进一步求出荷载幅值作用下质点处的静位移 Δ_{1P}、Δ_{2P}。为此作出结构在荷载幅值 M 作用下的弯矩 M_P 图，以及单位力施加于相应静定结构时虚拟状态的弯矩 $\overline{M}_1$ 图、$\overline{M}_2$ 图，分别如图 12-40b、c、d 所示。由图乘法可得

$$\Delta_{1P}=\frac{Ma^2}{2EI},\qquad\Delta_{2P}=-\frac{Ma^2}{8EI}$$

将其代入位移幅值方程（12-62），有

$$\left.\begin{array}{c}\left(\dfrac{5ma^3}{6EI}-\dfrac{1}{\theta^2}\right)Y_1-\dfrac{ma^3}{8EI}Y_2+\dfrac{Ma^2}{2EI\theta^2}=0\\[4mm]-\dfrac{ma^3}{8EI}Y_1+\left(\dfrac{7ma^3}{96EI}-\dfrac{1}{\theta^2}\right)Y_2-\dfrac{Ma^2}{8EI\theta^2}=0\end{array}\right\}$$

注意到荷载频率

$$\theta^2 = (0.7\omega_1)^2 = 0.5742\frac{EI}{ma^3}$$

代入上式，可解得平稳振动时的质点位移幅值为

$$Y_1 = 0.9869\frac{Ma^2}{EI}, \quad Y_2 = -0.2044\frac{Ma^2}{EI}$$

该位移幅值也可直接由式（12-65）算出。

将求得的位移幅值代入式（12-63），可进一步求得惯性力幅值：

$$I_1 = m_1\theta^2 Y_1 = 0.5667\frac{M}{a}, \quad I_2 = m_2\theta^2 Y_2 = -0.1174\frac{M}{a}$$

将惯性力幅值和荷载幅值同时作用于原结构，由以下的叠加算法可求得各截面的弯矩幅值：

$$M_{\max} = M_1 I_1 + M_2 I_2 + M_P \tag{12-66}$$

这里的 M_1 图、M_2 图是原结构在单位力作用下的弯矩图，参见例 12-6 中的图 12-34c、e。

对支座 A 运用上述叠加式，可求得该处的最大动弯矩为

$$M_{A,\max} = 0.5667\frac{M}{a} \times \frac{a}{2} - 0.1174\frac{M}{a} \times \left(-\frac{3a}{8}\right) + \frac{M}{2} = 0.8274M（下侧受拉）$$

于是可求得两质点处的位移动力系数以及 A 端的弯矩动力系数分别为

$$\beta_{1y} = \frac{Y_1}{\Delta_{1P}} = 1.9738, \quad \beta_{2y} = \frac{Y_2}{\Delta_{2P}} = 1.6352, \quad \beta_{AM} = \frac{M_{A,\max}}{M_{AP}} = 1.6548$$

可见在多自由度体系中并没有一个统一的动力系数。

以上讨论了柔度法的计算，下面再对刚度法的分析作一阐述。

对于图 12-41a 所示的多自由度体系，设各简谐荷载均沿质点的自由度方向作用，则参照自由振动时建立各质点动力平衡方程的方法，可获得强迫振动的微分方程如下

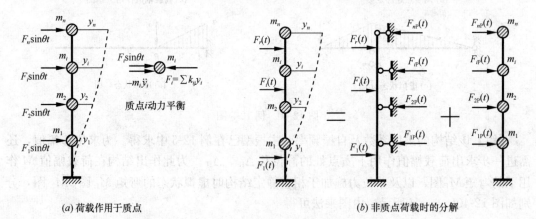

(a) 荷载作用于质点   (b) 非质点荷载时的分解

图 12-41 多自由度体系的强迫振动（刚度法）

$$\left.\begin{array}{l}
m_1\ddot{y}_1 + k_{11}y_1 + k_{12}y_2 + \cdots + k_{1n}y_n = F_1\sin\theta t \\
m_2\ddot{y}_2 + k_{21}y_1 + k_{22}y_2 + \cdots + k_{2n}y_n = F_2\sin\theta t \\
\cdots\cdots\cdots\cdots \\
m_n\ddot{y}_n + k_{n1}y_1 + k_{n2}y_2 + \cdots + k_{nn}y_n = F_n\sin\theta t
\end{array}\right\} \tag{12-67}$$

将其写成矩阵形式，有

$$M\ddot{y} + Ky = F\sin\theta t \qquad (12\text{-}67a)$$

式中 $F = \begin{bmatrix} F_1 & F_2 & \cdots & F_n \end{bmatrix}^{\mathrm{T}}$ 为荷载幅值向量。

设平稳振动时各质点均按荷载频率 θ 作简谐振动，即 $y(t) = Y\sin\theta t$，代入上面的微分方程，经整理得

$$(K - \theta^2 M)Y = F \qquad (12\text{-}68)$$

这就是简谐荷载作用下用刚度系数表达的**位移幅值方程**，从中可解出各质点的位移幅值。将其代入前面的式（b）和式（12-63），还可得到各质点的惯性力及其幅值。对比该方程与振型方程（12-51）的系数矩阵可发现，当荷载频率等于任一阶自振频率，即 $\theta = \omega_i$（$i = 1、2、\cdots、n$）时，其系数行列式为零，此时位移幅值 Y 将趋于无穷大，也就是出现**共振**现象。

由于体系平稳振动时各质点的位移、惯性力均与简谐荷载按同一时间规律变化，因此采用刚度法分析时，同样可将惯性力和干扰力的幅值作为静荷载施加于结构，以求得最大动位移和动内力。

采用刚度法分析时，如遇简谐荷载不是沿质点自由度方向作用的情况，则可采用先沿各自由度方向附加约束再予以放松的两步叠加算法（图 12-41b），其中前者属于附加约束后的基本结构受动力荷载作用的情况，可由此求出附加约束上的约束动反力；后者则属于上面所讨论的情况。前者的最大动内力等于把荷载幅值作用于基本结构时的静内力，而后者的最大动内力等于将放松后的等效荷载幅值和惯性力幅值作用于原结构时的静内力，两者叠加即得最终的最大动内力。

【例 12-9】 图 12-42a 所示两层刚架，其层间刚度 $k_1 = k_2 = k$，质量 $m_1 = m_2 = m$。试分析横梁位移幅值的变化规律，并计算当荷载频率为结构基频的 0.7 倍时的柱底最大动弯矩。设同一楼层的两柱刚度相等，层高为 h。

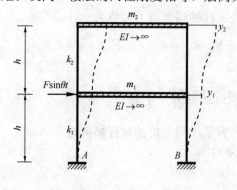

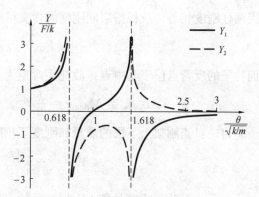

(a) 两层刚架承受简谐荷载　　　　　　(b) 无量纲振幅-荷载频率曲线

图 12-42　例 12-9 图

【解】 该刚架为两自由度体系，其在简谐荷载作用下的位移幅值方程展开式为

$$\begin{cases} (k_{11} - \theta^2 m_1)Y_1 + k_{12}Y_2 = F_1 \\ k_{21}Y_1 + (k_{22} - \theta^2 m_2)Y_2 = F_2 \end{cases}$$

该刚架的刚度系数、质量及荷载幅值分别为

$$k_{11} = 2k, \quad k_{12} = k_{21} = -k, \quad k_{22} = k$$
$$m_1 = m_2 = m, \quad F_1 = F, \quad F_2 = 0$$

将这些参数代入上面的方程组，可得

$$\begin{cases} (2k - m\theta^2)Y_1 - kY_2 = F \\ -kY_1 + (k - m\theta^2)Y_2 = 0 \end{cases}$$

解方程得

$$Y_1 = \frac{(k - m\theta^2)F}{m^2\theta^4 - 3km\theta^2 + k^2}, \qquad Y_2 = \frac{kF}{m^2\theta^4 - 3km\theta^2 + k^2}$$

例 12-5 中已求得此刚架的两个自振频率：

$$\omega_1^2 = \frac{3 - \sqrt{5}}{2}\frac{k}{m}, \qquad \omega_2^2 = \frac{3 + \sqrt{5}}{2}\frac{k}{m}$$

于是可将上面的位移幅值改写为

$$Y_1 = \frac{(k - m\theta^2)F}{m^2(\theta^2 - \omega_1^2)(\theta^2 - \omega_2^2)} = \frac{F}{k}\frac{1 - \dfrac{m}{k}\theta^2}{\left(1 - \dfrac{\theta^2}{\omega_1^2}\right)\left(1 - \dfrac{\theta^2}{\omega_2^2}\right)}$$

$$Y_2 = \frac{kF}{m^2(\theta^2 - \omega_1^2)(\theta^2 - \omega_2^2)} = \frac{F}{k}\frac{1}{\left(1 - \dfrac{\theta^2}{\omega_1^2}\right)\left(1 - \dfrac{\theta^2}{\omega_2^2}\right)}$$

由此可见，一旦荷载频率 θ 与其中一个自振频率 ω_1 或 ω_2 相等，位移幅值就会趋于无穷大，出现共振现象，参见图 12-42b 的无量纲位移幅值（振幅）与荷载频率关系曲线。

当 $\theta = 0.7\omega_1$ 时，由上式可求得此时的位移幅值

$$Y_1 = 1.7165\frac{F}{k}, \quad Y_2 = 3.1118\frac{F}{k}$$

因两柱刚度相等，故根据层间刚度的含义可求得底层柱的端部剪力幅值为

$$F_{QA} = F_{QB} = \frac{k}{2}Y_1$$

而柱子的反弯点位于其中点，故柱底弯矩为

$$M_{A,max} = M_{B,max} = \frac{k}{2}Y_1 \times \frac{h}{2} = \frac{1.7165Fh}{4} = 0.429Fh$$

讨论：当刚架上下层的质量和刚度不相同时，容易求得下层的位移幅值为

$$Y_1 = \frac{(k_2 - m_2\theta^2)F}{m_1 m_2(\theta^2 - \omega_1^2)(\theta^2 - \omega_2^2)}$$

如果令 $\dfrac{k_2}{m_2} = \theta^2$，也就是使上一层本身的自振频率与荷载频率相等，则得 $Y_1 = 0$，也即下一层的振动消除了，只有上一层在振动（图 12-43 a），这就是**吸振器**的基本原理。

利用这一原理，如果某结构的振动较大，则在上面安装一**调谐质量阻尼器**，将该阻尼器的频率调成与振源频率一致或相近，就能起到消振或减振的作用（图 12-43b）。

【例 12-10】 图 12-44a 所示刚架，其底层一侧柱受到均布简谐荷载的作用，荷载频率 $\theta = 0.7\omega_1$，试作出刚架的最大动力弯矩图。

【解】 因动力荷载不是作用于结点上，故通过附加和放松约束可将问题分解为图 12-

140

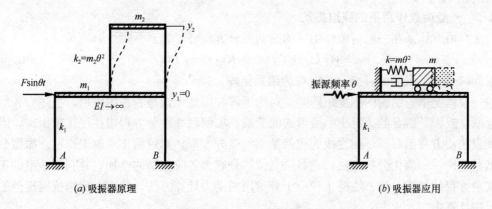

(a) 吸振器原理　　　　　　　　　　(b) 吸振器应用

图 12-43　动力吸振器原理及应用

44c 和 d 两种情况的叠加，其中前者的最大动弯矩就等于荷载幅值 q 作用下的静弯矩；后者则与上一例的情况相同。由上例结果可获得此时刚性横梁的位移幅值为

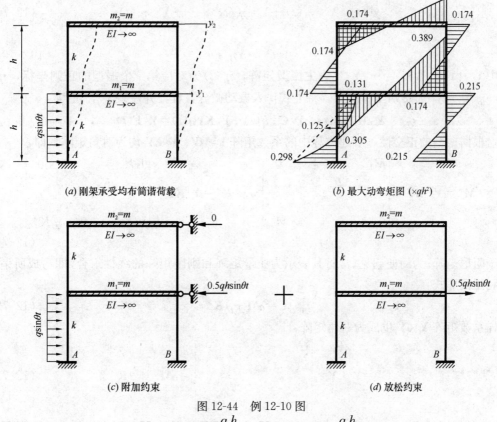

(a) 刚架承受均布简谐荷载　　　　　　　(b) 最大动弯矩图 (×qh²)

(c) 附加约束　　　　　　　　　　(d) 放松约束

图 12-44　例 12-10 图

$$Y_1 = 0.8583 \frac{qh}{k}, \quad Y_2 = 1.5559 \frac{qh}{k}$$

将两部分的最大动弯矩叠加，可求得各控制截面最终的最大动弯矩。例如对柱底 A，有

$$M_{\mathrm{A,max}} = \frac{qh^2}{12} + \frac{k}{2}Y_1 \times \frac{h}{2} = 0.298qh^2$$

刚架的最大动弯矩图如图 12-44b 所示。

12-6-2　一般荷载作用下的强迫振动

多自由度体系在一般荷载作用下的振动微分方程可写为：

$$\boldsymbol{M}\ddot{\boldsymbol{y}}(t)+\boldsymbol{C}\dot{\boldsymbol{y}}(t)+\boldsymbol{K}\boldsymbol{y}(t)=\boldsymbol{F}(t) \tag{12-69}$$

这里同时考虑了阻尼的影响，其中 $\boldsymbol{C}$ 为阻尼矩阵。

一般情况下，结构的刚度矩阵并非对角矩阵，因此无论是否考虑阻尼，上述方程组是相互联立或说是耦合的。对于一般形式的荷载，求解联立微分方程组往往比较困难，因此若能设法使方程组解耦，使之成为相互独立的微分方程，则可简化求解工作量。**振型分解法**就是这样一种简化分析方法，它将质点位移分解为各阶振型的叠加，并利用振型的正交性实现方程的解耦。该方法是工程中十分常用的动力计算方法，已列入我国抗震规范的动力反应计算中。

在多自由度体系的动力计算中，原本是以各质点的位移作为基本未知量的，现通过坐标变换将其转化为另一种更易求解的正则坐标进行分析。为此将每一质点的位移都分解为各阶振型的叠加，即

$$\boldsymbol{y}(t)=\boldsymbol{Y}^{(1)}\eta_1(t)+\boldsymbol{Y}^{(2)}\eta_2(t)+\cdots+\boldsymbol{Y}^{(n)}\eta_n(t) \tag{12-70}$$

或

$$\boldsymbol{y}(t)=\boldsymbol{Y}\boldsymbol{\eta}(t) \tag{12-70a}$$

式中 $\boldsymbol{Y}=[\boldsymbol{Y}^{(1)}\ \ \boldsymbol{Y}^{(2)}\ \ \cdots\ \ \boldsymbol{Y}^{(n)}]$ 为**主振型矩阵**，$\eta_i(t)$ 为对应第 i 个振型的**正则坐标**，$\boldsymbol{\eta}=[\eta_1\ \eta_2\cdots\eta_n]^{\mathrm{T}}$ 为**正则坐标向量**。将上式代入振动微分方程，并左乘 $\boldsymbol{Y}^{\mathrm{T}}$，可得

$$\boldsymbol{Y}^{\mathrm{T}}\boldsymbol{M}\boldsymbol{Y}\ddot{\boldsymbol{\eta}}(t)+\boldsymbol{Y}^{\mathrm{T}}\boldsymbol{C}\boldsymbol{Y}\dot{\boldsymbol{\eta}}(t)+\boldsymbol{Y}^{\mathrm{T}}\boldsymbol{K}\boldsymbol{Y}\boldsymbol{\eta}(t)=\boldsymbol{Y}^{\mathrm{T}}\boldsymbol{F}(t)$$

根据振型的正交性，上述方程中的系数矩阵 $\boldsymbol{Y}^{\mathrm{T}}\boldsymbol{M}\boldsymbol{Y}$、$\boldsymbol{Y}^{\mathrm{T}}\boldsymbol{K}\boldsymbol{Y}$ 均为对角矩阵，即

$$\boldsymbol{M}^{*}=\boldsymbol{Y}^{\mathrm{T}}\boldsymbol{M}\boldsymbol{Y}=\begin{bmatrix} M_1^{*} & & & 0 \\ & M_2^{*} & & \\ & & \ddots & \\ 0 & & & M_n^{*} \end{bmatrix},\quad \boldsymbol{K}^{*}=\boldsymbol{Y}^{\mathrm{T}}\boldsymbol{K}\boldsymbol{Y}=\begin{bmatrix} K_1^{*} & & & 0 \\ & K_2^{*} & & \\ & & \ddots & \\ 0 & & & K_n^{*} \end{bmatrix}$$

$$\tag{12-71}$$

至于阻尼矩阵，为简便起见，常将其表示为质量矩阵和刚度矩阵的线性组合，即写成所谓的**瑞利阻尼形式**：

$$\boldsymbol{C}=\alpha\boldsymbol{M}+\beta\boldsymbol{K} \tag{12-72}$$

这样系数矩阵 $\boldsymbol{Y}^{\mathrm{T}}\boldsymbol{C}\boldsymbol{Y}$ 也成为对角矩阵：

$$\boldsymbol{C}^{*}=\boldsymbol{Y}^{\mathrm{T}}\boldsymbol{C}\boldsymbol{Y}=\begin{bmatrix} C_1^{*} & & & 0 \\ & C_2^{*} & & \\ & & \ddots & \\ 0 & & & C_n^{*} \end{bmatrix}=\alpha\boldsymbol{M}^{*}+\beta\boldsymbol{K}^{*} \tag{12-73}$$

上述三个对角矩阵 $\boldsymbol{M}^{*}$、$\boldsymbol{K}^{*}$、$\boldsymbol{C}^{*}$ 分别称为**广义质量矩阵、广义刚度矩阵**和**广义阻尼矩阵**，对角元素 M_i^{*}、K_i^{*}、C_i^{*} 分别为对应第 i 个振型的**广义质量、广义刚度**和**广义阻尼**。

再定义广义荷载向量为

$$\boldsymbol{F}^{*}(t)=\boldsymbol{Y}^{\mathrm{T}}\boldsymbol{F}(t) \tag{12-74}$$

于是方程组(a) 就成为 n 个解耦的独立方程：

$$M_i^{*}\ddot{\eta}_i(t)+C_i^{*}\dot{\eta}_i(t)+K_i^{*}\eta_i(t)=F_i^{*}(t)\ (i=1,2,\cdots,n) \tag{12-75}$$

另外，在广义质量、广义刚度和广义阻尼的基础上，引入第 i 阶**振型阻尼比**：

$$\xi_i = \frac{C_i^*}{2M_i^* \omega_i} \quad (i = 1、2、\cdots、n) \tag{12-76a}$$

由该式及式（12-60）可知，多自由度体系任一阶的自振频率和阻尼比均可表示为与单自由度体系相类似的计算表达式。利用式（12-73），上式还可写为

$$\xi_i = \frac{\alpha M_i^* + \beta K_i^*}{2M_i^* \omega_i} = \frac{1}{2}\left(\alpha \frac{1}{\omega_i} + \beta \omega_i\right) \tag{12-76b}$$

这样，如果测得了任意两个（如第一、第二个）振型的阻尼比，那么就可用上式确定出两个待定系数 α、β；而一旦有了 α、β，则可由该式求出其他振型的阻尼比。

上述已经解耦的独立方程若进一步用相应振型的频率和阻尼比表达，则有

$$\ddot{\eta}_i(t) + 2\xi_i\omega_i\dot{\eta}_i(t) + \omega_i^2\eta_i(t) = \frac{1}{M_i^*}F_i^*(t) \quad (i = 1、2、\cdots、n) \tag{12-77}$$

该方程可利用单自由度体系的解法如杜哈梅积分进行求解，其中关于 $\eta_i(t)$ 的初始条件可从下列坐标反变换式中获得

$$\eta_i(t) = \frac{(\boldsymbol{Y}^{(i)})^{\mathrm{T}}\boldsymbol{M}\boldsymbol{y}(t)}{M_i^*} \quad (i = 1、2、\cdots、n)$$

解得正则坐标 $\eta_i(t)$ 后，将其回代到式（12-70），就得到了最终的质点运动方程。

【例 12-11】 图 12-45a 所示两质点简支梁，已知其质量 $m_1 = m_2 = m$，梁截面 EI＝常数；质点 m_1 上作用有简谐荷载，荷载频率 $\theta = \sqrt{\dfrac{20EI}{ml^3}}$。试求平稳振动时两质点的位移响应，设体系具有瑞利阻尼，且两振型的阻尼比 $\xi_1 = \xi_2 = 0.05$。

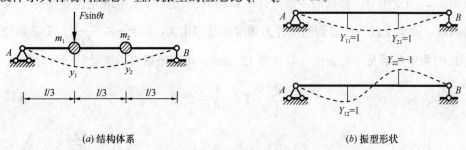

(a) 结构体系　　　　　　　　　　　　　　　　(b) 振型形状

图 12-45　例 12-11 图

【解】 该体系的柔度系数容易用图乘法求得。其柔度矩阵和质量矩阵分别为

$$\boldsymbol{\delta} = \frac{ml^3}{486EI}\begin{bmatrix} 8 & 7 \\ 7 & 8 \end{bmatrix}, \quad \boldsymbol{M} = m\begin{bmatrix} 1 & 0 \\ 0 & 1 \end{bmatrix}$$

据此可求得体系的自振频率和主振型如下（参见图 12-45b）：

$$\omega_1 = \sqrt{\frac{32.4EI}{ml^3}}, \quad \omega_2 = \sqrt{\frac{486EI}{ml^3}}; \quad \boldsymbol{Y}^{(1)} = \begin{pmatrix} 1 \\ 1 \end{pmatrix}, \quad \boldsymbol{Y}^{(2)} = \begin{pmatrix} 1 \\ -1 \end{pmatrix}$$

而体系的广义质量和广义荷载幅值由式（12-71）、（12-74）可求得为：

$$M_1^* = M_2^* = 2m; \quad F_1^* = F_2^* = F$$

将上述结果代入关于正则坐标的微分方程（12-77），有

$$\ddot{\eta}_1(t) + 0.1\omega_1\dot{\eta}_1(t) + \omega_1^2\eta_1(t) = \frac{F}{2m}\sin\theta t$$

$$\ddot{\eta}_2(t) + 0.1\omega_2\dot{\eta}_2(t) + \omega_2^2\eta_2(t) = \frac{F}{2m}\sin\theta t$$

利用单自由度体系的位移解答式（12-28），可求得体系平稳振动时的正则坐标解答如下：

$$\eta_1(t) = \frac{F}{25.317m}\sin(\theta t - 0.2025)$$

$$\eta_2(t) = \frac{F}{932.209m}\sin(\theta t - 0.0212)$$

上述结果显示，两振型的正则坐标幅值之比 $\eta_1 : \eta_2 = 36.82 : 1$，也就是说第一振型完全占主导地位；另一方面，两振型分量的相位角也不相同，因此求最大位移时并不能简单把两个分量的最大值相加。将上式回代到坐标变换式（12-70），可得两质点的位移响应为

$$\begin{cases} y_1(t) = Y_{11}\eta_1(t) + Y_{12}\eta_2(t) = \dfrac{F}{25.317m}\sin(\theta t - 0.2025) + \dfrac{F}{932.209m}\sin(\theta t - 0.0212) \\ y_2(t) = Y_{21}\eta_1(t) + Y_{22}\eta_2(t) = \dfrac{F}{25.317m}\sin(\theta t - 0.2025) - \dfrac{F}{932.209m}\sin(\theta t - 0.0212) \end{cases}$$

12-7　无限自由度体系的自由振动

实际工程结构均为无限自由度体系。以最简单的具有均匀分布质量 $\overline{m}$ 的单跨梁为例（图 12-46a），当发生自由振动时，梁上任一截面处的动位移 y 应既是位置坐标 x 又是时间 t 的函数，而梁上任一处受到的惯性力集度容易写出为：$q_1 = -\overline{m}\dfrac{\partial^2 y}{\partial t^2}$。于是利用梁中任一微段的曲率关系及平衡条件（参见图 12-46b），可列出梁自由振动的微分方程如下：

$$EI\frac{\partial^4 y}{\partial x^4} + \overline{m}\frac{\partial^2 y}{\partial t^2} = 0 \tag{12-78}$$

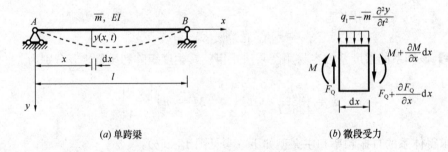

(a) 单跨梁　　　　　　　　　　　　(b) 微段受力

图 12-46　无限自由度梁的自由振动

上式是一个四阶线性偏微分方程，可利用**分离变量法**求解，为此令

$$y(x, t) = Y(x)T(t) \tag{12-79}$$

这里 $Y(x)$ 仅是坐标 x 的函数，代表梁的位移幅值形状；而 $T(t)$ 只是时间 t 的函数，表示位移幅值随时间变化的规律。将上式代入微分方程(12-78)，经整理得

$$-\frac{\dfrac{d^2T(t)}{dt^2}}{T(t)} = \frac{EI}{\overline{m}}\frac{\dfrac{d^4Y(x)}{dx^4}}{Y(x)}$$

该式等号两边是关于两个独立变量 t 和 x 的函数，要使等号成立，只能都等于同一个常数。设该常数为 ω^2，则可将该式写成两个独立的常微分方程：

$$\frac{d^2T}{dt^2} + \omega^2 T = 0 \tag{12-80}$$

$$\frac{d^4Y}{dx^4} - \frac{\omega^2\overline{m}}{EI}Y = 0 \tag{12-81}$$

式 (12-80) 的解与前述单自由度体系自由振动的解相同，可直接写出为

$$T(t) = a\sin(\omega t + \alpha) \tag{12-82}$$

可见无限自由度梁的自由振动为一简谐振动，ω 为其自振频率。

为确定自振频率 ω 及相应的位移幅值形状，也即主振型曲线 $Y(x)$，令

$$\lambda^4 = \frac{\omega^2\overline{m}}{EI} \quad \text{或} \quad \omega = \lambda^2\sqrt{\frac{EI}{\overline{m}}} \tag{12-83}$$

这里 λ 称为**频率特征值**。于是方程 (12-81) 的通解可写为

$$Y(x) = A\cosh\lambda x + B\sinh\lambda x + C\cos\lambda x + D\sin\lambda x \tag{12-84}$$

式中 A、B、C、D 为待定常数。利用梁的边界条件可建立关于这四个常数的齐次方程，令其系数行列式为零便得到关于 λ 的特征方程。求得 λ 后，由式(12-83)可获得自振频率 ω。对于每一个频率 ω，回代至上述齐次方程中，可求出 A、B、C、D 的一组比值，于是就得到了相应的主振型曲线 $Y(x)$。

例如对于图 12-47a 中的简支梁，根据左端位移和弯矩（即曲率）为零的条件，也即 $Y(0)=0$，$Y''(0)=0$ 可得

$$A = 0,\ C = 0$$

再由梁右端的同样条件，即 $Y(l)=0$，$Y''(l)=0$，并注意到上式，可建立关于 B、D 的齐次方程：

$$\begin{cases} B\sinh\lambda l + D\sin\lambda l = 0 \\ B\sinh\lambda l - D\sin\lambda l = 0 \end{cases} \tag{a}$$

令其系数行列式为零，便得到关于 λ 的特征方程：

$$\begin{vmatrix} \sinh\lambda l & \sin\lambda l \\ \sinh\lambda l & -\sin\lambda l \end{vmatrix} = 0$$

或

$$\sinh\lambda l \sin\lambda l = 0$$

因 $\sinh\lambda l=0$ 的解仍为零解（此时 $\lambda=0$），故只能有 $\sin\lambda l=0$，从而解得

$$\lambda_i = \frac{i\pi}{l} \quad (i = 1, 2, 3, \cdots)$$

将其代入式 (12-83)，可进一步求出相应的频率值：

$$\omega_i = \frac{i^2\pi^2}{l^2}\sqrt{\frac{EI}{\overline{m}}} \quad (i = 1, 2, 3, \cdots) \tag{b}$$

再将每一个 λ_i 或 ω_i 代入式 (a) 中的任一式，可得到 $B=0$，于是相应的振型曲线可写为

$$Y_i(x) = D\sin\frac{i\pi x}{l} \quad (i = 1, 2, 3, \cdots) \tag{c}$$

由式（b）和式（c）可见，无限自由度体系具有无限多个自振频率，相应的有无限多个主振型。对于等截面简支梁的情况，其前四阶频率及主振型曲线如图 12-47 所示。

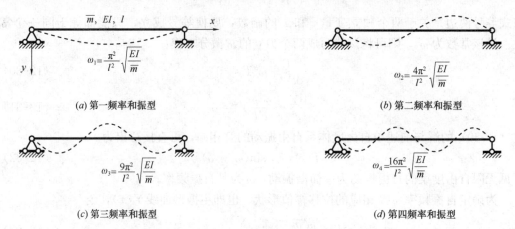

(a) 第一频率和振型　　　　　　　　　　　　　(b) 第二频率和振型

(c) 第三频率和振型　　　　　　　　　　　　　(d) 第四频率和振型

图 12-47　简支梁前四阶频率和振型形状

无限自由度体系的每一个主振动都可认为是微分方程（12-78）的一个特解，而其全解可表示为各特解的线性组合，即

$$y(x,t) = \sum_{i=1}^{\infty} a_i Y_i(x) \sin(\omega_i t + \alpha_i) \tag{12-85}$$

式中 a_i、α_i 可由初始条件确定。

12-8　近似法求结构的自振频率

无限自由度体系的频率计算涉及偏微分方程及超越特征方程的求解，通常是一项复杂而困难的工作。考虑到多数工程结构的动力响应是由若干个低阶自振频率及主振型控制的，因此采用更便捷的近似法求得较低的一个或数个频率，往往是工程应用所需要的。以下介绍两种常用的计算频率的近似法：**能量法**和**集中质量法**。

12-8-1　能量法

能量法计算频率的依据是能量守恒原理。弹性结构发生无阻尼自由振动时具有两种形式的内在能量：一是结构因变形而引起的应变能 U；二是结构中的质量因发生运动而具有的动能 T。这两种能量的总和在任一时刻是保持不变的，即

$$U(t) + T(t) = 常数$$

在结构往复振动过程中，当位移达到最大时其速度为零，也即当应变能达到最大值 U_{max} 时，其动能为零；而当位移为零，即结构回到静力平衡位置时，其应变能为零，动能达到最大值 T_{max}。据此，有

$$U_{max} = T_{max} = 常数 \tag{a}$$

以图 12-48a 中的单跨梁为例，设自由振动时梁的运动方程为

$$y(x, t) = Y(x) \sin(\omega t + \alpha) \tag{b}$$

式中 $Y(x)$ 为**位移幅值函数**，是坐标的单一函数，应符合梁的变形协调条件；ω 为自振频率。

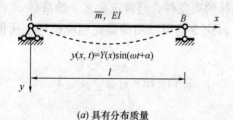

(a) 具有分布质量

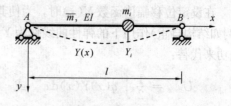

(b) 具有分布和集中质量

图 12-48　单跨梁的自由振动

梁因弯曲变形引起的任一截面的曲率为

$$\kappa = \frac{\partial^2 y}{\partial x^2} = Y''(x)\sin(\omega t + \alpha)$$

注意到任一截面的弯矩 $M = EI\kappa$，于是梁在任一时刻的弯曲应变能可写为

$$U = \frac{1}{2}\int_0^l M\kappa\,\mathrm{d}x = \frac{1}{2}\int_0^l EI\kappa^2\,\mathrm{d}x = \frac{1}{2}\sin^2(\omega t + \alpha)\int_0^l EI\,[Y''(x)]^2\,\mathrm{d}x$$

当 $\sin(\omega t + \alpha) = 1$ 时，U 取最大值

$$U_{\max} = \frac{1}{2}\int_0^l EI\,[Y''(x)]^2\,\mathrm{d}x$$

再将式（b）对时间求偏导，可得梁的速度方程为

$$v(x,\ t) = \omega Y(x)\cos(\omega t + \alpha)$$

由此得到梁的动能及其最大值分别如下：

$$T = \frac{1}{2}\int_0^l \overline{m}\,[v(x,t)]^2\,\mathrm{d}x = \frac{1}{2}\omega^2\cos^2(\omega t + \alpha)\int_0^l \overline{m}\,[Y(x)]^2\,\mathrm{d}x$$

$$T_{\max} = \frac{1}{2}\omega^2\int_0^l \overline{m}\,[Y(x)]^2\,\mathrm{d}x$$

将 $U_{\max}$、$T_{\max}$ 表达式代入式（a），可解得

$$\omega^2 = \frac{\displaystyle\int_0^l EI\,[Y''(x)]^2\,\mathrm{d}x}{\displaystyle\int_0^l \overline{m}\,[Y(x)]^2\,\mathrm{d}x} \tag{12-86}$$

如果除了分布质量，梁上还有集中质量 m_i（$i = 1$、2、$\cdots$、n）（图 12-48b），则上式改为

$$\omega^2 = \frac{\displaystyle\int_0^l EI\,[Y''(x)]^2\,\mathrm{d}x}{\displaystyle\int_0^l \overline{m}\,[Y(x)]^2\,\mathrm{d}x + \sum_{i=1}^n m_i Y_i^2} \tag{12-87}$$

　　上述两式就是能量法近似求自振频率的计算式，这一计算频率的方法又称为**瑞利法**。计算时，关键一步是设定位移幅值函数 $Y(x)$。如果所设的函数曲线与第一振型的形状曲线恰好一致或者相似，那么就可求得第一频率的精确解或精度较高的近似解；若所设曲线正好与第二或其他振型的形状一致或相似，则可求得第二或其他频率的精确解或精度较高的近似解。由于高阶频率的振型一般很难预估，计算时会导致误差偏大，故这种方法更适宜于计算第一频率。

147

在设定位移幅值函数 $Y(x)$ 时，为使其满足位移约束条件，通常选取某一静荷载 $q(x)$（例如结构自重）作用下的弹性曲线作为 $Y(x)$，此时应变能可以用荷载在相应位移上所做的功来代替：

$$U_{max} = \frac{1}{2} \int_0^l q(x)Y(x)\mathrm{d}x \quad 或 \quad U_{max} = \frac{1}{2} \int_0^l \overline{m}gY(x)\mathrm{d}x + \frac{1}{2} \sum_{i=1}^n m_i g Y_i$$

此时频率计算式（12-87）可改写为

$$\omega^2 = \frac{\int_0^l q(x)Y(x)\mathrm{d}x}{\int_0^l \overline{m}\,[Y(x)]^2\mathrm{d}x + \sum_{i=1}^n m_i Y_i^2} \tag{12-88a}$$

或

$$\omega^2 = \frac{\int_0^l \overline{m}gY(x)\mathrm{d}x + \sum_{i=1}^n m_i g Y_i}{\int_0^l \overline{m}\,[Y(x)]^2\mathrm{d}x + \sum_{i=1}^n m_i Y_i^2} \tag{12-88b}$$

应用式（12-88b）计算水平振动的频率时，应将自重作为外荷载沿水平方向施加于结构。

【例 12-12】试求图 12-48a 所示简支梁的第一自振频率。

【解】简支梁的位移边界条件为

$$Y(0) = 0, \ Y(l) = 0$$

所假设的位移形状函数 $Y(x)$ 应至少满足这两个条件。如果能进一步满足由力的条件 $M_A = M_B = 0$ 转化而来的 $Y''(0) = 0$，$Y''(l) = 0$ 的补充条件，则通常计算精度会更高。

（1）假设位移形状函数为一抛物线：

$$Y(x) = \frac{4a}{l^2}x(l-x)$$

代入式（12-86），得

$$\omega^2 = \frac{\int_0^l EI\,[Y''(x)]^2 dx}{\int_0^l \overline{m}\,[Y(x)]^2 dx} = \frac{\dfrac{64EIa^2}{l^3}}{\dfrac{8}{15}\overline{m}a^2 l} = \frac{120EI}{\overline{m}l^4}$$

故第一频率的近似解为

$$\omega = \frac{10.954}{l^2}\sqrt{\frac{EI}{\overline{m}}}$$

（2）假设位移形状函数为均布荷载 q 作用下的挠曲线：

$$Y(x) = \frac{q}{24EI}(l^3 x - 2l x^3 + x^4)$$

此时梁边界上的位移及力的条件均能满足。代入式（12-88a），可求得

$$\omega^2 = \frac{3024}{31}\frac{EI}{\overline{m}l^4}, \quad \omega = \frac{9.877}{l^2}\sqrt{\frac{EI}{\overline{m}}}$$

（3）假设位移曲线为一正弦函数，即

$$Y(x) = a\sin\frac{\pi x}{l}$$

代入式（12-86），求得

$$\omega^2 = \frac{\pi^4 EI}{ml^4}, \quad \omega = \frac{\pi^2}{l^2}\sqrt{\frac{EI}{m}} = \frac{9.870}{l^2}\sqrt{\frac{EI}{m}}$$

该频率与上一节式（b）所得的第一频率精确解（$i=1$ 时）正好一致。这说明如果所设的位移形状曲线恰好与梁第一振型的精确曲线一致，那么也可求得相应频率的精确解。而从前面两个计算结果看，依据均布荷载作用下的挠曲线求得的频率值已具有很高的精度。

【例 12-13】 利用能量法求图 12-49a 所示刚架的第一自振频率。

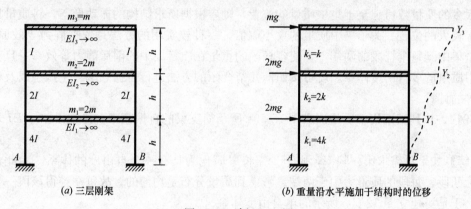

(a) 三层刚架　　　　　　　　(b) 重量沿水平施加于结构时的位移

图 12-49　例 12-13 图

【解】 例 12-7 已求得了此刚架各层的层间侧移刚度。设 $k = \dfrac{24EI}{h^3}$，则

$$k_1 = 4k, \quad k_2 = 2k, \quad k_3 = k$$

将各层重量沿自由度方向施加于结构（图 12-49b），由此产生的静位移形状作为第一振型。此时各层的水平位移为

$$Y_1 = \frac{mg + 2mg + 2mg}{k_1} = 1.25\frac{mg}{k}$$

$$Y_2 = Y_1 + \frac{mg + 2mg}{k_2} = 2.75\frac{mg}{k}$$

$$Y_3 = Y_2 + \frac{mg}{k_3} = 3.75\frac{mg}{k}$$

代入式（12-88b），有

$$\omega^2 = \frac{\sum\limits_{i=1}^{n} m_i g Y_i}{\sum\limits_{i=1}^{n} m_i Y_i^{\,2}} = \frac{(2\times1.25 + 2\times2.75 + 1\times3.75)mg \cdot \dfrac{mg}{k}}{(2\times1.25^2 + 2\times2.75^2 + 1\times3.75^2)m \cdot \dfrac{m^2 g^2}{k^2}}$$

$$= 0.3636\frac{k}{m} = 8.7273\frac{EI}{mh^3}$$

于是

$$\omega = 2.954\sqrt{\frac{EI}{mh^3}}$$

与精确解 $2.904\sqrt{\dfrac{EI}{mh^3}}$ 相比其误差仅为 1.72%。

12-8-2 集中质量法

第 12-1-2 节提到，所谓**集中质量法**是把连续分布的质量按一定规则集中到结构的指定位置，从而将无限自由度体系简化为多质点的有限自由度体系的一种方法。本小节主要讨论如何对杆件的分布质量进行集中的问题，包括集中质量的数目、位置和大小取值等。

显然，集中质量的数目越多，求得的频率和振型的结果就越精确，但计算工作量也越大。实际应用中，宜根据具体需要确定其数目。例如只要计算几个低阶的频率，一般并不需要太多的质量数目。至于集中质量的位置，则应根据所求结构的振动形态，将质量集中于振幅较大的位置。关于集中质量的大小取值，一种较实用的方法是依据静力等效原则，将质量集中到每个杆段的两端，并使各杆段的重量在质量集中的前后静力等效。一旦获得了集中质量的多自由度体系，就可按照前几节介绍的方法进行自振频率、主振型以及动力响应等的计算。

【例 12-14】 试用集中质量法求图 12-50a 所示简支梁的自振频率。已知梁 $\overline{m}$、EI 均为常数。

【解】 如果只需求第一频率，则至少需将梁简化为具有一个自由度的体系。为此将梁平分为两段，每段的质量集中于两端。考虑到质量分布是均匀的，故每端各得该段一半的质量，于是可建立图 12-50b 所示的单自由度体系。

由该体系求得梁第一频率的近似解为

$$\omega_1 = \frac{9.80}{l^2}\sqrt{\frac{EI}{\overline{m}}}$$

与精确解 $\omega = \dfrac{9.87}{l^2}\sqrt{\dfrac{EI}{\overline{m}}}$ 相比，该近似解的误差仅为 -0.7%。

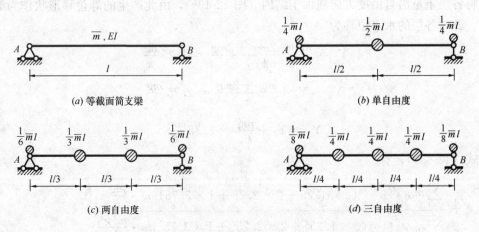

图 12-50　例 12-14 图

同理，如果将梁各分为三段和四段，每段质量集中于其两端，则可得到图 12-50c、d

所示的两自由度和三自由度体系。这两个体系的各阶自振频率分别为：

两自由度：$\omega_1 = \dfrac{9.86}{l^2}\sqrt{\dfrac{EI}{\overline{m}}}$（误差 -0.1%）、$\omega_2 = \dfrac{38.2}{l^2}\sqrt{\dfrac{EI}{\overline{m}}}$（误差 -3.24%）。

三自由度：$\omega_1 = \dfrac{9.865}{l^2}\sqrt{\dfrac{EI}{\overline{m}}}$（误差 -0.05%）、$\omega_2 = \dfrac{39.2}{l^2}\sqrt{\dfrac{EI}{\overline{m}}}$（误差 -0.7%）、

$\omega_3 = \dfrac{84.6}{l^2}\sqrt{\dfrac{EI}{\overline{m}}}$（误差 -4.8%）。

由此可见，如果只要求结构前几个较低的自振频率，那么只需使质量集中后的体系的自由度等于或略大于所求频率的个数即可。

最后考察图 12-51a 所示对称门式刚架的质量集中问题。当刚架发生水平振动时，其振动形态是反对称的（图 12-51a）。因梁柱结点处的水平振幅较大，故应将质量集中于结点处，由此可求得刚架的一个低阶频率。当刚架发生竖向振动时，其振动形态为正对称（图 12-51b）。此时结点处的位移为零，而梁跨中及柱中点附近的振幅较大，故应将质量集中于梁、柱的中点处。

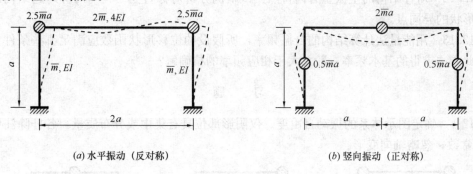

(a) 水平振动（反对称）　　　　　　　(b) 竖向振动（正对称）

图 12-51　门式刚架质量集中方法（已略去不动点处质量）

读者不妨自行求出上述两种情况的频率值，并可发现，图中反对称水平振动的频率是第一频率，而正对称的频率是第二频率。实际上，该刚架的质量和刚度分布均关于同一条轴线（这里为竖向中心线）对称，这种体系称为**对称振动体系**。对称体系的主振型要么是正对称，要么是反对称的。前述图 12-50a 中简支梁的质量和竖向刚度也关于其竖向中心线对称，故其振型也是正对称或反对称的，所不同的是其第一振型为正对称。

思 考 题

12.1　就同一种荷载（例如风荷载）而言，为什么对有的结构可作为静力荷载，而对另一些结构则需作为动力荷载？静力荷载与动力荷载的主要区别是什么？

12.2　结构的振动自由度与位移法中的结点位移自由度有何区别及联系？如何确定质量集中到指定位置的梁和刚架结构的振动自由度？

12.3　建立振动微分方程有哪两种基本方法？列方程时与静力计算中列同类方程有何异同？

12.4　为什么说自振频率或自振周期是单自由度结构的固有特性？它与哪些因素有关？

12.5　阻尼对工程结构的自振频率的影响与对振幅的影响有何不同？什么是临界阻尼？它与阻尼比有何联系？

12.6　何谓动力系数？单自由度体系在简谐荷载作用下的动力系数与哪些因素有关？在什么情况下体系的位移动力系数与内力动力系数是相同的？

12.7　当简谐荷载不是沿质点自由度方向作用时，该如何计算单自由度体系不同部位的最大动位移和动内力？

12.8　单自由度体系发生共振时，考虑与不考虑阻尼时的动力系数有何不同？共振时的荷载幅值如何取得平衡？

12.9　为什么说自振频率和主振型是多自由度结构的固有特性？它们由哪些因素决定？什么情况下结构才按单一主振型发生自由振动？

12.10　多自由度体系不同质点处的位移动力系数是否相同？体系在简谐荷载作用下的动力响应有何特点？如何计算结构的最大动位移和动内力？

12.11　什么是主振型的正交性？正交性具有哪些用途？

12.12　对称结构的主振型有何特点？试举例分析对称直立结构与对称跨越结构的主振型形状的异同点。

12.13　用能量法计算结构的自振频率，所假设的位移形状函数应满足哪些条件？为何用此方法求得的基本频率一般总大于相应频率的精确解？

习　题

12-1　确定图示体系的振动自由度。仅阴影部位具有集中或分布质量，各杆除注明外 EI＝常数，忽略轴向变形。

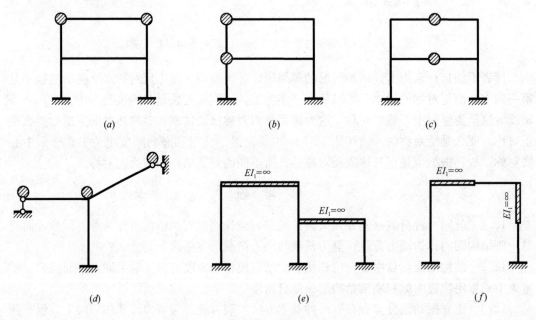

题 12-1 图

12-2　列出图示体系的振动微分方程，并求出自振频率。

152

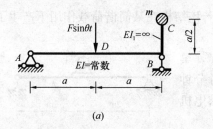

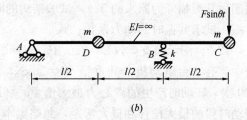

(a)   (b)

题 12-2 图

12-3 试求图示单自由度体系的自振频率，除注明外各杆 $EI=$ 常数。

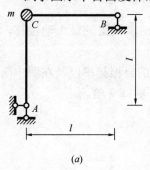

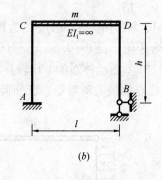

(a)   (b)

题 12-3 图

12-4 图示桁架各杆 $EA=315000$kN，质量集中于跨中下弦结点处，$m=3000$kg。试计算竖向振动的自振频率。

12-5 图示刚架各杆 $EI=$ 常数，试分别计算水平振动和竖向振动的自振频率。

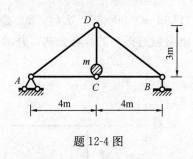

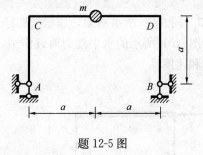

题 12-4 图   题 12-5 图

12-6 图示排架，质量集中于铰接横梁上，已知 $m=2000$kg。立柱 $EI=28800$kNm^2。若横梁端部受到一 $S=4$kNs 的水平冲量作用而发生自由振动，试求振幅及 $t=0.3$s 时的位移和惯性力。

12-7 上题排架中，若在横梁端部作用一水平静荷载 $F_P=10$kN 后突然卸载。

（a）试求振动过程中横梁的振幅和 $t=0.3$s 时的位移和加速度。

（b）若从开始经过 3 个周期后测得横梁的振幅为 5.85mm，试求排架水平振动的阻尼比，并计算再经过 3 个周期后的振幅值。

12-8 某单自由度结构发生自由振动，测得经过 10 个

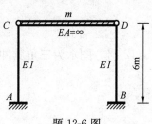

题 12-6 图

153

周期后其振幅降为原来的 5%，试求结构的阻尼比。若该结构在某简谐荷载作用下产生了共振，试求共振时的动力系数。

12-9 图示简支梁，$E = 210\text{GPa}$，$I = 3 \times 10^{-5}\,\text{m}^4$。梁跨中装有一台电动机，其重量 $W = 30\text{kN}$，转速为每分钟 300 次，转动时产生的离心力最大值 $F_\text{P} = 6\text{kN}$。试求电机转动时梁的最大位移和最大弯矩，忽略梁本身的质量。

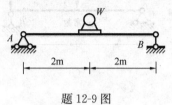

题 12-9 图

12-10 试求题 12-2（a）结构在质点处的最大动位移，并作出结构的最大动弯矩图。设荷载频率 θ 为自振频率 ω 的 0.6 倍。

12-11 图示刚架，结点 C 为铰接，其余均为刚接，试求横梁的最大动位移，并作出最大动弯矩图。设 $\theta = 0.6\omega$，ω 为自振频率。

12-12* 图示体系的 CB 段具有分布质量，试求体系的自振频率以及在图中简谐荷载作用下 C 点的最大动弯矩。已知荷载频率 θ 为自振频率 ω 的 0.7 倍。

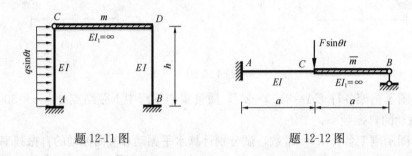

题 12-11 图   题 12-12 图

12-13 图（a）所示刚架，质量集中于横梁，已知 $m = 8000\text{kg}$，$EI = 7200\text{kNm}^2$。设梁端受到图（b）所示的水平动力荷载作用，试写出梁强迫振动的位移公式，并求 $t = 0.8\text{s}$ 时的位移和速度。

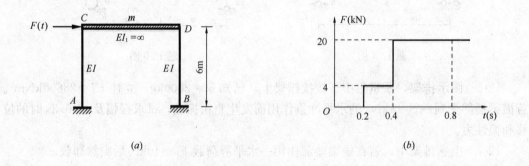

（a）   （b）

题 12-13 图

12-14 图示为三角脉冲荷载随时间变化的图线，其表达式为

$$F(t) = \begin{cases} F\left(1 - \dfrac{t}{t_\text{d}}\right), & 0 \leqslant t \leqslant t_\text{d} \\ 0, & t > t_\text{d} \end{cases}$$

爆炸荷载可近似用这种规律表示。若不考虑阻尼，试求单自由度体系在该荷载作用下的位移响应表达式。设体系质量为 m，自振频率为 ω，初始处于静止状态。

12-15　试求单自由度体系在图示短时线性递增荷载作用下的位移响应表达式，并绘出 t_d 时刻的位移与静位移之比 $\dfrac{y(t_\mathrm{d})}{y_\mathrm{st}}$ 随 t_d 的变化曲线，分析其变化规律。设体系质量为 m，自振频率为 ω，初始处于静止状态，并忽略阻尼的影响。

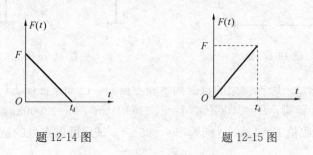

题 12-14 图　　　　　　题 12-15 图

12-16　求图示结构的自振频率和主振型，除注明外各杆 $EI＝$ 常数。

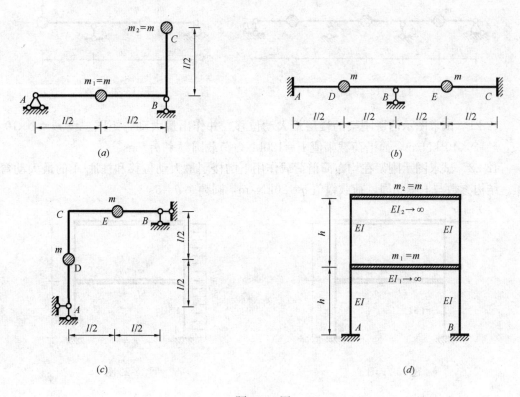

题 12-16 图

12-17*　图示刚架，横梁为刚性杆且具有分布质量，立柱 $EI＝$ 常数。试求其自振频率和主振型。

12-18　求图示刚架的自振频率和主振型，各层质量及层间侧移刚度如图中所标示。

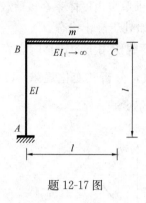

题 12-17 图

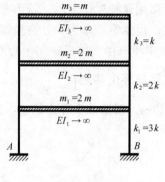

题 12-18 图

12-19 试求图示三跨连续梁的自振频率和主振型，已知梁截面 EI＝常数。

12-20 图示伸臂梁，E＝210GPa，I＝1.2×10⁻⁴ m⁴，m＝3000kg。设质点 m_2 处作用有简谐荷载，荷载幅值 F＝12kN，圆频率 θ＝20s⁻¹。试求两质点处的最大动位移和支座 B 处的最大动弯矩。

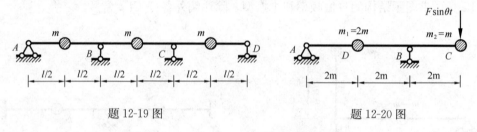

题 12-19 图　　　　　　　　题 12-20 图

12-21 试求图示两层刚架的楼层最大动位移，并作出最大动弯矩图。设 m＝1×10⁵ kg，k＝2×10⁴kN/m，简谐荷载幅值 F＝120kN，荷载圆频率 θ＝5πs⁻¹。

12-22 试求图示刚架在均布简谐荷载作用下的楼层最大动位移和柱底 A 的最大动弯矩。结构参数与上题相同，荷载幅值 q＝20kN/m，圆频率 θ＝6s⁻¹。

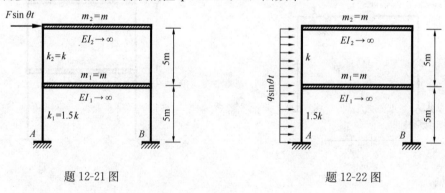

题 12-21 图　　　　　　　　题 12-22 图

12-23 试求作图示刚架的最大动弯矩图，设荷载频率 $\theta=\sqrt{\dfrac{24EI}{ml^3}}$。

12-24* 将题 12-20 中作用于质点 m_2 的荷载改为突加荷载 F＝12kN，试用振型分解法写出两质点位移和截面 B 弯矩随时间变化的表达式。

12-25 试用振型分解法分析题 12-21 所示刚架。(a) 不计阻尼，求出楼层最大动位移

和柱底 A 的最大动弯矩图；$(b)^*$ 设为瑞利阻尼，且两振型阻尼比 $\xi_1=\xi_2=0.02$，写出楼层位移表达式。

12-26 试用能量法求图示单跨梁的第一频率，梁 $EI=$ 常数。

12-27 试用能量法求题 12-18 三层刚架的第一频率。

12-28 试用集中质量法求图示单跨梁的第一、第二频率。已知梁 $EI=$ 常数。

12-29 试用集中质量法求图示两铰刚架的第一、第二频率。

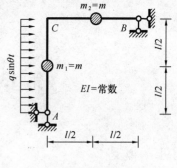

题 12-23 图

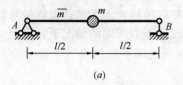

(a)

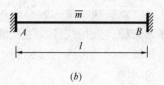

(b)

题 12-26 图

题 12-28 图

12-30** 图示单自由度刚架，侧移刚度为 k，质量集中于刚性横梁上。刚架受图示地面加速度的作用。设地面运动的绝对位移为 y_g，横梁相对于地面的位移为 y，试求由此引起的基底总剪力幅值；改变刚架的质量和刚度，绘出总剪力幅值随自振频率的变化曲线。

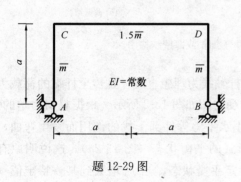

题 12-29 图

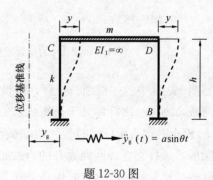

题 12-30 图

第 13 章　结构的稳定计算

13-1　概述

第 1 章中述及，为确保结构在不利条件下的安全性以及正常使用条件下的适用性，除了对其进行强度和刚度的验算外，还需进行**稳定性**验算。结构丧失平衡状态的稳定性的现象简称为**失稳**。失稳往往发生在细长或薄壁结构承受较大压力作用的情况下，具有一定的突发性和较大的危害性（参见图 13-1）。稳定问题是细长及薄壁结构设计中必须面对并设法解决的问题。

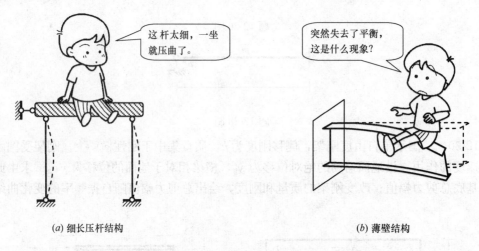

(a) 细长压杆结构　　　　　　　　　　　　(b) 薄壁结构

图 13-1　失稳常发生于细长或薄壁结构中

考察图 13-1a 中的一根细长压杆，假设杆轴线为理想直线，且传至杆端的荷载为一中心受压荷载，则可绘出杆件处于平衡状态的受力图如图 13-2 所示。根据材料力学的知识，当荷载 F_P 较小时，若压杆同时受到诸如微小水平力等外部干扰的作用而发生弯曲，则在干扰消除后，压杆将立即回到原有的直线形式的平衡状态（图 13-2a）。这说明原有的直线平衡状态是稳定的，故称此时压杆处于**稳定平衡状态**。当 F_P 增大到某一特定值（这里为欧拉临界值 F_{Pcr}，图 13-2b），若压杆同样受到外部干扰而发生弯曲，则在干扰取消后，它将停留在弯曲位置上而不能回到原来的直线状态。这表明压杆原来的直线平衡状态已开始成为不稳定，随时会因外部干扰而到达一个新的弯曲形式的平衡状态。我们称此时压杆处于**随遇平衡状态**或称**中性平衡状态**。当荷载 F_P 超过 F_{Pcr}（图 13-2c）时，任一微小干扰都会使压杆突然偏离直线状态而发生很大的弯曲变形，甚至导致其破坏。此时直线形式的状态是不稳定的，称之为**不稳定平衡状态**。

从直观上看，上述三种平衡状态的实质与图 13-3a、b、c 中球体所处的状态是一致的。

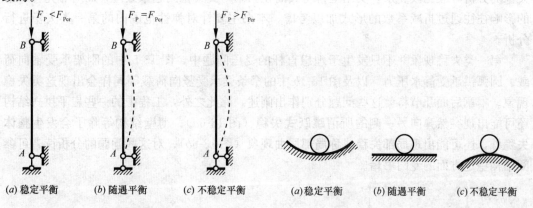

图 13-2　压杆的平衡状态　　　　　　　图 13-3　球体的平衡状态

根据以上分析，一旦作用于理想压杆的纵向荷载达到了临界值 F_{Pcr}（图 13-4a），则压杆将同时具有直线和挠曲两种形式的平衡状态，或者说出现了平衡状态的分支，我们称这种失稳现象为**分支点失稳**，或称**第一类失稳**。图 13-4c 中的 *OAB* 和 *OAC* 线即为这类失稳的荷载-挠度（F_P-Δ）曲线，其中分支点 *A* 处的荷载值称为**临界荷载**。显然该荷载是结构能够保持原有平衡形式的最大荷载，也是结构出现新的平衡形式的最小荷载。稳定计算的主要目的就是要确定这一荷载，并将实际荷载控制在该荷载范围内，以确保结构始终处于稳定平衡状态之下。

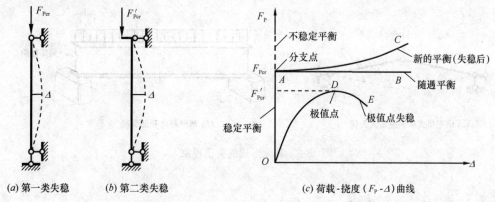

图 13-4　压杆的第一和第二类失稳

现实中的压杆不可能是理想的直杆，荷载也不可能完全处于中心位置，因此压杆从一开始受力就处于微弯的状态，类似于图 13-4b 所示的受力状况。这时如果荷载较小，则只要荷载不增加，杆件的挠度就不会增大，图 13-4c 中 *OD* 段 *D* 点之前任一处就属这种稳定的平衡状态。但是当荷载达到某一极值 F'_{Pcr}（一般 $F'_{Pcr}<F_{Pcr}$），即使不增加甚至减小荷载，挠度也会继续增长（图 13-4c 中的 *DE* 段），这种失稳现象称为**极值点失稳**，或称**第二类失稳**；极值点处的荷载值称为第二类失稳的**临界荷载**。显然第二类失稳中的平衡形式并未发生质的改变，但变形却按原有方式迅速增大，以至于导致结构丧失承载能力。

实际工程结构都不是理想的完善体系，因而它们的失稳均属第二类失稳。但是第二类失稳的分析一般比较复杂，实用上常将其简化为第一类失稳问题来处理，而对非完善因素的影响往往通过折减系数的形式加以考虑。本书主要针对弹性范围内的第一类失稳进行分析。

第一类失稳现象并不只发生于理想直杆的受压问题中，图 13-5 中的刚架承受轴向荷载、圆弧拱承受静水压力，以及图 13-1b 中的窄条梁承受竖向荷载等同样会出现这类失稳现象。本章后面几节将就这些问题分别作出阐述。除此之外，工程中的一些扁平拱式结构还可能出现突然弹向另一侧的所谓**跳跃式失稳**（图 13-6a）；薄壁结构等除了会发生**整体失稳**外，还可能出现**局部失稳**或称局部屈曲现象（图 13-6b）。对这些问题的分析读者可参阅结构稳定方面的专门书籍。

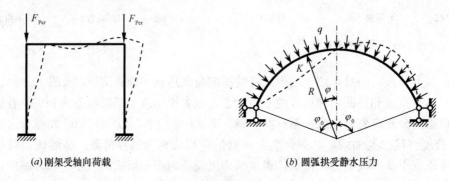

(a) 刚架受轴向荷载　　　　　　　　(b) 圆弧拱受静水压力

图 13-5　常见结构的第一类失稳（虚线所示）

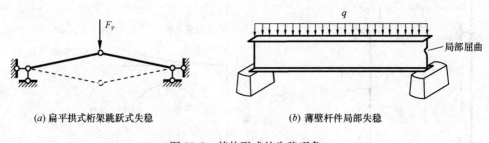

(a) 扁平拱式桁架跳跃式失稳　　　　　(b) 薄壁杆件局部失稳

图 13-6　其他形式的失稳现象

13-2　有限自由度体系的稳定分析

在稳定计算中，首先要确定为描述结构失稳时的变形形式所需的独立参数的数目，称之为**稳定自由度**。实际结构失稳时的变形都是连续的挠曲变形（参见图 13-5 虚线），需要用连续函数予以描述，因此可以说它们都是**无限自由度体系**。然而，当结构中受压杆件的刚度相比其他起约束作用的那部分的刚度大得多时，常可将受压杆件视作刚性杆，从而将其简化为一个**有限自由度体系**。例如图 13-7a、b 分别为一个单自由度和一个两自由度的体系。

稳定分析的主要目的是要确定结构达到失稳时的临界荷载。对于分支点失稳，确定临

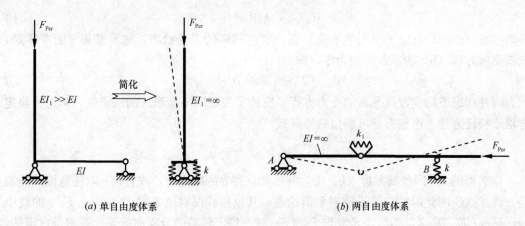

(a) 单自由度体系　　　　　　　　　　　　　(b) 两自由度体系

图 13-7　有限自由度体系示例

界荷载的基本方法有两种：**静力法**和**能量法**。这两种方法都是依据结构失稳时所具有的平衡状态的二重性，寻求结构在新的挠曲形式下维持平衡的荷载，取其最小值即为临界荷载。所不同的只是，静力法采用静力平衡方程，而能量法采用能量形式的平衡方程。本节先就有限自由度体系进行分析。

13-2-1　静力法

图 13-8*a* 所示刚架，刚性压杆 *AB* 在 *A* 端的转动受到 *AC* 杆的弹性约束，故可将其简化为图 13-8*b* 所示的带弹性支座的单自由度体系。根据转动刚度的概念，此时 *A* 端的抗转弹簧刚度 *k* 等于使 *AC* 杆在 *A* 端发生单位转角所需施加的力矩，如图 13-8*c* 所示。由图可知

$$k = 3i_{AC} = \frac{3EI}{l}$$

设压杆从原来的竖直平衡位置 *AB* 偏离到了新的倾斜平衡位置 *AB*′（图 13-8*b*），则由新位置的静力平衡条件，有

$$\sum M_A = 0：\quad F_P h\sin\theta - k\theta = 0 \tag{a}$$

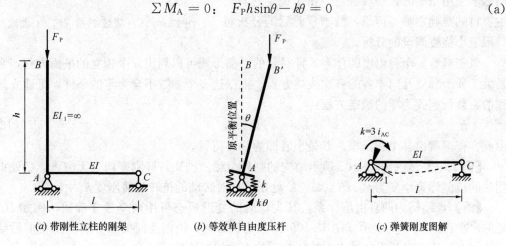

(a) 带刚性立柱的刚架　　　　　(b) 等效单自由度压杆　　　　　(c) 弹簧刚度图解

图 13-8　单自由度刚架静力法示例

当位移很小时，依据小挠度假设，可认为 $\sin\theta = \theta$，于是上式可写成如下的近似方程

$$(F_P h - k)\theta = 0 \tag{b}$$

显然零解（$\theta=0$）对应于原来的平衡状态。要达到新的平衡状态，需要获得 θ 的非零解，这就要求方程（b）的系数必须为零，即

$$F_P h - k = 0 \tag{c}$$

此为两种状态下均能取得平衡的受力方程，反映了失稳时平衡形式的二重性，称之为**稳定方程**或**特征方程**。由该方程可解出临界荷载

$$F_{Pcr} = \frac{k}{h} = \frac{3EI}{hl}$$

将求得的 F_{Pcr} 回代到方程（b）中，并不能获得 θ 的确定值，或者说 θ 取任意值均能满足方程。这说明此时结构处于随遇平衡状态，其位移状况对应于图 13-9 所示 F_P-θ 曲线中的水平线 CD。那么能否进一步获取 $F_P > F_{Pcr}$ 时不稳定状态的分支曲线呢？答案是肯定的，但必须舍弃小挠度假设，而依据精确的大挠度理论分析。

从精确的平衡方程式（a）中可解出

$$F_P = \frac{k\theta}{h\sin\theta} \tag{d}$$

令 $\theta \to 0$，可求得分支点 C 处的荷载值，也即临界荷载为

$$F_{Pcr} = \lim_{\theta \to 0} \frac{k\theta}{h\sin\theta} = \frac{k}{h} = \frac{3EI}{hl}$$

可见求得的临界荷载与依据小挠度假设的临界荷载一致。但当 $\theta \neq 0$ 时，由式（d）可求得与 θ 一一对应的 F_P 值，也就是结构失稳后处于新的平衡状态的荷载-位移曲线（图 13-9 中 CE 线）。

从上面的分析看到，对于分支点失稳问题，利用小挠度假设的近似方程就能求得正确的临界荷载，而要进一步获取失稳后的真实位移状态，则必须采用精确的大挠度理论。由于稳定计算的主要目的是确定临界荷载，故本章此后的分析将只限于小挠度假设的分析。

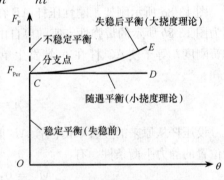

图 13-9　压杆荷载-转角（F_P-θ）曲线

对于具有 n 个自由度的体系，针对新的平衡形式可以列出 n 个独立的平衡方程，它们是关于 n 个独立几何参数的齐次线性方程。根据这 n 个参数不全为零的条件，可建立该方程的系数行列式为零的**稳定方程**：

$$D=0 \tag{13-1}$$

由此方程可解出 n 个特征根，其最小者即为临界荷载。

【例 13-1】 试求图 13-10a 所示结构的临界荷载。已知各杆刚度均为无穷大，C 处抵抗侧移的抗侧弹簧刚度为 k，结点 B、D 处抵抗相对转动的抗转弹簧刚度 $k_1 = ka^2$。

【解】 该结构为两自由度体系，其失稳时的变形形态可用两个独立参数，例如 B、D 处的水平位移 y_1、y_2 表示（图 13-10b）。在此状态下，依据几何关系容易求得变形后结点 C 处的水平位移以及弹性结点 B、D 上下截面的相对转角分别为

$$y_C = \frac{y_1 + y_2}{2}, \quad \theta_B = \frac{3y_1 - y_2}{2a}, \quad \theta_D = \frac{3y_2 - y_1}{2a}$$

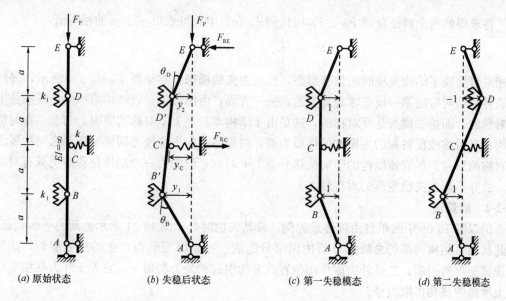

| (a) 原始状态 | (b) 失稳后状态 | (c) 第一失稳模态 | (d) 第二失稳模态 |

图 13-10 例 13-1 图

由此写出支座 C 处的反力以及变形后弹性结点 B'、D' 处的弯矩如下:

$$F_{RC} = \frac{k}{2}(y_1 + y_2) \; (\rightarrow)$$

$$M_{B'} = k_1\theta_B = \frac{k}{2}(3y_1 - y_2) \; (左侧受拉)$$

$$M_{D'} = k_1\theta_D = \frac{k}{2}(3y_2 - y_1) \; (左侧受拉)$$

而支座 E 处的反力根据整体结构对 A 点的力矩平衡(图 13-10b),即 $\sum M_A = 0$ 可求得为

$$F_{RE} = \frac{F_{RC}}{2} = \frac{k}{4}(y_1 + y_2) \; (\leftarrow)$$

利用 ED' 部分的 $\sum M_{D'} = 0$ 和 EB' 部分的 $\sum M_{B'} = 0$(图 13-10b),可建立平衡方程如下:

$$\begin{cases} F_P y_2 - F_{RE}a - M_{D'} = 0 \\ F_P y_1 - F_{RE} \times 3a + F_{RC} \times a - M_{B'} = 0 \end{cases}$$

将前面求得的反力和弹性结点处的弯矩代入,经整理得

$$\begin{cases} ka y_1 + (4F_P - 7ka)y_2 = 0 \\ (4F_P - 7ka)y_1 + ka y_2 = 0 \end{cases} \tag{e}$$

此为关于 y_1、y_2 的齐次方程,因 y_1、y_2 不全为零,故其系数行列式必为零,即

$$\begin{vmatrix} ka & 4F_P - 7ka \\ 4F_P - 7ka & ka \end{vmatrix} = 0$$

展开并整理得

$$2F_P^2 - 7ka F_P + 6k^2 a^2 = 0$$

解方程得到两个特征荷载为

$$F_{P1} = 1.5ka, \quad F_{P2} = 2ka$$

其中较小者即为临界荷载:

$$F_{Pcr} = 1.5ka$$

将求得的两个特征荷载 F_{P1}、F_{P2} 回代到式（e）中，可求出 y_1、y_2 的相对值：

$$\frac{y_{11}}{y_{21}} = \frac{1}{1}, \quad \frac{y_{12}}{y_{22}} = \frac{1}{-1}$$

该相对值反映了结构失稳时的位移形态，称之为**失稳模态**，参见图 13-10c、d 所示，显然与临界荷载对应的第一模态才是真实的。另一方面，由图可见，该结构第一失稳模态是上下对称的，而第二模态是反对称的，这是由于结构本身是上下对称的原因。与上一章对称结构具有对称或反对称的主振型的性质类似，对称体系的失稳模态同样呈现要么对称要么反对称的形式。尽管该结构的竖向位移并非上下对称，但除去一个刚体位移后仍具有对称性，故并不影响失稳变形的对称性。

13-2-2　能量法

仍以图 13-8b 中的单自由度体系为例，设其失稳时处于图 13-11 所示的新的平衡状态。在此状态下结构内部的**总势能** Π 将由两部分组成：一是因变形而产生的**应变能** U，这里由弹簧变形所引起；二是外力因作用位置改变而引起的**外力势能** V，它等于外力在相应位移上所做的虚功再取负号。

根据**势能驻值原理**，在满足位移约束条件和连续性条件的各种可能位移中，同时满足平衡条件的真实位移使结构的总势能取驻值，也即总势能的一阶变分等于零：

$$\delta\Pi = \delta(U+V) = 0 \tag{13-2}$$

对于单自由度体系，设其位移状态可用某一独立参数 a_1 表示，则总势能也是 a_1 的函数。这样，对总势能的变分就可转化为对参数 a_1 的变分，即

$$\delta\Pi = \frac{\mathrm{d}\Pi}{\mathrm{d}a_1}\delta a_1$$

由于 δa_1 是任意的，故由式（13-2）只能有

$$\frac{\mathrm{d}\Pi}{\mathrm{d}a_1} = \frac{\mathrm{d}(U+V)}{\mathrm{d}a_1} = 0 \tag{13-3}$$

这就是单自由度体系的**势能驻值方程**，它将势能驻值原理简化为一个势能对独立参数的简单微分计算问题。

回过头来讨论图 13-11 的结构，设失稳时杆件的转角为 θ，则弹簧的应变能为

$$U = \frac{1}{2}k\theta^2$$

而荷载作用点即杆件顶端的竖向位移可求得为（参见图 13-11）

$$\lambda = h - h\cos\theta = 2h\sin^2\frac{\theta}{2} \approx h\frac{\theta^2}{2}$$

这里对 θ 同样运用了小挠度假设，由此可写出外力势能如下：

$$V = -F_P\lambda = -\frac{1}{2}F_Ph\theta^2$$

于是总势能为

$$\Pi = U + V = \frac{1}{2}(k - F_Ph)\theta^2 \tag{f}$$

图 13-11　单自由度压杆

将上式代入势能驻值方程（13-3），并注意到这里 $a_1 = \theta$，则有

$$(F_P h - k)\theta = 0$$

该式与前面静力法中得到的式（b）完全一致，可见势能驻值方程就是能量形式的平衡方程。由此式可求得与静力法相同的临界荷载。

为掌握不同平衡形式下的总势能的变化特征，由式（f）可绘出上述单自由度体系的总势能-位移（Π-θ）曲线如图 13-12 所示。

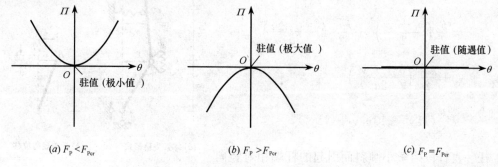

(a) $F_P < F_{Pcr}$　　　　　(b) $F_P > F_{Pcr}$　　　　　(c) $F_P = F_{Pcr}$

图 13-12　三种平衡形式的总势能-位移（Π-θ）曲线

由图可见，当 $F_P < F_{Pcr} = \dfrac{k}{h}$ 时（图 13-12a），总势能 Π 在 $\theta = 0$（原始平衡位置）处取极小值，体系处于稳定平衡状态，此时有 $\dfrac{\mathrm{d}^2 \Pi}{\mathrm{d}\theta^2} > 0$；当 $F_P > \dfrac{k}{h}$ 时（图 13-12b），总势能在 $\theta = 0$ 处取极大值，体系处于不稳定平衡状态，此时 $\dfrac{\mathrm{d}^2 \Pi}{\mathrm{d}\theta^2} < 0$；当 $F_P = \dfrac{k}{h}$ 时（图 13-12c），总势能在 $\theta = 0$ 附近恒为零，$\dfrac{\mathrm{d}^2 \Pi}{\mathrm{d}\theta^2} = 0$，体系处于随遇平衡状态，此时的荷载即为临界荷载。

对于具有 n 个自由度的体系，其可能的位移状态及相应的总势能总可以用 n 个独立参数 a_1、a_2、$\cdots$、a_n 表示。类似于单自由度体系，根据 $\delta\Pi = 0$ 可获得此时的**势能驻值方程**为

$$\begin{cases} \dfrac{\partial \Pi}{\partial a_1} = 0 \\[2mm] \dfrac{\partial \Pi}{\partial a_2} = 0 \\[2mm] \cdots\cdots \\[2mm] \dfrac{\partial \Pi}{\partial a_n} = 0 \end{cases} \tag{13-4}$$

该方程是关于 a_1、a_2、$\cdots$、a_n 的齐次线性代数方程，为使各参数不全为零（零解对应初始平衡状态），则必有方程的系数行列式 $D = 0$，这就是 n 自由度体系的**稳定方程**或**特征方程**。解方程并取其最小正根，即得临界荷载。

【例 13-2】 用能量法计算图 13-10a 结构的临界荷载。

【解】 设失稳时结构的变形形态如图 13-13*a* 所示，变形后结点 *C* 的水平位移和结点 *B*、*D* 左右截面的相对转角已在上例中求得，故可写出体系的应变能为

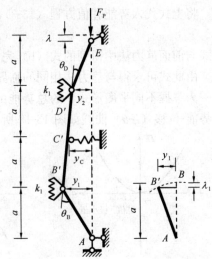

$$U = \frac{1}{2}ky_C^2 + \frac{1}{2}k_1\theta_B^2 + \frac{1}{2}k_1\theta_D^2$$

$$= \frac{k}{2}\left(\frac{y_1+y_2}{2}\right)^2 + \frac{ka^2}{2}\left(\frac{3y_1-y_2}{2a}\right)^2$$

$$+ \frac{ka^2}{2}\left(\frac{3y_2-y_1}{2a}\right)^2$$

$$= \frac{k}{8}(11y_1^2 - 10y_1y_2 + 11y_2^2)$$

任一直杆段因微小倾斜而引起的杆端相对竖向位移为（参见图 13-13*b*）

图 13-13　例 13-2 图

$$\lambda_1 = a - \sqrt{a^2 - y_1^2} = a - a\left(1 - \frac{y_1^2}{a^2}\right)^{1/2}$$

$$= a - a\left(1 - \frac{1}{2}\frac{y_1^2}{a^2} + \cdots\right) \approx \frac{y_1^2}{2a}$$

故 *E* 端总的竖向位移为

$$\lambda = \frac{y_1^2}{2a} + \frac{(y_1-y_2)^2}{4a} + \frac{y_2^2}{2a} = \frac{3y_1^2 - 2y_1y_2 + 3y_2^2}{4a}$$

由此求得外力势能如下：

$$V = -F_P\lambda = -\frac{F_P}{4a}(3y_1^2 - 2y_1y_2 + 3y_2^2)$$

将总势能 $\Pi = U + V$ 代入势能驻值方程（13-4），经整理得

$$\begin{cases} (11ka - 6F_P)y_1 - (5ka - 2F_P)y_2 = 0 \\ -(5ka - 2F_P)y_1 + (11ka - 6F_P)y_2 = 0 \end{cases} \quad (g)$$

令其系数行列式等于零，即

$$\begin{vmatrix} 11ka - 6F_P & -(5ka - 2F_P) \\ -(5ka - 2F_P) & 11ka - 6F_P \end{vmatrix} = 0$$

展开并经整理，有

$$2F_P^2 - 7kaF_P + 6k^2a^2 = 0$$

该方程与上例静力法得到的方程完全一致，故可求得与静力法相同的特征荷载，从而得到相同的临界荷载：

$$F_{P1} = 1.5ka, \quad F_{P2} = 2ka; \quad F_{Pcr} = F_{P1} = 1.5ka$$

再将 F_{P1}、F_{P2} 代入式（g），同样可获得一个正对称和一个反对称的失稳模态，参见图 13-10*c*、*d*。

13-3 用静力法确定弹性压杆的临界荷载

实际结构均为无限自由度体系，弹性压杆属于无限自由度体系中较简单的一种。本节将就具有刚性支座和弹性支座的无限自由度压杆进行分析。

13-3-1 具有刚性支座的压杆

图 13-14a 所示为一端固定一端可水平滑动的等截面弹性压杆，设失稳时体系在图 13-14b 中的坐标系下已处于新的平衡状态。规定杆件任一截面上的弯矩以使 y 正方向一侧的纤维受拉为正，则可写出其弯矩方程为（参见图 13-14c）

$$M = F_P y - M_A$$

压杆挠曲线的平衡微分方程为

$$EIy'' = -M = -F_P y + M_A$$

为简便起见，令

$$\alpha^2 = \frac{F_P}{EI} \quad 或 \quad \alpha = \sqrt{\frac{F_P}{EI}} \qquad (13-5)$$

则有

$$y'' + \alpha^2 y = \alpha^2 \frac{M_A}{F_P}$$

该微分方程的通解为

$$y = A\cos\alpha x + B\sin\alpha x + \frac{M_A}{F_P} \qquad (a)$$

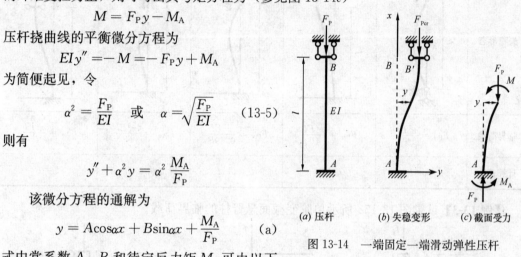

(a) 压杆　　(b) 失稳变形　　(c) 截面受力

图 13-14　一端固定一端滑动弹性压杆

式中常系数 A、B 和待定反力矩 M_A 可由以下边界条件确定：

$$当 x=0 时，y=0 和 y'=0；$$
$$当 x=l 时，y'=0。$$

先将 $x=0$ 时 $y'=0$ 代入式（a），可得 $B=0$；再将另两个条件代入，可得到一个关于 A 和 M_A 的齐次方程组：

$$\begin{cases} A + \dfrac{1}{F_P}M_A = 0 \\ A\alpha\sin\alpha l = 0 \end{cases}$$

令其系数行列式等于零，展开并经整理，有

$$\sin\alpha l = 0$$

解得

$$\alpha = \frac{n\pi}{l} \quad (n=1,2,3,\cdots)$$

将该式回代到式（13-5），可得

$$F_P = n^2 \frac{\pi^2 EI}{l^2} \quad (n=1,2,3,\cdots)$$

取其最小值 $n=1$，即得临界荷载如下：

$$F_{Pcr} = \frac{\pi^2 EI}{l^2}$$

有了一端固定一端滑动压杆的临界荷载，再结合多数材料力学教材中均有涉及的另四类刚性支座的情况，可列出五类等截面压杆的失稳形态、临界荷载及**计算长度**如表 13-1 所示。

五类刚性支座等截面压杆的临界荷载 表 13-1

支承情况	两端铰支	一端固定 一端自由	一端固定 一端铰支	两端固定	一端固定 一端滑动
失稳形态	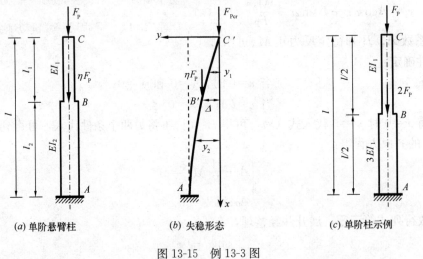				
临界荷载	$F_{Pcr}=\dfrac{\pi^2 EI}{l^2}$	$F_{Pcr}=\dfrac{\pi^2 EI}{4l^2}$	$F_{Pcr}=\dfrac{\pi^2 EI}{0.49l^2}$	$F_{Pcr}=\dfrac{4\pi^2 EI}{l^2}$	$F_{Pcr}=\dfrac{\pi^2 EI}{l^2}$
计算长度	$l_0=l$	$l_0=2l$	$l_0=0.7l$	$l_0=0.5l$	$l_0=l$

【例 13-3】 试求图 13-15a 所示单阶变截面悬臂柱的临界荷载。

(a) 单阶悬臂柱　　　(b) 失稳形态　　　(c) 单阶柱示例

图 13-15　例 13-3 图

【解】 设失稳时上下两段任一截面处的侧移分别为 y_1、y_2（图 13-15b）。为方便起见，将坐标原点定在变形后的柱顶位置，并设分阶处的侧移为 Δ，则可列出两杆段的挠曲微分方程如下：

$$EI_1 y''_1 = -F_P y_1$$

$$EI_2 y''_2 = -F_P y_2 - \eta F_P(y_2 - \Delta)$$

两方程的通解为

$$y_1 = A_1 \cos\alpha_1 x + B_1 \sin\alpha_1 x \quad (0 \leqslant x \leqslant l_1)$$

168

$$y_2 = A_2\cos\alpha_2 x + B_2\sin\alpha_2 x + \frac{\eta}{1+\eta}\Delta \quad (l_1 \leqslant x \leqslant l)$$

式中

$$\alpha_1 = \sqrt{\frac{F_P}{EI_1}}, \qquad \alpha_2 = \sqrt{\frac{(1+\eta)F_P}{EI_2}}$$

而常系数 A_1、B_1、A_2、B_2 和待定位移值 Δ 可由上下两端及分阶处的边界条件确定。

由 $x=0$ 时，$y_1=0$ 得：$A_1=0$；

由 $x=l_1$ 时，$y_1=\Delta$ 得：$\Delta=B_1\sin\alpha_1 l_1$；

由 $x=l$ 时，$y_2'=0$ 得：$B_2=A_2\tan\alpha_2 l$。

再由 $x=l_1$ 时，$y_2=\Delta$ 和 $y_1'=y_2'$，并利用上面的结果，整理可得关于 B_1、A_2 的齐次方程组：

$$\begin{cases} \dfrac{\sin\alpha_1 l_1}{1+\eta}B_1 - (\cos\alpha_2 l_1 + \tan\alpha_2 l \cdot \sin\alpha_2 l_1)A_2 = 0 \\ (\alpha_1\cos\alpha_1 l_1)B_1 + \alpha_2(\sin\alpha_2 l_1 - \tan\alpha_2 l \cdot \cos\alpha_2 l_1)A_2 = 0 \end{cases}$$

令其系数行列式等于零，展开并经整理，有

$$\frac{\tan\alpha_1 l_1}{1+\eta} \cdot \frac{\alpha_2}{\alpha_1} = \frac{\cos\alpha_2 l_1 + \tan\alpha_2 l \cdot \sin\alpha_2 l_1}{\tan\alpha_2 l \cdot \cos\alpha_2 l_1 - \sin\alpha_2 l_1}$$

上式等号右边可化简为

$$\frac{\cos\alpha_2 l_1 + \tan\alpha_2 l \cdot \sin\alpha_2 l_1}{\tan\alpha_2 l \cdot \cos\alpha_2 l_1 - \sin\alpha_2 l_1} = \frac{1 + \tan\alpha_2 l \cdot \tan\alpha_2 l_1}{\tan\alpha_2 l - \tan\alpha_2 l_1} = \frac{1}{\tan\alpha_2 l_2}$$

故得稳定方程如下：

$$\tan\alpha_1 l_1 \cdot \tan\alpha_2 l_2 = (1+\eta)\frac{\alpha_1}{\alpha_2}$$

设某单阶柱 $l_1 = l_2 = \dfrac{l}{2}$，$EI_2 = 3EI_1$，$\eta = 2$（图 13-15c），则有

$$\alpha_1 = \sqrt{\frac{F_P}{EI_1}}, \qquad \alpha_2 = \sqrt{\frac{(1+2)F_P}{3EI_1}} = \sqrt{\frac{F_P}{EI_1}} = \alpha_1$$

从而有

$$\alpha_1 l_1 = \alpha_2 l_2 = \frac{l}{2}\sqrt{\frac{F_P}{EI_1}}$$

这样，其稳定方程可简化为

$$\tan^2\alpha_1 l_1 = (1+\eta)\frac{\alpha_1}{\alpha_2} = 3$$

解得其最小正根为 $\alpha_1 l_1 = \dfrac{\pi}{3}$，由此得临界荷载

$$F_{Pcr} = \frac{4\pi^2 EI_1}{9l^2}$$

13-3-2 具有弹性支座的压杆

工程中的许多结构可简化为具有弹性支座的压杆进行计算。例如图 13-16a 所示的刚架，若忽略各杆的轴向变形，则压杆 AB 一方面在 A 端受到 AD 杆的转动约束，另一方面在 B 端又受到 BCD 刚架的水平约束（忽略 BCD 侧移对 B 点产生竖向力的影响）。由于这两个约束是彼此独立的，故可将其简化为图 13-16b 所示的具有弹性支座的压杆体系。

下面先讨论 A 端抗转弹簧刚度 k_1 和 B 端抗侧弹簧刚度 k_2 的确定，其中 k_1 按图 13-8c 的方法容易求得为

$$k_1 = \frac{3EI_1}{a}$$

而 k_2 则等于使刚架 BCD 在 B 端发生单位侧移所需施加的水平力（图 13-16c），可用力矩分配法求得。注意到此时 CB 杆在 C 端的分配系数为

$$\mu_{CB} = \frac{3EI_2}{a} \cdot \frac{1}{\dfrac{3EI_2}{a} + \dfrac{3EI_3}{l}} = \frac{I_2 l}{I_2 l + I_3 a}$$

而 CD 杆的固端弯矩由单位侧移引起，故得结点 C 的最后弯矩为

$$M_{CB} = -M_{CD} = \mu_{CB} M_C = \frac{I_2 l}{I_2 l + I_3 a} \cdot \frac{3EI_3}{l^2}$$

再利用刚架的水平平衡可求得刚度系数 k_2 为

$$k_2 = -\frac{M_{CD}}{l} = \frac{3EI_3}{l^3} \frac{I_2 l}{I_2 l + I_3 a}$$

当然，考虑到刚架 BCD 是静定的，故也可以先求出柔度系数 δ_2，再取倒数得刚度系数 k_2。

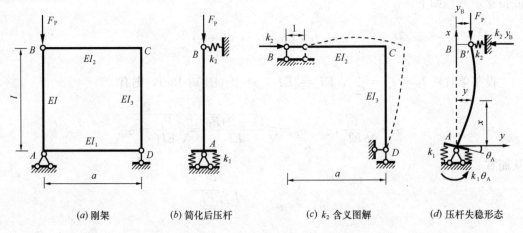

| (a) 刚架 | (b) 简化后压杆 | (c) k_2 含义图解 | (d) 压杆失稳形态 |

图 13-16 可简化为弹性压杆的刚架

接下去计算图 13-16b 所示压杆的临界荷载。设体系失稳时呈现图 13-16d 所示的变形状态，并设此时 B 点的水平位移为 y_B，于是由整体结构的 $\sum M_A = 0$ 可将 A 端转角 θ_A 用 y_B 表示出来：

$$k_1 \theta_A = F_P y_B - k_2 y_B l \quad \text{或} \quad \theta_A = \frac{F_P - k_2 l}{k_1} y_B$$

在图示坐标系下，列出压杆的挠曲微分方程如下：

170

$$EIy'' = -F_P(y - y_B) - k_2 y_B(l - x)$$

该方程的通解为

$$y = A\cos\alpha x + B\sin\alpha x + y_B - \frac{k_2 y_B}{F_P}(l - x)$$

这里 α 由式（13-5）表达，而待定常数 A、B、y_B 可用位移边界条件确定。

由 $x=0$ 时，$y=0$ 和 $y'=\theta_A$；$x=l$ 时，$y=y_B$ 可得到如下关于 A、B、y_B 的齐次方程组：

$$\begin{cases} A + y_B - \dfrac{k_2 l}{F_P} y_B = 0 \\[2mm] B\alpha + \dfrac{k_2}{F_P} y_B = \theta_A = \dfrac{F_P - k_2 l}{k_1} y_B \\[2mm] A\cos\alpha l + B\sin\alpha l = 0 \end{cases}$$

令其系数行列式等于零，并注意到 $F_P = \alpha^2 EI$，有

$$\begin{vmatrix} 1 & 0 & 1 - \dfrac{k_2 l}{\alpha^2 EI} \\[3mm] 0 & \alpha & \dfrac{k_2}{\alpha^2 EI} - \dfrac{\alpha^2 EI - k_2 l}{k_1} \\[3mm] \cos\alpha l & \sin\alpha l & 0 \end{vmatrix} = 0$$

展开并经整理，可得稳定方程为：

$$\tan\alpha l = \frac{\alpha l - \dfrac{EI}{k_2 l^3}(\alpha l)^3}{1 + \dfrac{EI}{k_1 l}(\alpha l)^2 \left[1 - \dfrac{EI}{k_2 l^3}(\alpha l)^2\right]}$$

一旦有了各杆的长度和刚度，则从上述方程中可解出 α 的根，其中最小正根对应的荷载即为临界荷载。例如对于图 13-17a 所示的刚架，有 $k_1 = \dfrac{3EI}{l}$，$k_2 = \infty$，则稳定方程简化为

$$\tan\alpha l = \frac{3\alpha l}{3 + (\alpha l)^2}$$

用试算法可解得最小正根为：$\alpha l = 3.7264$，故临界荷载为

$$F_P = \alpha^2 EI = \frac{13.886EI}{l^2}$$

又如图 13-17b 所示的刚架，容易得到 $k_1 = \infty$，$k_2 = \dfrac{3EI}{2l^3}$，则稳定方程可写为

$$\tan\alpha l = \alpha l - \frac{2}{3}(\alpha l)^3$$

解得最小正根为：$\alpha l = 1.9165$，故临界荷载为

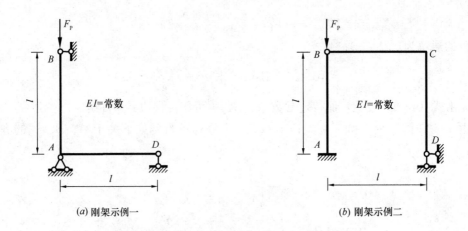

(a) 刚架示例一　　　　　　　　　　(b) 刚架示例二

图 13-17　可简化为带弹性支座压杆的刚架示例

$$F_P = \alpha^2 EI = \frac{3.673EI}{l^2}$$

【例 13-4】图 13-18a 所示结构，压杆和横梁的抗弯刚度分别为 EI、EI_1，忽略杆件的轴向变形，试求以下三种情况的临界荷载：(1) $EI_1 = EI$；(2) $EI_1 \ll EI$；(3) $EI_1 \gg EI$。

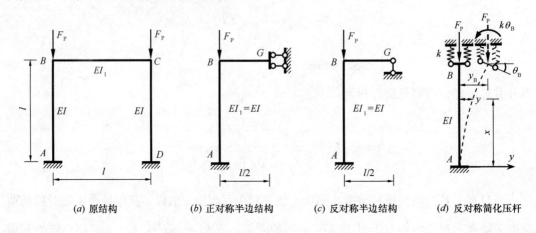

(a) 原结构　　　(b) 正对称半边结构　　　(c) 反对称半边结构　　　(d) 反对称简化压杆

图 13-18　例 13-4 图（$EI_1 = EI$）

【解】此为对称结构承受对称轴压荷载的情况，故其失稳形式要么是正对称，要么是反对称的。稳定分析时可利用对称性取出半边结构，再简化为具有弹性或刚性支座的压杆进行计算。

（1）$EI_1 = EI$

正对称和反对称失稳时可分别取出半边结构如图 13-18b、c 所示。显然正对称失稳的临界荷载要大于下端固定上端铰支的情况，而反对称失稳的临界荷载小于下端固定上端滑动的情况（参见表 13-1），因此实际的失稳形态必然是反对称的。该反对称的半边刚架可简化为图 13-18d 所示具有抗转弹簧支承但水平可滑动的压杆，其中抗转弹簧刚度为

$$k = 3i_{BG} = \frac{6EI}{l} \tag{a}$$

172

假设该压杆失稳时的变形形态如图中虚线所示，其中 B 点的侧移记为 y_B，转角记为 θ_B，则可写出压杆的挠曲微分方程为

$$EIy'' = -F_P(y - y_B) - k\theta_B$$

设 $F_P = \alpha^2 EI$，则方程的通解可写为

$$y = A\cos\alpha x + B\sin\alpha x + y_B - \frac{k\theta_B}{F_P}$$

列出压杆的边界条件如下：

$$x = 0 \text{ 时：} y = 0, \ y' = 0$$
$$x = l \text{ 时：} y = y_B, \ y' = \theta_B$$

利用第二和第四个条件（两端转角条件），可得

$$B = 0, \ \theta_B = -A\alpha\sin\alpha l$$

再利用第一和第三个条件（两端侧移条件）并将上式代入，可得到关于参数 A、y_B 的齐次方程

$$\begin{cases} \left(1 + \dfrac{k}{F_P}\alpha\sin\alpha l\right)A + y_B = 0 \\[3mm] \left(\cos\alpha l + \dfrac{k}{F_P}\alpha\sin\alpha l\right)A = 0 \end{cases}$$

令其系数行列式等于零，并注意到式（a）及 $F_P = \alpha^2 EI$，可得稳定方程为

$$\tan\alpha l + \frac{\alpha l}{6} = 0$$

用试算法求得最小正根：$\alpha l = 2.7164$，故临界荷载为

$$F_P = \alpha^2 EI = \frac{7.379EI}{l^2}$$

（2）$EI_1 \ll EI$

此时可认为 $EI_1 \to 0$，结构相当于图 13-19a 的情况。正对称和反对称失稳时可分别取出半边结构如图 13-19b、c 所示。显然反对称失稳时的特征荷载更小，故临界荷载为

$$F_{Pcr} = \frac{\pi^2 EI}{4l^2} = \frac{2.467EI}{l^2}$$

（3）$EI_1 \gg EI$

此时可认为 $EI_1 \to \infty$，相当于图 13-19d 的情况。正对称和反对称失稳时分别取出半边结构如图 13-19e、f 所示。显然反对称失稳时的特征荷载较小，查表 13-1 可得临界荷载为

$$F_{Pcr} = \frac{\pi^2 EI}{l^2} = \frac{9.870EI}{l^2}$$

从上述三种情况的计算结果可见，$EI_1 \ll EI$ 时刚架的临界荷载最小，$EI_1 \gg EI$ 时其临界荷载最大，$EI_1 = EI$ 时介于这两者之间。这表明横梁刚度越大，临界荷载就越大，结构的稳定性能越好。

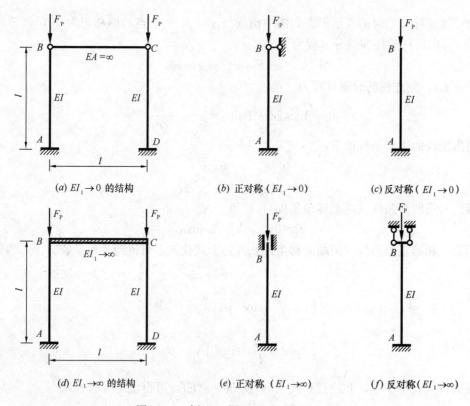

(a) $EI_1 \to 0$ 的结构　　(b) 正对称（$EI_1 \to 0$）　　(c) 反对称（$EI_1 \to 0$）

(d) $EI_1 \to \infty$ 的结构　　(e) 正对称（$EI_1 \to \infty$）　　(f) 反对称（$EI_1 \to \infty$）

图 13-19　例 13-4 图（$EI_1 \to 0$ 和 $EI_1 \to \infty$）

13-4　用能量法确定弹性压杆的临界荷载

能量法确定无限自由度体系的临界荷载的依据仍然是势能驻值原理，现以图 13-20a 所示的两端铰支弹性压杆为例进行说明。设压杆失稳时发生了图中所示的弯曲变形，若忽略轴向变形和剪切变形的影响，则其应变能为

$$U = \frac{1}{2} \int_0^l \frac{M^2}{EI} \mathrm{d}x = \frac{1}{2} \int_0^l EI \, (y'')^2 \mathrm{d}x \quad (13\text{-}6)$$

由图 13-20b 可见，压杆中的任一微段因挠曲倾斜而引起的两端竖向位移之差为

$$\mathrm{d}\lambda = \mathrm{d}x - \sqrt{(\mathrm{d}s)^2 - (\mathrm{d}y)^2} = \mathrm{d}x - \mathrm{d}x\sqrt{1 - (y')^2}$$

$$\approx \frac{1}{2} \, (y')^2 \mathrm{d}x \qquad (13\text{-}7a)$$

积分可得压杆上端总的竖向位移

$$\lambda = \int_0^l \mathrm{d}\lambda = \frac{1}{2} \int_0^l (y')^2 \mathrm{d}x \qquad (13\text{-}7)$$

压杆因挠曲变形引起的**外力势能**为

$$V = -F_P \lambda = -\frac{F_P}{2} \int_0^l (y')^2 \mathrm{d}x \qquad (13\text{-}8)$$

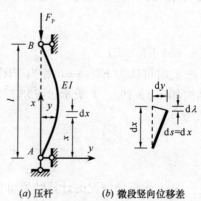

(a) 压杆　　(b) 微段竖向位移差

图 13-20　两端铰支弹性压杆

于是可写出**总势能**表达式如下

$$\Pi = U + V = \frac{1}{2} \int_0^l EI \, (y'')^2 \mathrm{d}x - \frac{F_P}{2} \int_0^l (y')^2 \mathrm{d}x \qquad (13\text{-}9)$$

对于无限自由度的弹性压杆，上式中的挠曲线 y 是一条形式未知的连续曲线，需用无穷多个独立参数表示，因而对总势能取驻值的问题就是一个涉及无穷多个参数的变分计算问题，一般情况下很难获得精确解。实用上常采用近似方法计算，即假设挠曲线 y 可近似用有限个参数表达，这样对总势能的变分就转化为对这有限个参数的微分，从而简化成为一个有限自由度的问题。

为获得近似解，假设压杆的挠曲线形式为如下有限个已知函数的线性组合，即

$$y = \sum_{i=1}^n a_i \varphi_i(x) \qquad (13\text{-}10)$$

式中 $\varphi_i(x)$ 是满足位移边界条件的已知函数，又称为**基函数**；a_i 是任意独立参数。将上式代入式（13-9）中，可知总势能也是这 n 个参数 a_1、a_2、$\cdots$、a_n 的函数。于是，对式（13-9）应用势能驻值原理 $\delta \Pi = 0$，可得到与多自由度体系形式一致的势能驻值方程，参见式（13-4）所示。后续临界荷载的计算与此前完全相同。这一确定临界荷载的近似法又称为**瑞利-里兹法**。

对于图 13-20a 的压杆，以下采用三种函数形式计算临界荷载的近似值。

（1）设挠曲线为正弦曲线

$$y = a \sin \frac{\pi x}{l}$$

显然它满足压杆的位移边界条件。将其代入式（13-9），可得总势能为

$$\Pi = \frac{1}{2} \int_0^l EI \left(-a \frac{\pi^2}{l^2} \sin \frac{\pi x}{l} \right)^2 \mathrm{d}x - \frac{F_P}{2} \int_0^l \left(a \frac{\pi}{l} \cos \frac{\pi x}{l} \right)^2 \mathrm{d}x = \frac{\pi^4 EI}{4l^3} a^2 - \frac{\pi^2}{4l} F_P a^2$$

代入势能驻值方程（13-4），有

$$\frac{\mathrm{d}\Pi}{\mathrm{d}a} = \left(\frac{\pi^4 EI}{2l^3} - \frac{\pi^2}{2l} F_P \right) a = 0$$

因 $a \neq 0$，故其系数必为零，由此得

$$F_{Pcr} = \frac{\pi^2 EI}{l^2}$$

该解恰好是此类压杆临界荷载的精确解，这是由于所假设的挠曲线正好是一条真实的曲线。对于稍复杂的情况一般很难获得相应的精确解。

（2）设挠曲线为二次抛物线

$$y = \frac{4a}{l^2} (lx - x^2)$$

它同样满足位移边界条件。由此可求得总势能为

$$\Pi = \frac{EI}{2} \int_0^l \left(-\frac{8a}{l^2} \right)^2 \mathrm{d}x - \frac{F_P}{2} \int_0^l \left[\frac{4a}{l^2} (l - 2x) \right]^2 \mathrm{d}x = \left(\frac{32EI}{l^3} - \frac{8}{3l} F_P \right) a^2$$

代入势能驻值方程，并注意到 $a \neq 0$，可求得

$$F_{Pcr} = \frac{12EI}{l^2}$$

与精确解相比，该解偏大 21.59%。为获得精度更高的结果，可增加挠曲线项数再作

计算。

（3）设挠曲线为柱中点作用横向集中荷载 F 时的变形线

$$y = \frac{F}{EI}\left(\frac{l^2 x}{16} - \frac{x^3}{12}\right) = \left(\frac{3x}{l} - \frac{4x^3}{l^3}\right)a \quad (0 \leqslant x \leqslant \frac{l}{2})$$

式中 $a = \dfrac{Fl^3}{48EI}$ 为柱中点的挠度。于是可求得总势能为

$$\varPi = \frac{2EI}{2}\int_0^{\frac{l}{2}}\left(-\frac{24x}{l^3}a\right)^2 \mathrm{d}x - \frac{2F_\mathrm{P}}{2}\int_0^{\frac{l}{2}}\left(\frac{3}{l}a - \frac{12x^2}{l^3}a\right)^2 \mathrm{d}x = \left(\frac{24EI}{l^3} - \frac{12}{5l}F_\mathrm{P}\right)a^2$$

由势能驻值方程可求得

$$F_\mathrm{Pcr} = \frac{10EI}{l^2}$$

该解与精确解相比仅偏大 1.32%。对比后两个近似解可见，选取横向荷载作用下的挠曲线作为近似曲线具有较高的计算精度。

从上面的结果还可看到，采用能量法（瑞利-里兹法）计算得到的临界荷载近似值一般总大于其真实值，也即近似解是精确解的一个上限。该结论实际上具有普遍性，这是由于所假设的挠曲线一般为一条近似曲线，可认为它是在精确曲线基础上截断高阶项获得的，相当于在结构中加入了某些约束，从而人为增大了结构的抗失稳能力。就物理上看，从有限个可能位移形式中找到的荷载极小值总大于从无穷多个可能形式中找到的荷载最小值。

采用能量法计算时，所假设的挠曲位移函数至少应满足压杆的位移边界条件。例如选取压杆在某种横向荷载作用下的挠曲线方程作为位移函数，就自然满足这一条件，此时杆件的应变能也可以用该荷载在相应位移上所做的实功代替。

在能量法的应用中，通常选取幂函数、三角函数等作为挠曲线的基函数，表 13-2 列出了四种支承情况下满足位移边界条件的挠曲函数形式，供计算时参考选用。

【例 13-5】 试求等截面悬臂柱在均布竖向力作用下的临界荷载。

【解】 设失稳时悬臂柱的变形状态如图 13-21a 所示。柱内任一微段 $\mathrm{d}x$ 因挠曲倾斜而单独引起的竖向位移 $\mathrm{d}\lambda$ 可用式（13-7a）求得，而 $\mathrm{d}\lambda$ 将使该微段以上的荷载合力在此位移上产生势能（参见图 13-21b），即

$$\mathrm{d}V = -q(l-x)\mathrm{d}\lambda = -\frac{q}{2}(l-x)(y')^2\mathrm{d}x$$

将上式沿杆长积分即得均布荷载在全杆范围内产生的总的外力势能：

$$V = -\int_0^l \frac{q}{2}(l-x)(y')^2\mathrm{d}x \qquad (13\text{-}11)$$

按表 13-2 选取悬臂柱的挠曲函数如下：

$$y = a\left(1 - \cos\frac{\pi x}{2l}\right)$$

代入式（13-6）和（13-11），可求得应变能和外力势能为

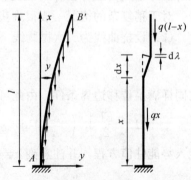

(a) 悬臂柱   (b) 微段竖向位移

图 13-21　例 13-5 图

两端铰支	一端固定一端自由	两端固定	一端固定一端铰支

两端铰支	一端固定一端自由	两端固定	一端固定一端铰支
(a) $y = a_1 \sin \dfrac{\pi x}{l}$ $+ a_2 \sin \dfrac{2\pi x}{l}$ $+ a_3 \sin \dfrac{3\pi x}{l} + \cdots$ (b) $y = a_1 x(l-x)$ $+ a_2 x^2(l-x)$ $+ a_3 x(l-x)^2$ $+ a_4 x^2(l-x)^2$ $+ \cdots$	(a) $y = a_1\left(1 - \cos\dfrac{\pi x}{2l}\right)$ $+ a_2\left(1 - \cos\dfrac{3\pi x}{2l}\right)$ $+ a_3\left(1 - \cos\dfrac{5\pi x}{2l}\right)$ $+ \cdots$ (b) $y = a_1\left(x^2 - \dfrac{x^3}{3l}\right)$ $+ a_2\left(x^2 - \dfrac{x^4}{6l^2}\right)$ $+ a_3\left(x^2 - \dfrac{x^5}{10l^3}\right)$ $+ \cdots$	(a) $y = a_1\left(1 - \cos\dfrac{2\pi x}{l}\right)$ $+ a_2\left(1 - \cos\dfrac{6\pi x}{l}\right)$ $+ a_3\left(1 - \cos\dfrac{10\pi x}{l}\right)$ $+ \cdots$ (b) $y = a_1 x^2(l-x)^2$ $+ a_2 x^3(l-x)^3$ $+ a_3 x^4(l-x)^4$ $+ \cdots$	$y = a_1 x^2(l-x)$ $+ a_2 x^3(l-x)$ $+ a_3 x^4(l-x) + \cdots$

$$U = \frac{1}{2}\int_0^l EI\left(a\,\frac{\pi^2}{4l^2}\cos\frac{\pi x}{2l}\right)^2 \mathrm{d}x = \frac{\pi^4 EI}{64 l^3}a^2$$

$$V = -\frac{q}{2}\int_0^l (l-x)\left(a\,\frac{\pi}{2l}\sin\frac{\pi x}{2l}\right)^2 \mathrm{d}x = -\frac{\pi^2 - 4}{32}qa^2$$

将 U、V 表达式代入势能驻值方程 $\dfrac{\mathrm{d}(U+V)}{\mathrm{d}a} = 0$，经整理得

$$\left[\frac{\pi^4 EI}{l^3} - (2\pi^2 - 8)q\right]a = 0$$

因 $a \neq 0$，故上式系数必为零，由此求得临界荷载为

$$q_{\mathrm{cr}} = \frac{\pi^4}{2\pi^2 - 8}\times\frac{EI}{l^3} = \frac{8.298EI}{l^3}$$

与精确解 $\dfrac{7.837EI}{l^3}$ 相比，该近似解偏大 5.88%。若要获得精度更高的解，可增加挠曲函数的项数，例如按表 13-2 选取前两项计算，这样得到的解与精确解仅相差 0.01%。

13-5 考虑剪切变形的压杆的临界荷载

工程中常用的压杆按其截面组成方式可分为实腹式和格构式两种。**实腹式压杆**的截面是整体连通形式的，例如矩形、工字型（图 13-22a）、圆管形截面等；而**格构式压杆**是指由两个或多个实腹肢杆每隔一定间距用缀件连成整体的组合压杆（图 13-22b、c），按缀件形式的不同一般有缀条式和缀板式两种。**缀条式压杆**中的缀条通常采用角钢或小槽钢，其截面积与肢杆相比要小得多，故与肢杆的连接可视为铰接；而**缀板式压杆**中的缀板与肢杆的连接则一般视为刚接。

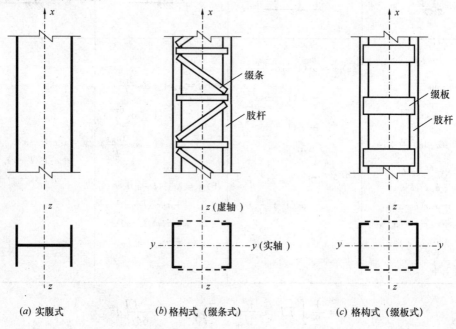

(a) 实腹式   (b) 格构式（缀条式）   (c) 格构式（缀板式）

图 13-22 实腹式和格构式压杆示例

双肢格构式压杆是工程中常用的**组合压杆**形式，其组合截面上一般有两个对称轴，如图 13-22b、c 所示，其中 y 轴称为**实轴**，z 轴称为**虚轴**。这样压杆就存在绕实轴和绕虚轴两种可能的失稳形式，其中前者的计算与此前的实腹式压杆完全相同，以下主要讨论其绕虚轴的稳定计算。

在前面几节关于实腹式压杆的计算中，并未考虑剪切变形对临界荷载的影响。这就相当于假设压杆各截面的剪应变为零，也即变形后的横截面不仅保持为平面，而且仍垂直于变形后的杆轴线（图 13-23a）；杆件的挠度完全由弯曲变形引起。实际上，由于实腹式压杆的截面是连通的，故对于长细比稍大的杆件，上述假设与实际情况是符合很好的。

但是对于格构式压杆，其肢杆与水平缀件之间的夹角在失稳后通常会产生明显的改变（图 13-23b）。当把组合压杆视作一个整体构件时，该角度改变就是杆件因剪切变形而引起的剪切角，计算时应予以考虑。一般情况下，要精确计算出这类组合压杆的临界荷载往往比较困难，实用上常按考虑剪切变形的实腹式压杆的公式进行近似计算。以下先建立实腹式压杆考虑剪切变形时的临界荷载计算式，再将之应用到两类格构式组合压杆中。

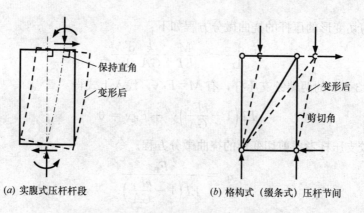

(a) 实腹式压杆杆段　　　　　　(b) 格构式（缀条式）压杆节间

图 13-23　实腹式和格构式压杆的杆段变形

13-5-1　考虑剪切变形的实腹式压杆的临界荷载

以图 13-24a 所示的两端铰支压杆为例，设杆内任一微段首先发生了弯曲变形，此时其横截面仍垂直于变形后的拱轴（图 13-24b 虚线），由此引起的微段相对挠度记为 dy_M；然后进一步发生剪切变形，此时上下横截面将产生相互错动，从而使得横截面不再垂直于变形后的轴线（图 13-24b 细实线），这一角度改变就是微段的剪切角也即截面上的平均剪应变 γ，由此引起的微段相对挠度记为 dy_Q。于是对整个压杆，其任一截面上的挠度可写为

$$y = y_M + y_Q \tag{a}$$

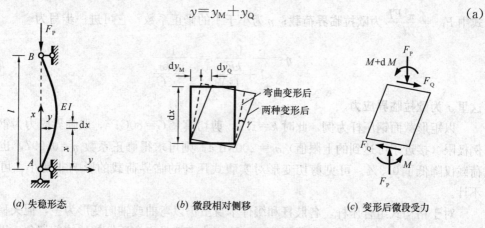

(a) 失稳形态　　　　　　(b) 微段相对侧移　　　　　　(c) 变形后微段受力

图 13-24　考虑剪切变形的实腹式压杆

根据材料力学公式及微段的变形关系（参见图 13-24b、c），可写出其曲率及剪切角的计算式分别为

$$\frac{d^2 y_M}{dx^2} = -\frac{M}{EI} \tag{b}$$

$$\frac{dy_Q}{dx} = \gamma = k\frac{F_Q}{GA} = \frac{k}{GA}\frac{dM}{dx}$$

$$\frac{d^2 y_Q}{dx^2} = \frac{k}{GA}\frac{d^2 M}{dx^2} \tag{c}$$

式中 k 为剪应力分布不均匀系数。将式（b）、（c）相加并注意到式（a），可得到同时考虑

弯曲变形和剪切变形的压杆的挠曲微分方程如下：

$$\frac{d^2 y}{dx^2} = -\frac{M}{EI} + \frac{k}{GA}\frac{d^2 M}{dx^2}$$ (13-12)

对于图 13-24a 的两端铰支压杆，有 $M = F_P y$，代入上式得

$$EI\left(1 - \frac{kF_P}{GA}\right)y'' + F_P y = 0$$

这就是两端铰支压杆考虑剪切变形的挠曲微分方程。令

$$\alpha^2 = \frac{F_P}{EI\left(1 - \dfrac{kF_P}{GA}\right)}$$ (13-13)

则可获得与忽略剪切变形时形式相同的方程，其通解为

$$y = A\cos\alpha x + B\sin\alpha x$$

利用边界条件 $x=0$ 和 $x=l$ 时，$y=0$，以及系数 A、B 不全为零的条件，可得到如下的稳定方程

$$\sin\alpha l = 0$$

其最小正根为 $\alpha l = \pi$，回代到式（13-13），可得临界荷载

$$F_{Pcr} = \frac{1}{1 + \dfrac{k}{GA}\dfrac{\pi^2 EI}{l^2}} \cdot \frac{\pi^2 EI}{l^2} = \eta F_{Pe}$$ (13-14)

式中 $F_{Pe} = \dfrac{\pi^2 EI}{l^2}$ 为**欧拉临界荷载**；η 为小于 1 的修正系数，它可进一步写为

$$\eta = \frac{1}{1 + \dfrac{kF_{Pe}}{GA}} = \frac{1}{1 + \dfrac{k\sigma_e}{G}}$$ (13-15)

这里 σ_e 为欧拉临界应力。

以矩形截面钢压杆为例，此时 $k=1.2$，剪切模量 $G=80\text{GPa}$，取临界应力为钢材的比例极限（接近于可达到的上限值）$\sigma_e = 200\text{MPa}$，则可求得修正系数 $\eta = 0.997$，也即临界荷载仅降低了 0.3%。可见剪切变形对实腹式压杆的临界荷载的影响非常小，可以略去不计。

对于格构式组合压杆，各肢杆和缀件本身虽仍以弯曲或轴向变形为主，但失稳后肢杆与水平连线之间将发生明显的角度改变，这一改变就是组合压杆的整体剪切角。以此剪切角代替实腹式压杆计算式中的相应剪切角，即得组合压杆的临界荷载计算式。

13-5-2　缀条式和缀板式组合压杆的临界荷载

实腹式压杆任一微段的 $\dfrac{k}{GA}$ 可理解为微段在单位剪力作用下所产生的剪切角。于是对于组合压杆，只要取出其中一个节间，求得其在单位横向力作用下的剪切角，由此代替实腹式压杆计算式中的 $\dfrac{k}{GA}$，即可得到组合压杆临界荷载的近似计算式。

先看缀条式压杆的计算（图 13-25a）。前面提到，这类压杆中的连接可视为铰接，故整个组合杆件可视作为一个桁架体系。取出其中一个节间如图 13-25b 所示，在单位横向力作用下，利用位移计算公式容易求得其相对侧移为（考虑到肢杆的截面积一般比缀杆大

得多，故为简化起见这里略去肢杆轴向变形引起的位移）：

$$\delta_{11} = \sum \frac{\overline{F}_N^2 l}{EA} = \frac{d}{E}\left(\frac{1}{A_1 \sin\alpha \cos^2\alpha} + \frac{1}{A_2 \tan\alpha}\right)$$

式中 d 为节间长度，α 为斜缀杆倾角（图 13-25b），A_1、A_2 分别为斜缀杆和横缀杆的截面积。通常情况下，肢杆两侧翼缘上各连有一根缀杆（参见图 13-22b），故式中的 A_1、A_2 应分别为一对斜杆和一对横杆的截面积；若斜杆是交叉布置的（图 13-25c），则 A_1 应为两对斜杆的截面积。

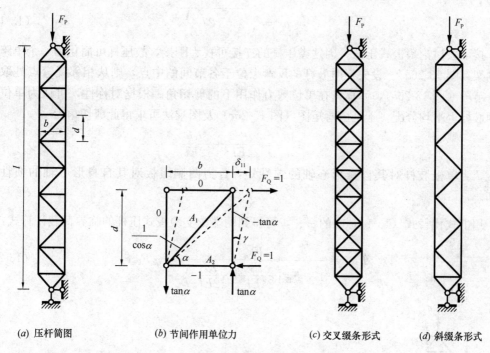

(a) 压杆简图　　　(b) 节间作用单位力　　　(c) 交叉缀条形式　　(d) 斜缀条形式

图 13-25　缀条式压杆简图及节间受力

有了节间的相对侧移 δ_{11}，再除以节间长度 d，可得到该节间的剪切角

$$\gamma = \frac{\delta_{11}}{d} = \frac{1}{E}\left(\frac{1}{A_1 \sin\alpha \cos^2\alpha} + \frac{1}{A_2 \tan\alpha}\right)$$

用上式代替式（13-14）中的 $\frac{k}{GA}$，即得两端铰支缀条式压杆的临界荷载计算式

$$F_{Pcr} = \frac{F_{Pe}}{1 + \frac{F_{Pe}}{E}\left(\frac{1}{A_1 \sin\alpha \cos^2\alpha} + \frac{1}{A_2 \tan\alpha}\right)} = \eta_1 F_{Pe} \tag{13-16}$$

式中 $F_{Pe} = \frac{\pi^2 E I_z}{l^2}$ 为将组合压杆视为实腹式杆件时对虚轴 z 的欧拉临界荷载，I_z 为两肢杆截面对虚轴的惯性矩；上式分母中括号内的前后两项分别代表斜杆和横杆的影响。

如果进一步忽略横杆的影响（相当于图 13-25d 的情况），并考虑到一般 α 为 $30°\sim$ $60°$，可近似取 $\frac{\pi^2}{\sin\alpha \cos^2\alpha} \approx 27$；再引入**计算长度系数** μ、**长细比** $\lambda = \frac{l}{i}$，这里 i 为截面的回转半径，则可将上式写成欧拉问题的形式

$$F_{Pcr} = \frac{\pi^2 E I_z}{(\mu l)^2} \tag{13-17}$$

其中

$$\mu = \sqrt{1 + \frac{27A}{\lambda^2 A_1}} \tag{13-18}$$

这里 A 为肢杆的总截面积，λ 为将组合压杆视为实腹式杆件时对虚轴 z 的长细比。由上式可写出组合压杆的**换算长细比**为

$$\lambda_0 = \mu\lambda = \sqrt{\lambda^2 + 27\frac{A}{A_1}} \tag{13-19}$$

接下去讨论缀板式压杆。因这类压杆的连接可视为刚接，故压杆可简化为一个单跨多层刚架（图 13-26a）。设失稳时肢杆的反弯点位于各节间的中点，则从相邻反弯点处取出一个节段（图 13-26b），计算其在单位剪力作用下的剪切角。根据对称性，可认为单位力在两肢杆上平均分配，于是由弯矩图（图 13-26c）及图乘法可求得此剪切角为

$$\gamma = \frac{\delta_{11}}{d} = \frac{d^2}{24EI} + \frac{bd}{12EI_b}$$

式中 I 为单根肢杆对其自身形心轴的惯性矩，I_b 为两侧缀板对其自身形心轴的惯性矩之和。

用上式代替式（13-14）中的 $\dfrac{k}{GA}$，可得到两端铰支缀板式压杆的临界荷载计算式：

$$F_{Pcr} = \frac{F_{Pe}}{1 + F_{Pe}\left(\dfrac{d^2}{24EI} + \dfrac{bd}{12EI_b}\right)} = \eta_2 F_{Pe} \tag{13-20}$$

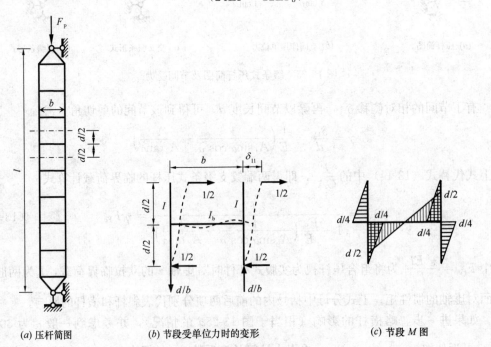

(a) 压杆简图   (b) 节段受单位力时的变形   (c) 节段 M 图

图 13-26　缀板式压杆简图及节段受力

若同样将该式写成式（13-17）所示欧拉问题的形式，并作一些简化处理，则可得到此类组合压杆的**计算长度系数**和**换算长细比**分别为

$$\mu = \sqrt{\frac{\lambda^2 + \lambda_d{}^2}{\lambda^2}}, \qquad \lambda_0 = \mu\lambda = \sqrt{\lambda^2 + \lambda_d{}^2} \tag{13-21}$$

式中 λ_d 为单根肢杆在一个节间范围内的长细比，而 λ 的含义与式（13-18）中相同。

关于缀条式和缀板式组合压杆在计算长度系数和换算长细比近似计算方面的处理原则和简化方法，读者可进一步参阅钢结构教材中的相关内容。

13-6 用矩阵位移法计算刚架的临界荷载

当刚架只承受结点荷载且失稳前各杆只有轴力而无弯曲变形时，此失稳问题属于刚架的第一类失稳（参见图 13-5a）。本节讨论采用矩阵位移法计算此类问题的临界荷载。

采用矩阵位移法计算时，同样需要先划分单元，再进行单元分析，建立各单元的刚度矩阵；然后集成结构的整体刚度矩阵，进而组建位移法方程并求解。但是与第 11 章内力计算有所不同的是，首先在对压杆进行单元分析时，轴力不再与挠度无关，而是直接相关的，故称这种单元为**压杆单元**；其次对于第一类失稳问题，当忽略轴向变形时，作用于刚架上的结点荷载并不会在自由度方向的附加约束上产生约束反力，因而位移法方程中的等效结点荷载向量为一零向量，方程为一齐次方程。要获得非零的结点位移解，该方程的系数行列式必为零，由此可建立稳定方程，并从中解出临界荷载。

13-6-1 压杆单元的刚度矩阵

对压杆单元进行精确分析比较繁琐，也不便于计算机实现，故这里采用能量法进行近似分析。图 13-27 为一等截面压杆单元，其杆端除作用有纵向力 F_P 外，在挠曲变形后，通常还会产生弯矩和剪力。若忽略杆件的轴向变形，则可写出其杆端力和杆端位移向量如下：

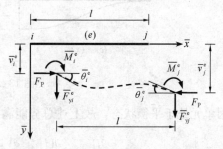

图 13-27 压杆单元的杆端力和杆端位移

$$\overline{\boldsymbol{\Delta}}^e = \begin{Bmatrix} \overline{\Delta}_1^e \\ \overline{\Delta}_2^e \\ \overline{\Delta}_3^e \\ \overline{\Delta}_4^e \end{Bmatrix} = \begin{Bmatrix} \overline{v}_i^e \\ \overline{\theta}_i^e \\ \overline{v}_j^e \\ \overline{\theta}_j^e \end{Bmatrix}, \; \overline{\boldsymbol{F}}^e = \begin{Bmatrix} \overline{F}_1^e \\ \overline{F}_2^e \\ \overline{F}_3^e \\ \overline{F}_4^e \end{Bmatrix} = \begin{Bmatrix} \overline{F}_{yi}^e \\ \overline{M}_i^e \\ \overline{F}_{yj}^e \\ \overline{M}_j^e \end{Bmatrix}$$

采用能量法分析时，需先设定压杆的挠曲线形状。这里近似设其为如下的三次多项式：

$$y(x) = A + Bx + Cx^2 + Dx^3 \tag{a}$$

显然，在杆端力作用下，若不计纵向力对挠度的影响，则上述三次式为挠度的精确表达式；但压杆是需要计入这一影响的，故该三次式为一近似表达式。式中的四个常系数 A、B、C 和 D 可由下面的边界条件确定：

当 $x=0$ 时，$y = \overline{v}_i^e$ 和 $y' = \overline{\theta}_i^e$；

当 $x=l$ 时，$y = \overline{v}_j^e$ 和 $y' = \overline{\theta}_j^e$。

求得四个常系数后，将其回代到式（a），经整理可得到挠曲函数为：

$$y = \sum_{m=1}^{4} \overline{\Delta}_m^e \varphi_m(x) = \overline{v}_i^e \varphi_1(x) + \overline{\theta}_i^e \varphi_2(x) + \overline{v}_j^e \varphi_3(x) + \overline{\theta}_j^e \varphi_4(x) \qquad (13\text{-}22)$$

式中

$$\left. \begin{array}{ll} \varphi_1(x) = 1 - \dfrac{3x^2}{l^2} + \dfrac{2x^3}{l^3}, & \varphi_2(x) = x - \dfrac{2x^2}{l} + \dfrac{x^3}{l^2} \\[3mm] \varphi_3(x) = \dfrac{3x^2}{l^2} - \dfrac{2x^3}{l^3}, & \varphi_4(x) = -\dfrac{x^2}{l} + \dfrac{x^3}{l^2} \end{array} \right\} \qquad (13\text{-}23)$$

分别表示 $\overline{\Delta}_m^e = 1$（$m = 1, 2, 3, 4$）时所引起的杆件挠曲函数，称之为**形状函数**，其形状曲线如图 13-28 所示。这四个形状函数是在未考虑纵向力影响的情况下设定的，故属近似函数，在稳定计算中可通过增加单元的数目来达到提高计算精度的目的。

单元变形后其总势能由三部分组成：应变能 U、纵向力势能 V_P 和横向力势能 V_Q，即

$$\begin{aligned} \Pi = U + V_P + V_Q &= \frac{1}{2} \int_0^l EI\,(y'')^2 \mathrm{d}x - \frac{F_P}{2} \int_0^l (y')^2 \mathrm{d}x - \sum_{m=1}^{4} \overline{F}_m^e \overline{\Delta}_m^e \\ &= \frac{1}{2} \int_0^l EI \left[\sum_{m=1}^{4} \overline{\Delta}_m^e \varphi''_m(x) \right]^2 \mathrm{d}x - \frac{F_P}{2} \int_0^l \left[\sum_{m=1}^{4} \overline{\Delta}_m^e \varphi'_m(x) \right]^2 \mathrm{d}x - \sum_{m=1}^{4} \overline{F}_m^e \overline{\Delta}_m^e \end{aligned}$$

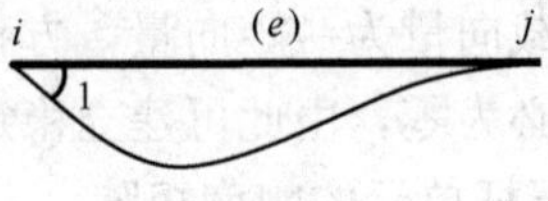

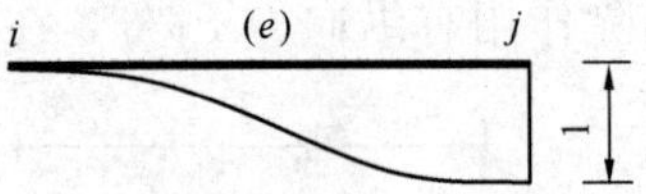

(b)

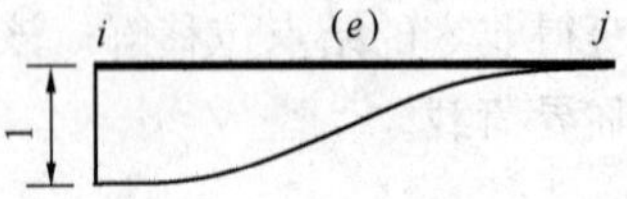

图 13-28　形状函数曲线图

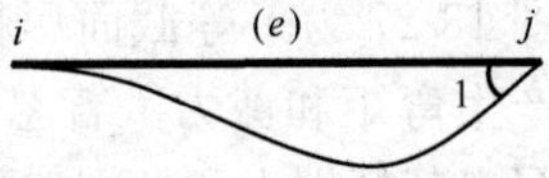

因单元处于平衡状态，故上述总势能满足如下的势能驻值方程

$$\frac{\partial \Pi}{\partial \overline{\Delta}_m^e} = \frac{\partial U}{\partial \overline{\Delta}_m^e} + \frac{\partial V_P}{\partial \overline{\Delta}_m^e} + \frac{\partial V_Q}{\partial \overline{\Delta}_m^e} = 0 \quad (m = 1, 2, 3, 4)$$

将式（b）代入，经整理可得到压杆单元的杆端力-杆端位移关系式，即其**刚度方程**如下：

$$\overline{F}_m^e = \sum_{n=1}^{4} \overline{k}_{mn} \overline{\Delta}_n^e - \sum_{n=1}^{4} \overline{s}_{mn} \overline{\Delta}_n^e \quad (m = 1, 2, 3, 4) \qquad (13\text{-}24)$$

其中

$$\left. \begin{array}{l} \overline{k}_{mn} = \displaystyle\int_0^l EI \varphi''_m \varphi''_n \mathrm{d}x \\[3mm] \overline{s}_{mn} = F_P \displaystyle\int_0^l \varphi'_m \varphi'_n \mathrm{d}x \end{array} \right\} \quad (m, n = 1, 2, 3, 4) \qquad (13\text{-}25)$$

式（13-24）中的四个方程可合并写成如下的矩阵形式：

$$
\begin{bmatrix} \overline{F}_{yi}^{\mathrm{e}} \\ \overline{M}_i^{\mathrm{e}} \\ \overline{F}_{yj}^{\mathrm{e}} \\ \overline{M}_j^{\mathrm{e}} \end{bmatrix} = \begin{bmatrix} \bar{k}_{11} & \bar{k}_{12} & \bar{k}_{13} & \bar{k}_{14} \\ \bar{k}_{21} & \bar{k}_{22} & \bar{k}_{23} & \bar{k}_{24} \\ \bar{k}_{31} & \bar{k}_{32} & \bar{k}_{33} & \bar{k}_{34} \\ \bar{k}_{41} & \bar{k}_{42} & \bar{k}_{43} & \bar{k}_{44} \end{bmatrix} \begin{bmatrix} \bar{v}_i^{\mathrm{e}} \\ \bar{\theta}_i^{\mathrm{e}} \\ \bar{v}_j^{\mathrm{e}} \\ \bar{\theta}_j^{\mathrm{e}} \end{bmatrix} - \begin{bmatrix} \bar{s}_{11} & \bar{s}_{12} & \bar{s}_{13} & \bar{s}_{14} \\ \bar{s}_{21} & \bar{s}_{22} & \bar{s}_{23} & \bar{s}_{24} \\ \bar{s}_{31} & \bar{s}_{32} & \bar{s}_{33} & \bar{s}_{34} \\ \bar{s}_{41} & \bar{s}_{42} & \bar{s}_{43} & \bar{s}_{44} \end{bmatrix} \begin{bmatrix} \bar{v}_i^{\mathrm{e}} \\ \bar{\theta}_i^{\mathrm{e}} \\ \bar{v}_j^{\mathrm{e}} \\ \bar{\theta}_j^{\mathrm{e}} \end{bmatrix}
$$

或简写为

$$
\overline{\boldsymbol{F}}^{\mathrm{e}} = (\overline{\boldsymbol{k}}^{\mathrm{e}} - \overline{\boldsymbol{s}}^{\mathrm{e}}) \overline{\boldsymbol{\Delta}}^{\mathrm{e}} \tag{13-26}
$$

利用式（13-23），经积分后得到两个单元刚度矩阵为

$$
\overline{\boldsymbol{k}}^{\mathrm{e}} = \begin{bmatrix} \dfrac{12EI}{l^3} & \dfrac{6EI}{l^2} & -\dfrac{12EI}{l^3} & \dfrac{6EI}{l^2} \\ \dfrac{6EI}{l^2} & \dfrac{4EI}{l} & -\dfrac{6EI}{l^2} & \dfrac{2EI}{l} \\ -\dfrac{12EI}{l^3} & -\dfrac{6EI}{l^2} & \dfrac{12EI}{l^3} & -\dfrac{6EI}{l^2} \\ \dfrac{6EI}{l^2} & \dfrac{2EI}{l} & -\dfrac{6EI}{l^2} & \dfrac{4EI}{l} \end{bmatrix} \tag{13-27}
$$

$$
\overline{\boldsymbol{s}}^{\mathrm{e}} = F_{\mathrm{P}} \begin{bmatrix} \dfrac{6}{5l} & \dfrac{1}{10} & -\dfrac{6}{5l} & \dfrac{1}{10} \\ \dfrac{1}{10} & \dfrac{2l}{15} & -\dfrac{1}{10} & -\dfrac{l}{30} \\ -\dfrac{6}{5l} & -\dfrac{1}{10} & \dfrac{6}{5l} & -\dfrac{1}{10} \\ \dfrac{1}{10} & -\dfrac{l}{30} & -\dfrac{1}{10} & \dfrac{2l}{15} \end{bmatrix} \tag{13-28}
$$

这里 $\overline{\boldsymbol{k}}^{\mathrm{e}}$ 为不考虑纵向力影响的普通单元刚度矩阵，与第 11 章式（11-26）中的普通梁单元一致；$\overline{\boldsymbol{s}}^{\mathrm{e}}$ 为考虑纵向力影响的附加刚度矩阵，称之为**单元几何刚度矩阵**。

为了便于坐标变换，可在杆端轴向位移方向上添加零元素，形成如下的 6×6 矩阵：

$$
\overline{\boldsymbol{k}}^{\mathrm{e}} - \overline{\boldsymbol{s}}^{\mathrm{e}} = \frac{EI}{l^3} \begin{bmatrix} 0 & 0 & 0 & 0 & 0 & 0 \\ 0 & 12 & 6l & 0 & -12 & 6l \\ 0 & 6l & 4l^2 & 0 & -6l & 2l^2 \\ 0 & 0 & 0 & 0 & 0 & 0 \\ 0 & -12 & -6l & 0 & 12 & -6l \\ 0 & 6l & 2l^2 & 0 & -6l & 4l^2 \end{bmatrix} - \frac{F_{\mathrm{P}}}{30l} \begin{bmatrix} 0 & 0 & 0 & 0 & 0 & 0 \\ 0 & 36 & 3l & 0 & -36 & 3l \\ 0 & 3l & 4l^2 & 0 & -3l & -l^2 \\ 0 & 0 & 0 & 0 & 0 & 0 \\ 0 & -36 & -3l & 0 & 36 & -3l \\ 0 & 3l & -l^2 & 0 & -3l & 4l^2 \end{bmatrix}
$$

$$
\tag{13-29}
$$

此时单元刚度方程（13-26）中的杆端力和杆端位移向量也扩充为具有 6 个分量的向量，与式（11-1）形式相同，显然这里沿杆轴方向的刚度关系是一种虚拟的关系。

13-6-2 矩阵位移法步骤及示例

上面已建立了压杆单元在局部坐标系下的单元刚度矩阵，后续的坐标变换及整体刚度矩阵的集成可参照第 11 章一般杆件单元的方法进行。下面针对矩形刚架的第一类失稳问

题，给出矩阵位移法确定临界荷载的计算步骤：

（1）对刚架进行离散。就失稳前无轴压力的杆件而言，通常一根杆件作为一个单元；而对于压杆，为提高计算精度，可划分为多个单元。

（2）按式（13-29）形成局部坐标系下的单元刚度矩阵。

（3）利用如下的坐标变换式，获得整体坐标系下的单元刚度矩阵：

$$k^e - s^e = T^T (\bar{k}^e - \bar{s}^e) T \tag{13-30}$$

其中坐标变换矩阵 T 与式（11-10）相同。这样整体坐标系下的单元刚度方程可写为

$$F^e = (k^e - s^e) \Delta^e \tag{13-31}$$

其中 F^e、Δ^e 与式（11-6）形式一致。

（4）忽略杆件的轴向变形，引入位移边界条件，由此写出各单元的定位向量，并按第 11 章所述的"对号入座"方法形成结构的整体刚度矩阵 $K - S$，这里 S 为**整体几何刚度矩阵**。

（5）令结构的等效结点荷载向量为零，写出位移法方程如下：

$$(K - S)\Delta = 0 \tag{13-32}$$

这里 Δ 为结构的整体结点位移向量。为使 Δ 具有非零解，必有

$$|K - S| = 0 \tag{13-33}$$

这就是刚架第一类失稳的稳定方程，展开并求其最小正根即得临界荷载。若将求得的各根回代到式（13-32），则可得到各结点位移的比值，也即刚架的各阶失稳模态。

【**例 13-6**】用矩阵位移法计算图 13-29a 所示对称刚架的临界荷载。

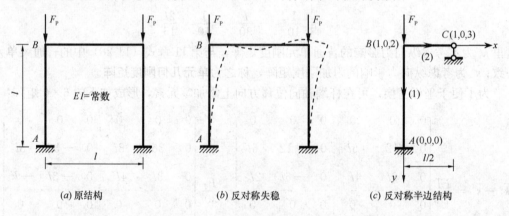

(a) 原结构　　　　(b) 反对称失稳　　　　(c) 反对称半边结构

图 13-29　例 13-6 图（反对称失稳）

【**解**】该刚架的失稳形式是正对称或反对称的，以下利用对称性分别予以计算。

（1）反对称失稳形式（图 13-29b）

根据对称性，取出半边结构进行分析，如图 13-29c 所示。每根杆件作为一个单元，单元编号为（1）、（2），其局部坐标 $\bar{x}$ 轴沿图中杆内箭头方向；各结点位移的整体编码如图所标示。

单元（1）为压杆单元，其在局部坐标系下的单元刚度矩阵与式（13-29）相同。该单元的方位角 $\alpha = 90°$，按式（13-30）进行坐标变换，可得到整体坐标系下的单元刚度矩阵为

$$k^{(1)} - s^{(1)} = \frac{EI}{l^3} \begin{bmatrix} 12 & 0 & -6l & -12 & 0 & -6l \\ 0 & 0 & 0 & 0 & 0 & 0 \\ -6l & 0 & 4l^2 & 6l & 0 & 2l^2 \\ -12 & 0 & 6l & 12 & 0 & 6l \\ 0 & 0 & 0 & 0 & 0 & 0 \\ -6l & 0 & 2l^2 & 6l & 0 & 4l^2 \end{bmatrix} - \frac{F_P}{30l} \begin{bmatrix} 36 & 0 & -3l & -36 & 0 & -3l \\ 0 & 0 & 0 & 0 & 0 & 0 \\ -3l & 0 & 4l^2 & 3l & 0 & -l^2 \\ -36 & 0 & 3l & 36 & 0 & 3l \\ 0 & 0 & 0 & 0 & 0 & 0 \\ -3l & 0 & -l^2 & 3l & 0 & 4l^2 \end{bmatrix}$$

单元（2）无轴压力，即其 $F_P = 0$，故容易写出其在整体坐标系下的单元刚度矩阵如下：

$$k^{(2)} = \frac{EI}{l^3} \begin{bmatrix} 0 & 0 & 0 & 0 & 0 & 0 \\ 0 & 96 & 24l & 0 & -96 & 24l \\ 0 & 24l & 8l^2 & 0 & -24l & 4l^2 \\ 0 & 0 & 0 & 0 & 0 & 0 \\ 0 & -96 & -24l & 0 & 96 & -24l \\ 0 & 24l & 4l^2 & 0 & -24l & 8l^2 \end{bmatrix} \tag{a}$$

两单元的定位向量为：

$$\boldsymbol{\lambda}^{(1)} = \begin{bmatrix} 1 & 0 & 2 & 0 & 0 & 0 \end{bmatrix}^T$$
$$\boldsymbol{\lambda}^{(2)} = \begin{bmatrix} 1 & 0 & 2 & 1 & 0 & 3 \end{bmatrix}^T$$

按"对号入座"方法形成整体刚度矩阵如下：

$$\boldsymbol{K} - \boldsymbol{S} = \begin{bmatrix} \dfrac{12EI}{l^3} - \dfrac{6F_P}{5l} & -\dfrac{6EI}{l^2} + \dfrac{F_P}{10} & 0 \\ -\dfrac{6EI}{l^2} + \dfrac{F_P}{10} & \dfrac{12EI}{l} - \dfrac{2F_P l}{15} & \dfrac{4EI}{l} \\ 0 & \dfrac{4EI}{l} & \dfrac{8EI}{l} \end{bmatrix} = \frac{EI}{l^3} \begin{bmatrix} 12 - 36\beta & (3\beta - 6)l^2 & 0 \\ (3\beta - 6)l^2 & (12 - 4\beta)l^2 & 4l^2 \\ 0 & 4l^2 & 8l^2 \end{bmatrix}$$

式中 $\beta = \dfrac{F_P l^2}{30EI}$。令 $|\boldsymbol{K} - \boldsymbol{S}| = 0$，展开可得稳定方程

$$45\beta^2 - 124\beta + 28 = 0$$

解方程得最小正根：$\beta = 0.24815$，故临界荷载为

$$F_{Pcr} = \frac{7.445EI}{l^2} \tag{b}$$

（2）正对称失稳形式（图 13-30a）

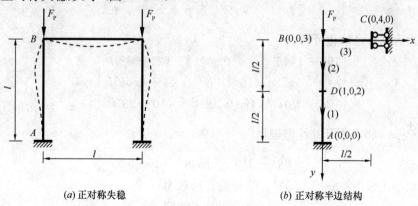

(a) 正对称失稳 (b) 正对称半边结构

图 13-30　例 13-6 图（正对称失稳）

此时的半边结构如图 13-30b 所示，其中 AB 杆为压杆，BC 杆为普通杆。为提高计算精度，这里将 AB 杆划分为两个单元，各单元及结点位移编码如图中所标示。

单元（1）、（2）在整体坐标系下的刚度矩阵为

$$k^{(1)} - s^{(1)} = k^{(2)} - s^{(2)}$$

$$= \frac{EI}{l^3} \begin{bmatrix} 96 & 0 & -24l & -96 & 0 & -24l \\ 0 & 0 & 0 & 0 & 0 & 0 \\ -24l & 0 & 8l^2 & 24l & 0 & 4l^2 \\ -96 & 0 & 24l & 96 & 0 & 24l \\ 0 & 0 & 0 & 0 & 0 & 0 \\ -24l & 0 & 4l^2 & 24l & 0 & 8l^2 \end{bmatrix} - \frac{F_P}{60l} \begin{bmatrix} 144 & 0 & -6l & -144 & 0 & -6l \\ 0 & 0 & 0 & 0 & 0 & 0 \\ -6l & 0 & 4l^2 & 6l & 0 & -l^2 \\ -144 & 0 & 6l & 144 & 0 & 6l \\ 0 & 0 & 0 & 0 & 0 & 0 \\ -6l & 0 & -l^2 & 6l & 0 & 4l^2 \end{bmatrix}$$

单元（3）在整体坐标系下的刚度矩阵与反对称失稳时的单元（2）相同，如式（a）所示。

由图 13-30b 可知三单元的定位向量分别为：

$$\boldsymbol{\lambda}^{(1)} = \begin{bmatrix} 1 & 0 & 2 & 0 & 0 & 0 \end{bmatrix}^T$$

$$\boldsymbol{\lambda}^{(2)} = \begin{bmatrix} 0 & 0 & 3 & 1 & 0 & 2 \end{bmatrix}^T$$

$$\boldsymbol{\lambda}^{(3)} = \begin{bmatrix} 0 & 0 & 3 & 0 & 4 & 0 \end{bmatrix}^T$$

由此形成结构的整体刚度矩阵如下：

$$\boldsymbol{K} - \boldsymbol{S} = \begin{bmatrix} \dfrac{192EI}{l^3} - \dfrac{24F_P}{5l} & 0 & \dfrac{24EI}{l^2} - \dfrac{F_P}{10} & 0 \\ 0 & \dfrac{16EI}{l} - \dfrac{2F_P l}{15} & \dfrac{4EI}{l} + \dfrac{F_P l}{60} & 0 \\ \dfrac{24EI}{l^2} - \dfrac{F_P}{10} & \dfrac{4EI}{l} + \dfrac{F_P l}{60} & \dfrac{16EI}{l} - \dfrac{F_P l}{15} & -\dfrac{24EI}{l^2} \\ 0 & 0 & -\dfrac{24EI}{l^2} & \dfrac{96EI}{l^3} \end{bmatrix}$$

令其行列式为零，经简化可得

$$\begin{vmatrix} 192 - 144\beta & 0 & (24 - 3\beta)l \\ 0 & (16 - 4\beta)l^2 & (4 + 0.5\beta)l^2 \\ (24 - 3\beta)l & (4 + 0.5\beta)l^2 & (10 - 2\beta)l^2 \end{vmatrix} = 0$$

式中 $\beta = \dfrac{F_P l^2}{30EI}$，将其展开并经整理得

$$6\beta^3 - 61\beta^2 + 160\beta - 96 = 0$$

该方程的最小正根为：$\beta = 0.85561$，故得临界荷载为

$$F'_{Pcr} = \frac{25.668EI}{l^2}$$

该临界荷载与此半边结构的精确解 $F'_{Pcr} = \dfrac{25.182EI}{l^2}$ 相比，仅偏大 1.93%。但如果计算中将 AB 杆作为一个单元，则容易求得 $F'_{Pcr} = \dfrac{45EI}{l^2}$，与精确解相比误差达 78.7%。实际上，上述能量法的计算误差与 $\dfrac{F_P l^2}{EI}$ 之值有关，当 $\dfrac{F_P l^2}{EI} < 10$ 时一般误差较小；若 $\dfrac{F_P l^2}{EI} > 10$，则可通过细分单元以提高计算精度。

综合正、反对称的计算结果，可知原结构的实际失稳是反对称的，其临界荷载如式（b）所示。该临界荷载与例 13-4 中的精确解 $F_{Pcr} = \dfrac{7.379EI}{l^2}$ 相比，误差仅为 0.89%。

13-7 拱和窄条梁的稳定计算

13-7-1 拱的稳定

从第 3 章和第 8 章中得知，当圆弧拱承受静水压力（均匀径向压力），抛物线拱承受沿水平分布的竖向均布荷载时，若忽略拱的轴向变形，则拱处于一种无弯曲的纯压受力状态。此时若所作用的荷载达到某一临界值，则拱会偏离原来的轴线位置而进入新的弯曲形式的平衡状态（参见图 13-5b）。这种现象就是**拱的第一类失稳**。本小节主要讨论用静力法分析圆弧拱的第一类失稳问题，同时对抛物线拱的临界荷载近似计算作一简要阐述。

首先建立圆弧曲杆的挠曲平衡微分方程。设从半径为 R 的等截面圆弧曲杆中取出长度为 ds 的微段（图 13-31a），发生弯曲变形后其位置从 AB 移到了 $A'B'$，半径由 R 变为 $R + \Delta R$。此时微段的曲率改变与弯矩的关系为

$$\frac{1}{R + \Delta R} - \frac{1}{R} = -\frac{M}{EI} \tag{a}$$

式中 EI 为曲杆截面的弯曲刚度，弯矩 M 以使曲率减小（或 R 增大）为正。若用弧长及相应圆心角表示，则上式可改写为

$$\frac{d\varphi + \Delta d\varphi}{ds} - \frac{d\varphi}{ds} = \frac{\Delta d\varphi}{ds} = -\frac{M}{EI} \tag{b}$$

这里 $\Delta d\varphi$ 为微段变形后 A、B 两截面的相对转角。

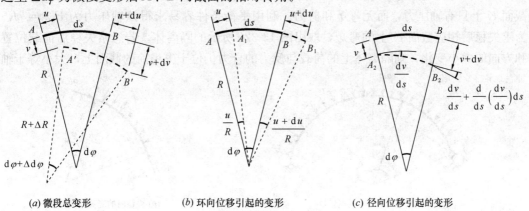

(a) 微段总变形　　　　(b) 环向位移引起的变形　　　　(c) 径向位移引起的变形

图 13-31　圆拱微段的失稳变形

设 A、B 两端的环向位移分别为 u、$u+\mathrm{d}u$，径向位移分别为 v、$v+\mathrm{d}v$，参见图 13-31a，则由环向位移单独引起的两截面相对转角为（图 13-31b）

$$\Delta\mathrm{d}\varphi_1 = \frac{u+\mathrm{d}u}{R} - \frac{u}{R} = \frac{\mathrm{d}u}{R}$$

而由径向位移单独引起的两截面相对转角为（图 13-31c）

$$\Delta\mathrm{d}\varphi_2 = \frac{\mathrm{d}v}{\mathrm{d}s} + \frac{\mathrm{d}}{\mathrm{d}s}\left(\frac{\mathrm{d}v}{\mathrm{d}s}\right)\mathrm{d}s - \frac{\mathrm{d}v}{\mathrm{d}s} = \frac{\mathrm{d}^2v}{\mathrm{d}s^2}\mathrm{d}s$$

故有

$$\Delta\mathrm{d}\varphi = \Delta\mathrm{d}\varphi_1 + \Delta\mathrm{d}\varphi_2 = \frac{\mathrm{d}u}{R} + \frac{\mathrm{d}^2v}{\mathrm{d}s^2}\mathrm{d}s$$

将上式代入式（b），可得

$$\frac{1}{R}\frac{\mathrm{d}u}{\mathrm{d}s} + \frac{\mathrm{d}^2v}{\mathrm{d}s^2} = -\frac{M}{EI} \tag{13-34}$$

这就是圆弧曲杆一般形式的挠曲平衡微分方程。

如果忽略曲杆的轴向变形，则位移 u 和 v 将不再相互独立，也就是由环向位移引起的微段伸长量 $\mathrm{d}u$，与径向位移引起的微段缩短量 $R\mathrm{d}\varphi - (R-v)\mathrm{d}\varphi = v\mathrm{d}\varphi$ 彼此相等，即

$$\mathrm{d}u = v\mathrm{d}\varphi$$

将其代入式（13-34），并注意到 $\mathrm{d}s = R\mathrm{d}\varphi$，得

$$\frac{v}{R^2} + \frac{\mathrm{d}^2v}{\mathrm{d}s^2} = -\frac{M}{EI} \tag{13-35a}$$

式中等号左边第一项是微段发生径向位移而引起的曲率改变，第二项则与直杆的情况相同。利用 $\mathrm{d}s = R\mathrm{d}\varphi$，该式可改写为

$$\frac{\mathrm{d}^2v}{\mathrm{d}\varphi^2} + v = -\frac{R^2}{EI}M \tag{13-35b}$$

这就是圆弧形曲杆忽略轴向变形时的挠曲平衡微分方程。

接下去讨论承受静水压力的圆弧拱的稳定计算问题（图 13-32a）。显然失稳前任一拱截面 K 上只有轴压力，而无弯矩和剪力；利用平衡条件容易求得该轴压力为 $F_{N0} = qR$。为求失稳后相应截面 K' 上的弯矩，取出图 13-32b 所示的隔离体。若忽略失稳后荷载位置和方向的微小变化，则隔离体上的荷载与反力的合力仍位于失稳前的截面上，大小等于轴

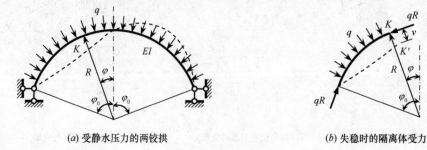

(a) 受静水压力的两铰拱　　　　　　　　　(b) 失稳时的隔离体受力

图 13-32　圆弧拱的第一类失稳

压力 qR。于是失稳后 K' 截面上的弯矩就等于此轴压力乘以径向位移 v，即

$$M = qRv \tag{c}$$

将上式代入式（13-35b），经整理有

$$\frac{\mathrm{d}^2 v}{\mathrm{d}\varphi^2} + \left(1 + \frac{qR^3}{EI}\right)v = 0$$

令

$$k^2 = 1 + \frac{qR^3}{EI} \tag{13-36}$$

则有

$$\frac{\mathrm{d}^2 v}{\mathrm{d}\varphi^2} + k^2 v = 0 \tag{13-37}$$

这就是受静水压力作用的圆弧拱的挠曲平衡微分方程，适用于支座转角未受约束的各类情况。该方程的通解为

$$v = A\cos k\varphi + B\sin k\varphi \tag{13-38}$$

对于具体问题，可根据位移条件写出关于常系数 A、B 的齐次线性方程，令其系数行列式等于零，即得稳定方程，从而解出临界荷载。

例如对于图 13-32a 所示的两铰拱，其位移边界条件为

$$\varphi = \pm \varphi_0 \text{ 时}, v = 0$$

将其代入式（13-38），可得

$$\begin{cases} A\cos k\varphi_0 + B\sin k\varphi_0 = 0 \\ A\cos k\varphi_0 - B\sin k\varphi_0 = 0 \end{cases} \tag{d}$$

令其系数行列式等于零，得

$$\sin k\varphi_0 \cos k\varphi_0 = 0$$

1）若取 $\sin k\varphi_0 = 0$，则有

$$k = \frac{m\pi}{\varphi_0} \quad (m = 1,2,3,\cdots)$$

令 $m = 1$，便得 k 的最小正根，代入式（13-36），可求得临界荷载

$$q_{\mathrm{cr}} = \left(\frac{\pi^2}{\varphi_0^2} - 1\right)\frac{EI}{R^3} \tag{13-39}$$

由于此时 $\cos k\varphi_0$ 可为任意值，故由式（d）知 $A = 0$，失稳时的径向位移表达式为 $v = B\sin k\varphi$，表明失稳形态是反对称的。

2）若取 $\cos k\varphi_0 = 0$，则 $\sin k\varphi_0$ 可为任意值，故知 $B = 0$，可得径向位移为 $v = A\cos k\varphi$，失稳形态是正对称的。由此求得的临界荷载大于反对称的情况，因此两铰拱最终的失稳形态是反对称的，其临界荷载如式（13-39）所示。

与两铰拱类似，圆弧形无铰拱在静水压力作用下的最终失稳形态也是反对称的（图 13-33a）。但是无铰拱失稳时其拱脚处存在弯矩，该弯矩并不能用式（c）表达，故式

（13-38）的通解对其不能适用。若设反对称失稳时拱脚处的反力矩为 M_0，则由 M_0 单独引起的拱内弯矩沿水平方向成线性分布，如图 13-33a 下方所示。这样，连同式（c）中的弯矩，此时任一截面上的弯矩表达式可写为

$$M = qRv - \frac{2M_0 x}{l} = qRv - \frac{M_0 \sin\varphi}{\sin\varphi_0}$$

将其代入式（13-35b），同样可求出临界荷载。

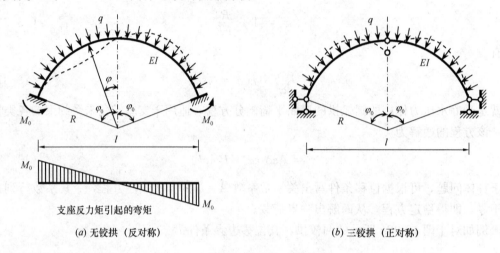

（a）无铰拱（反对称）　　　　　　　　　　（b）三铰拱（正对称）

图 13-33　无铰拱和三铰拱的失稳形态

在静水压力作用下，圆弧形三铰拱的反对称失稳形态及相应的临界荷载与两铰拱相同；但研究发现，三铰拱还存在临界荷载值更小的正对称失稳形态，如图 13-33b 所示，这与两铰拱和无铰拱的情况有所不同。为了便于应用，将三类圆弧拱的临界荷载写成如下的统一形式：

$$q_{cr} = K_1 \frac{EI}{l^3} \tag{13-40}$$

式中 l 是拱的跨度，K_1 是与高跨比有关的**临界荷载系数**，其值列于表 13-3 中。

等截面圆拱在静水压力作用下的临界荷载系数 K_1 值　　　　　　　表 13-3

f/l	半圆心角 φ_0	无铰拱	两铰拱	三铰拱
0.1	22°37′	58.9	28.4	22.2
0.2	43°36′	90.4	39.3	33.5
0.3	61°55′	93.4	40.9	34.9
0.4	77°19′	80.7	32.8	30.2
0.5	90°	64.0	24.0	24.0

抛物线拱在竖向均布荷载作用下的稳定计算比较复杂，要获得其精确解往往存在困难，实用上常采用数值方法进行近似计算。例如用多边形折线代替原来的拱轴线，并把分布荷载集中到多边形结点上，从而将拱简化为一个多边形刚架的计算问题，其临界荷载可用上一节介绍的矩阵位移法求出。

等截面抛物线拱的临界荷载也可写成与圆弧拱类似的形式，即

$$q_{cr} = K_2 \frac{EI}{l^3} \tag{13-41}$$

式中的**临界荷载系数** K_2 之值列于表 13-4 中。

等截面抛物线拱在竖向均布荷载作用下的临界荷载系数 K_2 值　　　　表 13-4

f/l	无铰拱	两铰拱	三铰拱	
			对称失稳	反对称失稳
0.1	60.7	28.5	22.5	28.5
0.2	101.0	45.4	39.6	45.4
0.3	115.0	46.5	47.3	46.5
0.4	111.0	43.9	49.2	43.9
0.5	97.4	38.4	—	38.4
0.6	83.8	30.5	38.0	30.5

13-7-2　窄条梁的稳定

为提高梁在平面内的抗弯能力，常将其截面设计成高而窄的形式。然而，这种窄条梁在竖向荷载作用下，当荷载达到某一临界值时，往往会偏离原来的弯曲平面而发生斜向弯曲并伴有扭转的**弯扭失稳**现象（图 13-1b）。窄条梁的此类失稳是由于梁受压区的纵向压应力过大，达到或超出了临界压应力而引发的，这在机理上与轴压杆的失稳是一致的。所不同的是，窄条梁内还存在相当数量的受拉纤维，它们将对失稳后的侧向变形形成牵制，从而使得同一截面上的侧向位移并不相等，对于两端支承梁一般表现为受压区的侧移较大而受拉区较小的弯扭失稳形态。下面以端部承受外力偶的纯弯简支梁为例讨论这类梁的稳定计算问题。

图 13-34a 所示矩形截面简支窄条梁，其在纵向中心竖直面内的坐标系 xOy 和水平中心面内的坐标系 xOz 的正方向如图中所标示（两者不作为同一个空间坐标系）。梁两端支座截面可绕 z 轴和 y 轴转动，但不能绕 x 轴转动；外力偶 M 作用于 xy 平面内。梁失稳时任一截面的形心沿竖向（y 向）和侧向（z 向）的位移分别用 v 和 w 表示；绕 x 轴的转角用 θ 表示，并按右手法则确定其正向，如图 13-34b。

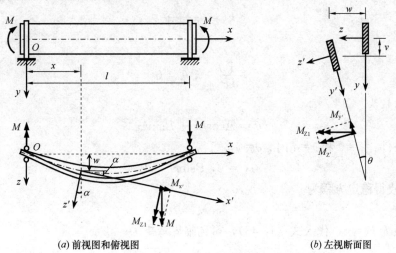

(a) 前视图和俯视图　　　　　　　　　　　　　(b) 左视断面图

图 13-34　纯弯简支窄条梁的失稳变形

193

设失稳后任一截面上的坐标轴偏移到了 x'、y'、z' 位置，如图 13-34a、b 中的俯视图和左视断面图所示，据此可将截面上的弯矩 M 作为矢量沿新的坐标轴方向分解为三个力矩：绕强轴弯矩 M_z、绕弱轴弯矩 M_y 和扭矩 M_x。注意到失稳后截面绕 y 轴的转角 $\alpha = \dfrac{\mathrm{d}w}{\mathrm{d}x}$，则由图中的弯矩矢量投影图，并依据小变形假设可得到截面上的内力为

$$M_{z'} = M\cos\alpha\cos\theta \approx M$$

$$M_{y'} = M\cos\alpha\sin\theta \approx M\theta$$

$$M_{x'} = M\sin\alpha \approx M\frac{\mathrm{d}w}{\mathrm{d}x}$$

由此可建立失稳后两个方向弯曲和一个方向扭转的微分方程如下：

$$\left.
\begin{aligned}
\frac{\mathrm{d}^2 v}{\mathrm{d}x^2} &= -\frac{M}{EI_z} \\
\frac{\mathrm{d}^2 w}{\mathrm{d}x^2} &= -\frac{M\theta}{EI_y} \\
\frac{\mathrm{d}\theta}{\mathrm{d}x} &= \frac{M}{GI_p}\frac{\mathrm{d}w}{\mathrm{d}x}
\end{aligned}
\right\}
\tag{13-42}$$

式中 I_z、I_y 分别为截面绕强轴 z、弱轴 y 的惯性矩；I_p 为截面的极惯性矩，对窄条矩形截面，

$$I_p = \frac{ht^3}{3}\left(1 - 0.63\,\frac{t}{h}\right)$$

这里 h 和 t 分别为矩形截面的高度和宽度。

方程（13-42）中的第一式是梁在 xy 平面内的挠曲平衡微分方程，它与侧向位移 w 及扭转角 θ 无关，故稳定计算时只需考察后面两式。将第三式对 x 微分一次，再把第二式代入，可得

$$\frac{\mathrm{d}^2\theta}{\mathrm{d}x^2} + \frac{M^2}{EI_yGI_p}\theta = 0$$

令

$$k^2 = \frac{M^2}{EI_yGI_p} \tag{13-43}$$

则有

$$\frac{\mathrm{d}^2\theta}{\mathrm{d}x^2} + k^2\theta = 0 \tag{13-44}$$

该方程的通解为

$$\theta = A\cos kx + B\sin kx \tag{13-45}$$

利用边界条件：$x=0$ 和 $x=l$ 时，$\theta=0$，可得

$$A = 0,\ B\sin kl = 0$$

因 $B\neq0$，故得稳定方程为

$$\sin kl = 0$$

其最小正根为 $kl=\pi$，代入式（13-43），得到临界弯矩为

$$M_{cr} = \frac{\pi EI_y}{l}\sqrt{\frac{GI_p}{EI_y}} \tag{13-46}$$

可见临界弯矩与梁的侧向（绕弱轴）抗弯刚度和抗扭刚度均有关。

对于窄条梁在其他荷载方式或其他支承情况下的临界荷载，读者可参照上述方法求得，也可参阅相关书籍（如钢结构原理）获得。

思 考 题

13.1 从稳定角度看，物体的平衡状态可分为哪几类？它们与物体的失稳现象有何联系？试举简例予以说明。

13.2 工程结构的第一类失稳与第二类失稳有何异同点？举例加以说明。

13.3 要获得结构第一类失稳后的真实位移状态，必须采用精确的大挠度理论，但实际稳定计算中更多采用的是小挠度理论，这是基于什么原因？

13.4 静力法确定临界荷载的原理和步骤是怎样的？对有限自由度体系和无限自由度体系有何不同点？

13.5 压杆的临界荷载与哪些因素有关？为提高其抗失稳能力可采取哪些措施？

13.6 什么情况下刚架的稳定计算可简化为具有弹性支承的压杆的稳定计算？什么情况下不宜简化？试举例加以说明。

13.7 对称结构的稳定问题有何特点？如何进行简化计算？

13.8 能量法计算临界荷载的依据是什么？对有限自由度体系和无限自由度体系，其计算方法及步骤有何异同点？

13.9 采用能量法计算时，所假设的挠曲位移函数应满足什么条件？如何设定这些函数？用能量法求得的无限自由度体系的临界荷载近似值为何总大于其真实值？

13.10 将格构式组合压杆简化为实腹式压杆进行稳定计算，应注意哪些问题？计算时如何做简化处理？

13.11 采用矩阵位移法进行刚架的稳定计算与此前的内力计算有何异同点？

13.12 圆弧形无铰拱、两铰拱和三铰拱发生第一类失稳时的变形形态有何异同点？其临界荷载与哪些因素有关？

13.13 窄条梁整体失稳的机理是什么？为何其失稳形态与轴压杆相比表现得更为复杂？其临界荷载与哪些因素有关？

习 题

13-1 图示刚性杆 AB 可绕 C 点自由转动，其两端分别固定有质量为 m_1、m_2 的重物。试分析下列三种情况的平衡状态的稳定性：

(a) $m_1 < m_2$；(b) $m_1 > m_2$；(c) $m_1 = m_2$。

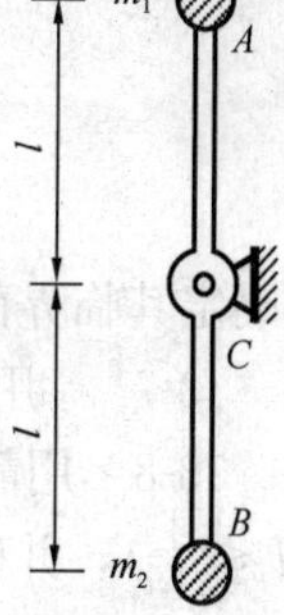

13-2 试用静力法求图示结构的临界荷载，图中带阴影的杆件刚度为无穷大。

13-3 用静力法计算图示带弹性支座的刚性梁的临界荷载，并绘出失稳模态。已知 $k_\theta = kl^2$。

13-4 用能量法计算题 13-2a、c 结构的临界荷载。

13-5 用能量法计算题 13-3b 刚性梁的临界荷载。

13-6 图示结构除注明外各杆 EI＝常数，忽略轴向变形，试用静力

题 13-1 图

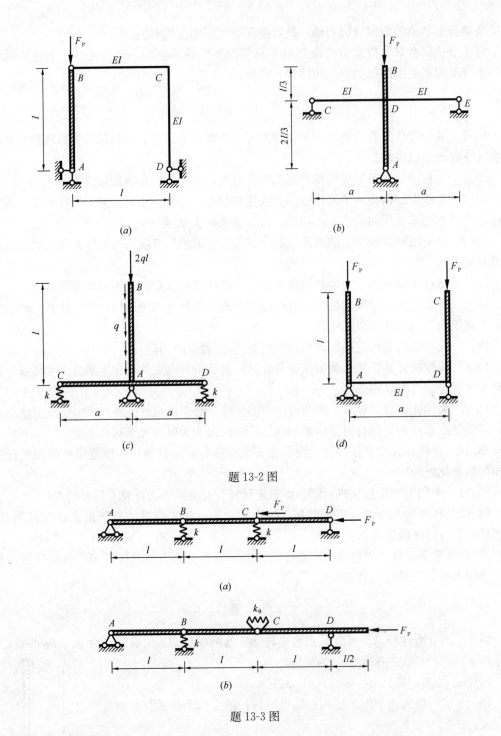

题 13-2 图

题 13-3 图

法确定其临界荷载。

 13-7* 用静力法列出图示刚架的稳定方程，并求出临界荷载。各杆 EI＝常数。

 13-8 用静力法计算图示结构的临界荷载，讨论当 EI_1 取不同值时的失稳形态（$0<EI_1\leqslant\infty$），并确定在什么条件下可使不同失稳形态的临界荷载彼此相等。

 13-9* 用静力法列出图示压杆的稳定方程，并求出临界荷载。

196

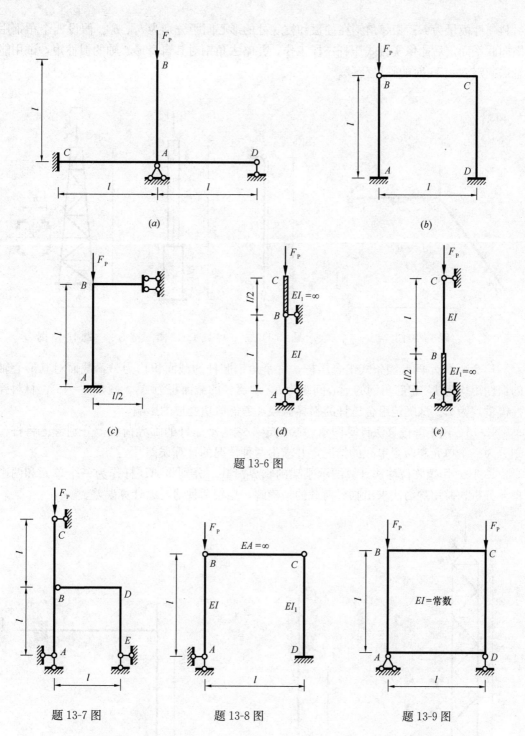

题 13-6 图

题 13-7 图   题 13-8 图   题 13-9 图

13-10*   图示刚架各杆 EI＝常数，忽略轴向变形，试用静力法确定其临界荷载。

13-11   用能量法求图示压杆的临界荷载，已知截面 EI＝常数。

13-12   用能量法计算图示阶形柱的临界荷载，并用静力法予以校核，分析其误差原因。

13-13*   图示组合压杆由四个截面不变的角钢肢杆组成，每个角钢的截面积均为 A，

材料弹性模量为 E；相邻角钢在柱顶和柱底处的形心间距分别为 b_1、b_2。假设四个角钢用横向联系固定后能像实腹式压杆一样工作，并略去角钢对其自身形心轴的惯性矩，试用能量法确定 $b_2=2b_1$ 时的临界荷载。

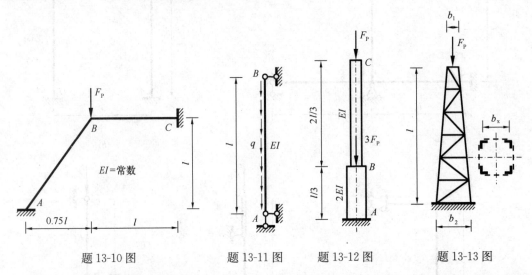

题 13-10 图　　　题 13-11 图　　　题 13-12 图　　　题 13-13 图

13-14　图示四肢缀条式组合压杆，每个角钢肢杆的截面积均为 A，截面对其形心轴的惯性矩均为 I，相邻角钢的形心间距为 b，斜缀杆的截面积为 A_1、倾角 $\alpha=45°$；材料弹性模量均为 E。试确定组合压杆的临界荷载，考虑剪切变形的影响。

13-15　用矩阵位移法计算图示一端固定一端滑动压杆的临界荷载，分别考虑将杆件划分为一个单元和两个单元的情况，并求出两种情况的计算误差。

13-16　用矩阵位移法计算图示刚架的临界荷载。分别将 AB 杆作为一个单元和两个单元分析，并用静力法求出临界荷载的精确解，比较两种情况的计算误差。

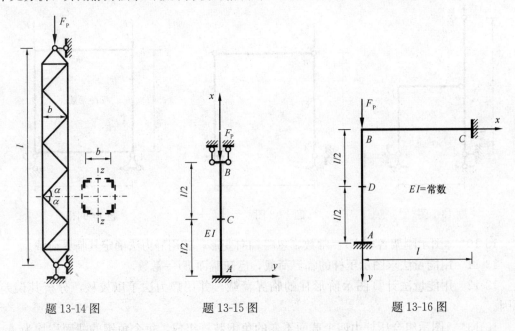

题 13-14 图　　　题 13-15 图　　　题 13-16 图

13-17　写出图示无铰圆拱在静水压力作用下的稳定方程，并求 $\varphi_0 = 45°$ 时的临界荷载。

13-18　用静力法确定图示圆环在静水压力作用下的临界荷载。

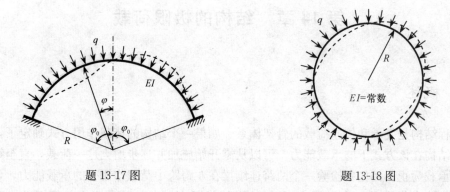

题 13-17 图　　　　　　　　　　　　　题 13-18 图

13-19*　写出图示带横隔的圆环在静水压力作用下的稳定方程，并求 $I_1 = I$ 时的临界荷载。

13-20*　图示矩形截面简支窄条梁，在 xy 平面内受到一对偏心压力 F_P 的作用，试列出其弯扭失稳时的稳定方程。设截面对弱轴的惯性矩为 I_y，极惯性矩为 I_p，材料弹性模量为 E，剪切模量为 G。

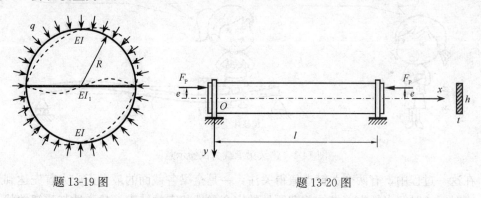

题 13-19 图　　　　　　　　　　　　　题 13-20 图

13-21**　当刚架承受非结点荷载或侧向一般荷载时，它会产生弯曲变形并通常伴有侧移。如果考虑纵向力对刚架各杆件弯曲变形的影响，在变形后的结构上进行内力分析，那么这种分析方法就称为**二阶分析**方法。二阶分析时其内力计算与稳定计算（属第二类失稳）可同步进行。试将13-6节第一类失稳问题的矩阵位移法推广至刚架的二阶分析中，并以图示刚架为例，列出其计算步骤，说明确定临界荷载的方法。

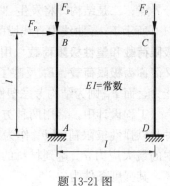

题 13-21 图

第 14 章　结构的极限荷载

14-1　概述

工程结构是支承和传递荷载的骨架体系。如果一个结构的荷载作用方式确定了，那么为检验结构在该方式下的承载能力，可以从零开始施加并逐步增大这一荷载，直至结构不能继续承载为止。例如要检验一个两跨连续梁在左跨跨中荷载作用下的承载能力，可对其逐级施加跨中荷载 F_P（参见图 14-1）。这样随着 F_P 的增大，梁截面上的弯矩及挠度也随之增大，直至梁上多个截面（如 D、B 截面）因弯矩过大发生"折断"而丧失承载能力为止。图 14-2 给出了左跨跨中挠度 Δ 随 F_P 逐渐增大直至结构丧失承载力这一过程的变化曲线。

图 14-1　连续梁承载力试验示意图

在这一过程中，有两个关键点值得关注：一是全梁各截面的最大正应力首先达到屈服应力之时，该时间点标志着结构前期所处的完全弹性状态的结束，是弹性与弹塑性状态的分界点；二是结构即将发生"折断"从而丧失承载能力的瞬间。这两个关键点正好对应图 14-2 所示 F_P-Δ 曲线中直线段的结束点 s 和曲线段的最高点 u，相应的荷载分别称为**弹性极限荷载**和**塑性极限荷载**，用 F_{Ps}、F_{Pu} 表示，其中后者又简称为**极限荷载**。F_{Ps} 反映了结构在弹性范围内的承载能力，而 F_{Pu} 则为结构考虑塑性变形的承载能力。

工程设计中，常用两种方法来核算结构的强度。一种是以弹性极限荷载 F_{Ps} 作为设计依据，认为一旦结构中的最大应力 σ_{max} 达到材料的极限应力 σ_u，结构即告破坏，其强度条件为

$$\sigma_{max} \leqslant [\sigma] = \frac{\sigma_u}{k} \tag{14-1}$$

式中 $[\sigma]$ 为材料的**许用应力**；σ_u 对塑性材料取其屈服极

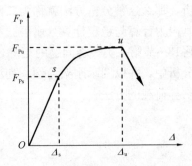

图 14-2　荷载-位移（F_P-Δ）曲线

限 σ_s，对脆性材料取其强度极限 σ_b；k 为相应的安全系数。这一设计方法称为**许用应力法**。由于该方法是把结构视作理想弹性体分析的，故又称为**弹性分析法**。

从上面连续梁的例子可以看到，按许用应力法确定的承载能力只反映了个别截面局部应力的最终状况，而未能体现整个结构的真实承载能力，因而在多数情况下是不够经济合理的。

另一种方法是考虑材料的塑性性质，以结构进入塑性阶段并最终丧失承载能力时的**极限状态**作为结构破坏的标志，也就是以结构的塑性极限荷载 F_{Pu} 作为其设计依据。该方法称为**极限荷载法**，或称**塑性分析法**，其强度条件可写为

$$F_P \leqslant [F_P] = \frac{F_{Pu}}{K} \tag{14-2}$$

式中 F_P 为作用于结构上的实际荷载，$[F_P]$ 为结构的容许荷载，K 为相应的安全系数。

极限荷载法以整个结构达到塑性极限状态的实际承载能力为依据，故按此方法设计的结构一般更具经济合理性，与其对应的安全系数 K 也更能准确地反映结构的真实强度储备。

结构塑性分析时，为使分析方法更具简便实用性，有必要对材料的力学特性作出合理的简化。通常设定材料的应力-应变关系符合图 14-3 所示的简化模型，称之为**理想弹塑性**模型。在此模型中，当应力达到屈服应力 σ_s 之前，应力与应变成正比，即 $\sigma = E\varepsilon$，表现为**理想弹性**关系，通常把与 σ_s 对应的应变 ε_s 称为**屈服应变**；当应力达到 σ_s 后，应力将保持不变，而应变可以任意增长（图中 AB 段），表现为**理想塑性**关系，此时材料进入了塑性流动状态。如果当材料到达塑性阶段的某点 C 后卸载，那么应力、应变将沿着

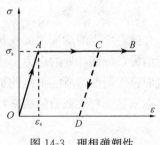

图 14-3 理想弹塑性
应力-应变关系

与 OA 线平行的 CD 直线下降，也即卸载仍是弹性的，应力增量与应变增量之间符合 $\Delta\sigma = E\Delta\varepsilon$ 的线弹性关系。但此时的应力与应变将不再是一一对应的关系，需考虑加载历史才能获得最终的应力与应变值。

本章的塑性极限分析将基于这种理想弹塑性的应力-应变关系。另一方面，考虑到多数工程结构从进入塑性直至刚刚到达极限状态的瞬间，其变形和位移仍比较小，故之前弹性分析时所用的小变形假设和杆件的平截面假设在此仍然适用。

14-2 极限弯矩、塑性铰与破坏机构

14-2-1 梁截面的极限弯矩

图 14-4a 所示为处于纯弯状态的某一梁段，设其截面有两个对称轴（图 14-4b）：一是左右对称的竖向中心轴（y 轴），二是上下对称的截面形心轴（z 轴）。当弯矩 M 较小时，梁处于完全**弹性**阶段。此时截面各处的正应力都小于屈服应力 σ_s，且根据平截面假设，正应力沿截面高度呈直线分布（图 14-4c）。当弯矩增大到一定数值时，截面最外边缘的应力将首先达到屈服应力 σ_s。对于矩形截面，容易求得此时的弯矩为

$$M_s = \frac{bh^2}{6}\sigma_s = W\sigma_s \tag{a}$$

式中 W 为截面的弹性抗弯模量，相应的弯矩 M_s 称为**弹性极限弯矩**或称**屈服弯矩**，它标志着截面完全弹性状态的结束。

当弯矩再增大时，截面上下侧的纤维将陆续进入塑性状态，其应变将达到并超出屈服应变 ε_s，但应力仍保持 σ_s 不变（图 14-4d）。该阶段称为**弹塑性阶段**，其中截面内部的核心区域仍处于弹性状态，称之为**弹性核**，其高度为 $2y_0$。

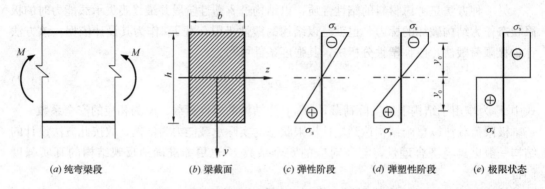

(a) 纯弯梁段　　(b) 梁截面　　(c) 弹性阶段　　(d) 弹塑性阶段　　(e) 极限状态

图 14-4　对称截面弹塑性发展过程

随着弯矩的继续增加，塑性区域将继续扩大，并最终扩展至整个截面。此时弹性核趋于消失，截面各处的应力都达到屈服应力 σ_s，不能再增大了（图 14-4e），相应的弯矩就是截面进入塑性后所能承担的最大弯矩，故称之为**塑性极限弯矩**或简称**极限弯矩**，这一受力状态就是受弯梁截面的**极限状态**。对于矩形截面，由平衡条件容易求得其极限弯矩为

$$M_u = \frac{bh^2}{4}\sigma_s = W_s\sigma_s \tag{b}$$

式中 W_s 称为**塑性截面模量**。

受弯截面进入极限状态后，根据理想弹塑性的应力-应变关系（图 14-3），其应力和弯矩已不再增大，但沿截面高度方向按直线分布的应变则可一直增长，这就意味着截面左右侧的相对转角可持续增长，相当于在该截面上出现了一个可连续转动的铰，称之为**塑性铰**。显然，塑性铰与实际铰是有一定区别的：首先塑性铰内部承受着极限弯矩 M_u；其次塑性铰只能沿极限弯矩方向转动，是一个单向铰。若塑性铰所在截面作用了反向的弯矩，则截面将恢复弹性而不再具有铰的性质，这就是所谓的**塑性铰闭合**。

对比式（a）和式（b）可以发现，对于矩形截面，其塑性极限弯矩为弹性极限弯矩的 1.5 倍，也就是说按塑性计算的截面受弯承载力比按弹性计算要高 50%。工程中常将上述两者的比值称为**截面形状系数**，即

$$\alpha = \frac{M_u}{M_s} = \frac{W_s}{W} \tag{14-3}$$

一些常见截面的形状系数值如下：

矩形截面：$\alpha = 1.5$；

圆形截面：$\alpha = 1.70$；

薄壁圆环形截面：$\alpha \approx 1.27 \sim 1.40$（一般可取 1.3）；

薄壁 H 型截面：$\alpha \approx 1.10 \sim 1.20$（一般可取 1.15）。

以上讨论的是具有两个对称轴的截面，接下来再看只有一个对称轴，即截面上下不对

称的情况。例如图 14-5a 所示的倒 T 形截面，在弹性阶段，应力仍呈直线分布，中性轴为截面的形心轴（图 14-5b）。进入弹塑性阶段后（图 14-5c），中性轴的位置将随弯矩的增大而发生变化，这是截面上、下进入塑性的区域范围不对称，而截面为满足拉、压区域的应力合力为零所做的自我调整。当截面达到最终的极限状态时（图 14-5d），设受压区和受拉区的面积各为 A_1、A_2，则根据平衡关系，有

$$\sigma_s A_1 = \sigma_s A_2 \quad \text{或} \quad A_1 = A_2$$

该式表明，极限状态时的中性轴是一根**等分截面面积轴**，由此可求出相应的极限弯矩为

$$M_u = \sigma_s W_s = \sigma_s(S_1 + S_2) \tag{14-4}$$

式中 S_1、S_2 分别为受压和受拉面积对中性轴的静矩，而塑性截面模量 $W_s = S_1 + S_2$。

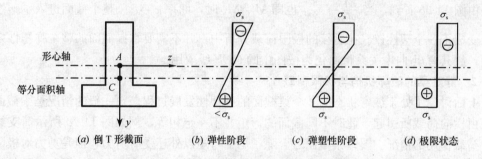

(a) 倒 T 形截面　　　(b) 弹性阶段　　　(c) 弹塑性阶段　　　(d) 极限状态

图 14-5　不对称截面弹塑性发展过程

【例 14-1】确定矩形截面处于弹塑性阶段的弯矩-曲率关系式，并绘出相应的关系曲线图。

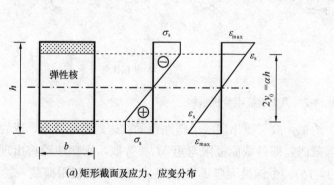

(a) 矩形截面及应力、应变分布

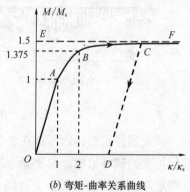

(b) 弯矩-曲率关系曲线

图 14-6　例 14-1 图

【解】矩形截面在弯矩 M 作用下进入弹塑性阶段的应力、应变分布图如图 14-6a 所示。显然，截面受压或受拉区域的应力沿高度呈现一斜直线加一平直线的分布，但是根据平截面假设，整个截面的应变仍呈单一直线分布。假设截面弹性核的高度为 $2y_0 = \alpha h$，则根据图中的应力分布及平衡条件，有

$$M = bh(1-\alpha) \times \frac{(1+\alpha)h}{4}\sigma_s + \frac{b(\alpha h)^2}{6}\sigma_s = M_s\left(\frac{3}{2} - \frac{\alpha^2}{2}\right) \tag{c}$$

因截面外围已进入塑性流动状态，故整个截面的转动刚度仅由内部的弹性核提供，其曲率可由弹性核的变形关系确定。根据弹性核边缘处的应变恰为屈服应变，可写出截面的

曲率为

$$\kappa = \frac{\varepsilon_s}{y_0} = \frac{2\sigma_s}{\alpha E h} = \frac{\kappa_s}{\alpha}$$

式中 κ_s 为截面处于弹性极限状态（即 $\alpha=1$）时的曲率。将上式代入式（c），经整理得

$$\frac{M}{M_s} = \frac{3}{2} - \frac{1}{2}\left(\frac{\kappa_s}{\kappa}\right)^2 \quad \text{或} \quad \frac{M}{M_s} = \frac{3}{2} - \frac{1}{2(\kappa/\kappa_s)^2} \quad (M \geqslant M_s) \tag{d}$$

这就是截面进入弹塑性阶段的弯矩-曲率关系式，可见两者之间为一非线性关系，绘出其关系曲线如图 14-6b 所示。如果在该阶段的某一处，例如图中的 C 点卸载，则截面将沿着与 OA 线平行的 CD 线下降，这说明卸载仍是弹性的。

由图 14-6b 看到，当 $\dfrac{M}{M_s} \to \dfrac{3}{2}$，也即 $M \to M_u$ 时，曲率 $\kappa \to \infty$，整个截面进入了塑性流动，变成了一个塑性铰。在后续的极限荷载分析中，并不需要掌握截面的整个弹塑性发展过程，故其弯矩-曲率关系将简化为按图中的 OEF 线取用。

14-2-2　静定梁的破坏机构与极限荷载

上面讨论了处于纯弯状态的某个梁截面的弹塑性发展过程。更一般的情况是梁截面的弯矩由横向荷载所引起，此时不同截面的弯矩并不一定相等，例如图 14-7a 所示简支梁受集中荷载作用的情况。图中梁截面之上除了承受弯矩以外还受有剪力，但是剪力对极限状态的影响一般很小，可予以忽略，因此仍可按上面纯弯截面的方法分析该梁各截面的塑性极限状况。

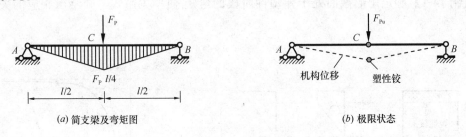

(a) 简支梁及弯矩图　　　　　　　　　　(b) 极限状态

图 14-7　简支梁极限分析示例

该梁属静定结构，不存在多余约束，故只要出现一个塑性铰梁就达到极限状态，成为几何可变的**破坏机构**。设该梁为等截面，即各截面极限弯矩 M_u ＝常数，则塑性铰将出现在弯矩最大的跨中截面 C 上（图 14-7b）。令该最大弯矩等于 M_u，就可求得极限荷载

$$\frac{F_{Pu} l}{4} = M_u \quad \Rightarrow \quad F_{Pu} = \frac{4M_u}{l}$$

如果某一静定梁是变截面的，则其塑性铰将首先出现在所受弯矩与所在截面的极限弯矩之比为最大的截面上。令该比值为 1，同样可求得极限荷载。

14-3　超静定梁的极限荷载

超静定结构具有多余约束，当出现一个塑性铰时一般并不会成为机构而发生破坏；只有当相继出现了足够多的塑性铰使其成为几何可变的机构后，才会丧失承载能力而破坏。

14-3-1　单跨超静定梁的极限荷载

图 14-8a 所示为一端固定一端铰支的等截面梁，其跨中承受一集中荷载 F_P 的作用。当荷载 F_P 较小时，梁处于完全弹性状态，其弯矩图可按前面几章的方法作出，如图 14-8b 所示。随着荷载的增大，弯矩最大的截面 A 将首先达到极限弯矩 M_u 并成为塑性铰。此后 A 端的弯矩将保持不变，于是梁就转化为一个 A 端铰支并作用有 M_u 的简支梁（图 14-8c），问题随即成为静定。若荷载继续增大，则下一个弯矩较大的截面 C 也将达到 M_u 成为塑性铰（图 14-8d）。此时梁成为了一个几何可变的机构，无法继续承载，故相应的荷载即为梁的极限荷载。

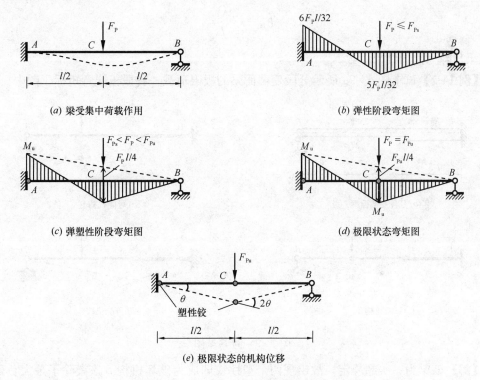

(a) 梁受集中荷载作用　　　　　　　　(b) 弹性阶段弯矩图

(c) 弹塑性阶段弯矩图　　　　　　　　(d) 极限状态弯矩图

(e) 极限状态的机构位移

图 14-8　一端固定一端铰支梁极限分析

由于此前梁的内力已成为静定，故在进入极限状态的瞬间，梁的内力图仍可依据静力平衡关系绘出，如图 14-8d 所示，其中 C 点的弯矩可用叠加法求出，令其等于 M_u，便可求得极限荷载：

$$\frac{F_{Pu}l}{4} - \frac{1}{2}M_u = M_u \quad \Rightarrow \quad F_{Pu} = \frac{6M_u}{l}$$

从上面的分析看到，极限荷载的计算只需运用最终极限状态的平衡条件即可完成，而无需考虑变形协调条件，故属于一个静定的计算问题。这样，最终求得的极限荷载实际上与结构整个弹塑性的发展过程以及初始位移状况并无关联。这种直接依据最终极限状态的平衡条件来确定极限荷载的方法称为**极限平衡法**。

鉴于极限平衡问题是一个静定问题，故可采用第 3、第 4 章介绍的两种方法分析：一是**静力法**，即直接按静力平衡关系确定极限荷载，上面的计算就采用了这一方法；二是**机**

动法，也就是利用虚功原理计算极限荷载。对于图 14-8e 的极限状态，令机构沿荷载正方向发生微小虚位移（参见图中虚线），并设 A 端的转角为 θ，则截面 C 的相对转角为 2θ，而 C 点的竖向位移为 $0.5l\theta$。根据虚功原理，外力所做的虚功应等于内力所做的虚功，即

$$F_{\text{Pu}} \times 0.5l\theta = M_u\theta + M_u \times 2\theta$$

考虑到这里的虚位移是机构运动产生的位移，故认为除了塑性铰处的截面具有转角或相对转角外，其余截面均无变形。这样内力虚功中只有塑性铰处的极限弯矩做功，其余截面的弯矩均不做功，从而使得虚功方程变得简单。由上式容易求出该梁的极限荷载为

$$F_{\text{Pu}} = \frac{6M_u}{l}$$

此结果与静力法的结果一致。

【**例 14-2**】试求图 14-9a 所示分段变截面梁的极限荷载，各段极限弯矩标于图中。

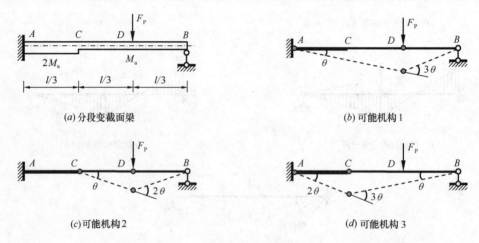

(a) 分段变截面梁　　　　　　　　　　　(b) 可能机构 1

(c) 可能机构 2　　　　　　　　　　　(d) 可能机构 3

图 14-9　例 14-2 图

【**解**】该梁为一次超静定，故出现两个塑性铰即成为破坏机构。该梁除了最大负弯矩截面 A 和最大正弯矩截面 D 外，截面突变处 B 也可能出现塑性铰。这样最多有三种可能破坏机构。

（1）可能机构 1：截面 A、D 出现塑性铰（图 14-9b）。由虚功方程

$$F_{\text{P1}} \times \frac{2l\theta}{3} = 2M_u\theta + M_u \times 3\theta$$

求得

$$F_{\text{P1}} = 7.5\frac{M_u}{l}$$

（2）可能机构 2：截面 C、D 出现塑性铰（图 14-9c）。列出虚功方程并求解，可得

$$F_{\text{P2}} \times \frac{l\theta}{3} = M_u\theta + M_u \times 2\theta$$

$$F_{\text{P2}} = 9\frac{M_u}{l}$$

（3）可能机构 3：截面 A、C 出现塑性铰（图 14-9d）。由虚功方程可求得

$$F_{P3} \times \frac{l\theta}{3} = 2M_u \times 2\theta + M_u \times 3\theta$$

$$F_{P3} = 21\frac{M_u}{l}$$

可见机构 1 的破坏荷载最小，故为真实的破坏机构。于是该梁的极限荷载为

$$F_{Pu} = 7.5\frac{M_u}{l}$$

14-3-2　连续梁的极限荷载

连续梁（图 14-10a）的破坏机构可能在某一跨内形成（图 14-10b、c），也可能由相邻几跨联合组成（图 14-10d），因而比较复杂。但是，当荷载同向且各跨分别为等截面时，则只可能在某一跨内单独形成破坏机构。因为此时各跨的最大负弯矩只会出现在两端支座截面处，从而无法形成联合形式的破坏机构。对这种情况，就可以按照前面单跨梁的方法对各跨分别计算，再取最小的破坏荷载，就是全梁的极限荷载。这里，梁在不同跨上虽然会同时受到几个荷载的作用，但设定所有荷载都按同一个参数变化，因而仍可求得唯一的极限荷载。

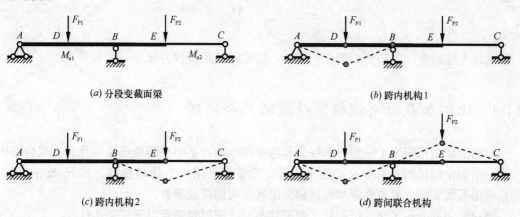

(a) 分段变截面梁　　　　　　(b) 跨内机构1

(c) 跨内机构2　　　　　　(d) 跨间联合机构

图 14-10　连续梁的可能破坏机构

【例 14-3】图 14-11a 所示连续梁，各跨正极限弯矩如图中所标示，负极限弯矩为相应正值的 1.2 倍。试求梁的极限荷载。

【解】（1）第 1 跨机构（图 14-11b）。由虚功方程

$$2q_1 l \times 0.75l\theta = 2.4M_u\theta + 2M_u \times 2\theta + 1.2M_u\theta$$

可求得

$$q_1 = 5.067\frac{M_u}{l^2}$$

（2）第 2 跨机构（图 14-11c）。因两端负极限弯矩相等，故正弯矩塑性铰出现在跨中位置，于是

$$2q_2(0.5 \times l \times 0.5l\theta) = 1.2M_u(\theta + \theta) + M_u \times 2\theta$$

$$q_2 = 8.8\frac{M_u}{l^2}$$

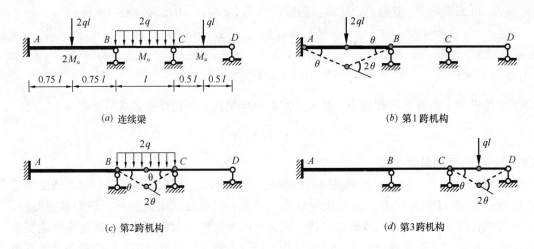

(a) 连续梁　　　　　　　　　　　　　　　(b) 第1跨机构

(c) 第2跨机构　　　　　　　　　　　　　(d) 第3跨机构

图 14-11　例 14-3 图

（3）第 3 跨机构（图 14-11d）：

$$q_3 l \times 0.5 l\theta = 1.2 M_u \theta + M_u \times 2\theta$$

$$q_3 = 6.4 \frac{M_u}{l^2}$$

比较上述结果，可知第 1 跨首先破坏，故梁的极限荷载为 $q_u = 5.067 \dfrac{M_u}{l^2}$。

14-4　比例加载时判定极限荷载的几个定理

比例加载是指作用于结构上的各荷载均单调增加，不出现卸载现象，且各荷载始终按照同一个固定的比例关系增长。这样，所有荷载都可用一个**荷载参数**，如 F_P 或 q 表示，确定极限荷载实际上就是确定结构达到极限状态时的荷载参数。

通过前面的分析可知，结构处于极限状态时，需同时满足以下三个条件：

（1）**平衡条件**：在极限状态中，结构的整体或任一局部仍能维持平衡状态；

（2）**内力局限条件**（或称屈服条件）：在极限状态中，结构任一截面的弯矩绝对值都不会超过其极限弯矩值，即 $|M| \leqslant M_u$；

（3）**单向机构条件**：在极限状态中，结构必须出现足够数量的塑性铰使之成为一个可沿荷载做正功的方向发生单向运动的机构。

为便于分析，我们将满足条件（1）和（3）的荷载称为**可破坏荷载**，用 F_P^+ 表示；满足条件（1）和（2）的荷载称为**可接受荷载**，用 F_P^- 表示。由于极限荷载同时满足这三个条件，故知极限荷载既是可破坏荷载，又是可接受荷载。

下面给出比例加载时判定极限荷载的几个定理。

（1）**基本定理**：可破坏荷载 F_P^+ 恒不小于可接受荷载 F_P^-，即 $F_P^+ \geqslant F_P^-$。

（2）**极小定理**（或称上限定理）：极限荷载是所有可破坏荷载中的最小者，或者说可破坏荷载是极限荷载的上限，也即 $F_{Pu} \leqslant F_P^+$。

（3）**极大定理**（或称下限定理）：极限荷载是所有可接受荷载中的最大者，或者说可接受荷载是极限荷载的下限，也即 $F_{\text{Pu}} \geqslant F_{\text{P}}^-$。

（4）**唯一性定理**：极限荷载是唯一确定的荷载。

这几个定理的证明并不困难，而且只要验证了基本定理，其他三个定理便可立即推出。以下先对基本定理作一论证。

任取一可破坏荷载 F_{P}^+，并给予相应的破坏机构一个单向虚位移，则由虚功原理，有

$$F_{\text{P}}^+ \Delta = \sum_{i=1}^{n} |M_{ui}| \cdot |\theta_i|$$

式中 n 为塑性铰的数目；等号右边取绝对值的含义是，根据单向机构条件极限弯矩 M_{ui} 与相应转角 θ_i 恒为同向，故总是做正功。

另取一可接受荷载 F_{P}^-，其弯矩用 M^- 表示。对该可接受状态列出虚功方程，所用的位移状态仍为上面的机构虚位移状态，于是有

$$F_{\text{P}}^- \Delta = \sum_{i=1}^{n} M_i^- \cdot \theta_i$$

根据内力局限条件：$M_i^- \leqslant |M_{ui}|$，故有

$$\sum_{i=1}^{n} M_i^- \theta_i \leqslant \sum_{i=1}^{n} |M_{ui}| \cdot |\theta_i|$$

而 Δ 又是同一状态的正值位移，于是得

$$F_{\text{P}}^+ \geqslant F_{\text{P}}^-$$

这就证明了基本定理。

有了基本定理，再注意到极限荷载 F_{Pu} 既是可接受荷载 F_{P}^-，又是可破坏荷载 F_{P}^+，故可立刻得出 $F_{\text{Pu}} \leqslant F_{\text{P}}^+$ 和 $F_{\text{Pu}} \geqslant F_{\text{P}}^-$，这就是极小定理和极大定理。

至于唯一性定理，不妨假设存在两个极限荷载 F_{Pu1}、F_{Pu2}。先将 F_{Pu1} 视作 F_{P}^+，而 F_{Pu2} 视作 F_{P}^-，则有 $F_{\text{Pu1}} \geqslant F_{\text{Pu2}}$；再将 F_{Pu1}、F_{Pu2} 的角色对换，则有 $F_{\text{Pu2}} \geqslant F_{\text{Pu1}}$。于是只有 $F_{\text{Pu1}} = F_{\text{Pu2}}$，这就证明了唯一性定理。

上述几个定理为我们寻求结构的极限荷载提供了两种实用方法：机构法和试算法。

（1）**机构法**：列出结构所有可能的破坏机构，利用平衡条件求出各机构的可破坏荷载，根据极小定理，其最小者就是极限荷载。该方法也称为**穷举法**。

（2）**试算法**：选取一种破坏机构，利用平衡条件求出相应的可破坏荷载，并作出弯矩图，考察各截面弯矩是否都不大于相应的极限弯矩。若满足，则根据唯一性定理，该荷载就是极限荷载；若不满足，则另选一个机构进行试算。

【**例 14-4**】用试算法求例 14-2 结构的极限荷载。

【**解**】选取机构 1 进行试算，按例 14-2 的方法求出相应的可破坏荷载，再作出该状态的弯矩图如图 14-12a 所示。由图可见，各截面弯矩均小于相应的极限弯矩，满足内力局限条件，故该状态就是最终的极限状态，相应的破坏荷载即为极限荷载。

如果选择了机构 2 试算，则根据求得的可破坏荷载作出其弯矩图如图 14-12b。显然截面 A 的弯矩超出了相应的极限弯矩，不满足内力局限条件，故需另选机构试算。

【**例 14-5**】试求图 14-13a 所示一端固定一端铰支梁在均布荷载作用下的极限荷载。

【**解**】该梁的负弯矩塑性铰必在 A 端形成，而正弯矩塑性铰将出现在梁中间的某个位置，不易立即确定。这样，从理论上说该梁有无穷多个可能的破坏机构，我们采用穷举法

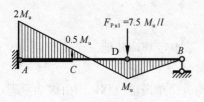

(a) 机构1弯矩图

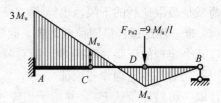

(b) 机构2弯矩图

图 14-12　例 14-4 图

分析。

(a) 受均布荷载作用的梁

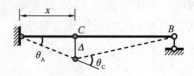

(b) 破坏机构设定

图 14-13　例 14-5 图

设正弯矩塑性铰出现在距 A 端为 x 处（图 14-13b），并设该处的竖向虚位移为 Δ，于是

$$\theta_A = \frac{\Delta}{x}, \quad \theta_C = \frac{\Delta}{x} + \frac{\Delta}{l-x} = \frac{l\Delta}{x(l-x)}$$

对该受力状态列出虚功方程：

$$q^+ \times \frac{l\Delta}{2} = M_u\left[\frac{\Delta}{x} + \frac{l\Delta}{x(l-x)}\right]$$

求得

$$q^+ = \frac{2l-x}{x(l-x)} \frac{2M_u}{l}$$

为寻求 q^+ 的极小值，令 $\dfrac{\mathrm{d}q^+}{\mathrm{d}x} = 0$，将上式代入并经整理，有

$$x^2 - 4lx + 2l^2 = 0$$

解方程得

$$x_1 = (2-\sqrt{2})l, \quad x_2 = (2+\sqrt{2})l$$

舍去第二个无效的根，回代可求得极限荷载为

$$q_u = (6 + 4\sqrt{2})\frac{M_u}{l^2} = 11.657\frac{M_u}{l^2}$$

14-5　刚架的极限荷载

14-5-1　机构法和试算法

刚架是一种以受弯为主的结构。如果忽略轴力和剪力对截面极限弯矩的影响，则仍可

采用前面介绍的方法确定其极限荷载。对于静定刚架，只要出现一个塑性铰就成为破坏机构，故可按 14-2 节求静定梁极限荷载的方法确定其极限荷载。以下主要就超静定刚架进行分析。

先考察图 14-14a 所示受水平结点荷载作用的门式刚架。显然该刚架为三次超静定，要出现四个塑性铰才能形成整体破坏的可变机构。而该刚架可能出现塑性铰（也即弯矩为极值）的截面仅 A、B、C、D 四个，故只有一种可能的破坏机构，参见图 14-14b，对其列出虚功方程：

$$F_{Pu} \times h\theta = M_u \times 4\theta$$

可解得

$$F_{Pu} = 4 \frac{M_u}{h}$$

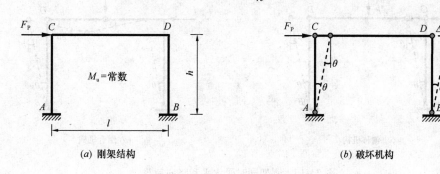

(a) 刚架结构　　　　　　　　　　　　(b) 破坏机构

图 14-14　刚架受水平结点荷载作用

再看图 14-15a 所示既有水平荷载又有竖向荷载的刚架，其可能破坏形式显然要多一些。首先由于杆件中间有荷载，故刚架可能出现单杆破坏的局部破坏形式，此时所需的塑性铰个数并不一定要多于超静定次数。另外，该刚架为三次超静定，但可能出现塑性铰的截面总共有 5 个，故即使发生整体破坏，其机构形式也不止一个。下面对各可能机构逐一作出分析。

（1）梁机构（图 14-15b）

该刚架的横梁上作用有集中荷载，故梁上出现三个塑性铰就成为一个局部破坏的机构，称之为**梁机构**。对其列出虚功方程：

$$2F_{P1}^+ \times 4\theta = M_u(\theta + \theta) + 2M_u \times 2\theta$$

故得

$$F_{P1}^+ = \frac{3}{4} M_u$$

（2）侧移机构（图 14-15c）

塑性铰出现在刚架的四个角点上，此时刚架发生整体侧移，故称为**侧移机构**。由此得：

$$F_{P2}^+ \times 6\theta = M_u \times 4\theta$$

$$F_{P2}^+ = \frac{2}{3} M_u$$

（3）组合机构（图 14-15d）

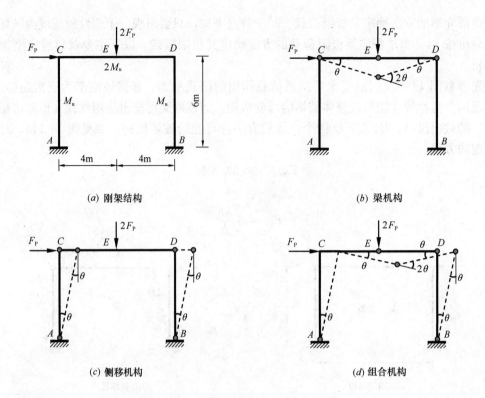

(a) 刚架结构   (b) 梁机构

(c) 侧移机构   (d) 组合机构

图 14-15 刚架同时受水平和竖向荷载

上述梁机构和侧移机构是该刚架发生破坏的基本形式，故称之为**基本机构**。基本机构反映了刚架可能存在的独立破坏形式，其数目等于将刚架中可能出现塑性铰的截面全部改为铰后所得体系的自由度或独立运动方式的数目。

除了基本机构，通常还存在将几个基本机构线性叠加后获得的组合形式的机构，简称为**组合机构**。对于上述刚架，将梁机构和侧移机构相互组合，并把转向相反的 C 点处的塑性铰恢复为刚性连接，即所谓的**塑性铰闭合**，这样就得到了图 14-15d 所示的组合机构。机构组合时只需要考虑有塑性铰闭合的情况，因为无塑性铰闭合的机构是不可能成为真实破坏机构的。例如对于本刚架，若无塑性铰闭合，则组合后将有 5 个塑性铰，而一旦前 4 个出现了，结构就已经破坏，故没有机会再出现第 5 个塑性铰。用此方法可对组合机构进行筛选，从而减小计算工作量。

对上述组合机构采用机动法计算，可得

$$F_{P3}^+ \times 6\theta + 2F_{P3}^+ \times 4\theta = M_u \times 4\theta + 2M_u \times 2\theta$$

$$F_{P3}^+ = \frac{4}{7}M_u$$

因 $F_{P3}^+ < F_{P2}^+ < F_{P1}^+$，故该组合机构就是本刚架的真实破坏机构，其极限荷载为

$$F_{Pu} = \frac{4}{7}M_u$$

我们也可以采用试算法分析此刚架。例如选取侧移机构试算，则先按上面的方法求出可破坏荷载，再作出其弯矩图。作图时，两柱的图形可由柱端的已知弯矩直接连线得到，而横梁的图形一般用区段叠加法绘制（图 14-16a），由此可求得 E 点弯矩为

212

$$M_E = \frac{M_u - M_u}{2} + \frac{2F_{P2}^+ \times 8}{4} = \frac{2 \times \frac{2M_u}{3} \times 8}{4} = \frac{8}{3}M_u$$

显然 $M_E > 2M_u$，不满足内力局限条件，故该荷载是不可接受荷载。

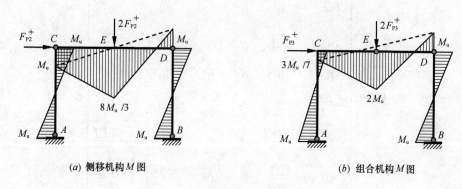

(a) 侧移机构 M 图   (b) 组合机构 M 图

图 14-16　破坏机构的弯矩图

再选取图 14-15d 的组合机构试算，由求得的 F_{P3}^+ 值及塑性铰处的已知弯矩可绘出刚架的弯矩图如图 14-16b 所示，其中 C 点的弯矩可由横梁的区段叠加法及 D、E 点的已知弯矩反算得到。由图可见，该机构的受力满足内力局限条件，故相应的荷载就是极限荷载。

14-5-2　增量变刚度法

对于较复杂的刚架，采用传统的机构法或试算法确定其极限荷载往往存在困难，此时可运用基于矩阵位移法的**增量变刚度法**进行计算。该方法的基本思想是从弹性阶段开始分若干个增量步计算，每步均按弹性方法进行；分步的原则是每步增加一个塑性铰，并确定出产生该塑性铰所需施加的荷载增量；然后将出现塑性铰的截面改为铰，再对修改后的结构进行下一步计算，直至结构成为机构，则此前各步荷载增量之和就是最终的极限荷载。该方法的具体步骤如下：

（1）令荷载参数 $F_P = 1$，并施加于结构；运用矩阵位移法求出结构内力，记其弯矩为 $\overline{M}_1$。于是第一个塑性铰将出现在 $\left| \dfrac{M_u}{\overline{M}_1} \right|_{min}$ 处，此时的荷载值及由此引起的弯矩分别为

$$F_{P1} = \left| \frac{M_u}{\overline{M}_1} \right|_{min}, \quad M_1 = F_{P1}\overline{M}_1$$

（2）将第一个塑性铰处改为铰接，并对修改后的结构重新形成刚度矩阵，运用矩阵位移法求出 $F_P = 1$ 作用下的内力，记弯矩为 $\overline{M}_2$。于是第二个塑性铰将出现在 $\left| \dfrac{M_u - M_1}{\overline{M}_2} \right|_{min}$ 处，此时的荷载增量及由此产生的弯矩增量分别为

$$\Delta F_{P2} = \left| \frac{M_u - M_1}{\overline{M}_2} \right|_{min}, \quad \Delta M_2 = \Delta F_{P2}\overline{M}_2$$

该步计算完成后，相应的荷载及其弯矩值为

$$F_{P2} = F_{P1} + \Delta F_{P2}, \quad M_2 = M_1 + \Delta M_2$$

（3）按上一步的方法完成刚度矩阵修改和内力计算，获取下一个塑性铰。如此反复直至结构刚度矩阵成为奇异或其主对角元素出现零元素，则表明此时结构已成为机构，其上一步（设为第 $n-1$ 步）的累计荷载 $F_{P(n-1)}$ 即为极限荷载 F_{Pu}。

上述各步计算中，应检验各塑性铰处的相对转角是否与极限弯矩同向，若反向则应将其恢复为刚结点，并作重新计算。每步内力计算时，需首先修改单元刚度矩阵，再集成结构刚度矩阵。当某一杆件的始端 i 为铰接，而末端 j 为刚接时，其单元刚度矩阵应改为

$$\bar{k}^e = \begin{bmatrix} \dfrac{EA}{l} & 0 & 0 & -\dfrac{EA}{l} & 0 & 0 \\[2mm] 0 & \dfrac{3EI}{l^3} & 0 & 0 & -\dfrac{3EI}{l^3} & \dfrac{3EI}{l^2} \\[2mm] 0 & 0 & 0 & 0 & 0 & 0 \\[2mm] -\dfrac{EA}{l} & 0 & 0 & \dfrac{EA}{l} & 0 & 0 \\[2mm] 0 & -\dfrac{3EI}{l^3} & 0 & 0 & \dfrac{3EI}{l^3} & -\dfrac{3EI}{l^2} \\[2mm] 0 & \dfrac{3EI}{l^2} & 0 & 0 & -\dfrac{3EI}{l^2} & \dfrac{3EI}{l} \end{bmatrix} \tag{14-5}$$

当杆件的 i 端为刚接，j 端为铰接时，其单元刚度矩阵改为

$$\bar{k}^e = \begin{bmatrix} \dfrac{EA}{l} & 0 & 0 & -\dfrac{EA}{l} & 0 & 0 \\[2mm] 0 & \dfrac{3EI}{l^3} & \dfrac{3EI}{l^2} & 0 & -\dfrac{3EI}{l^3} & 0 \\[2mm] 0 & \dfrac{3EI}{l^2} & \dfrac{3EI}{l} & 0 & -\dfrac{3EI}{l^2} & 0 \\[2mm] -\dfrac{EA}{l} & 0 & 0 & \dfrac{EA}{l} & 0 & 0 \\[2mm] 0 & -\dfrac{3EI}{l^3} & -\dfrac{3EI}{l} & 0 & \dfrac{3EI}{l^2} & 0 \\[2mm] 0 & 0 & 0 & 0 & 0 & 0 \end{bmatrix} \tag{14-6}$$

当两端均为铰接时，其单元刚度矩阵改为

$$\bar{k}^e = \dfrac{EA}{l} \begin{bmatrix} 1 & 0 & 0 & -1 & 0 & 0 \\ 0 & 0 & 0 & 0 & 0 & 0 \\ 0 & 0 & 0 & 0 & 0 & 0 \\ -1 & 0 & 0 & 1 & 0 & 0 \\ 0 & 0 & 0 & 0 & 0 & 0 \\ 0 & 0 & 0 & 0 & 0 & 0 \end{bmatrix} \tag{14-7}$$

而对两端刚接杆件，仍采用第 11 章式（11-5）的单元刚度矩阵。

【例 14-6】用增量变刚度法计算图 14-17a 所示刚架的极限荷载。设各杆 EA、EI、M_u＝常数。

【解】该刚架有 3 个单元，各单元的局部坐标 $\bar{x}$ 轴指向沿图 14-17a 杆内箭头方向。因结点 C 原本为铰接，故对 BC 和 CD 杆可直接采用一端固定一端铰接的单元刚度矩阵；当然也可采用两端刚接的单元刚度矩阵，但需将两杆在 C 端的转角作为基本未知量。这里采用前一种方法，若忽略轴向变形，则此时刚架的结点位移编码如图 14-17a 所示，于是 BA、BC 和 CD 三杆的单元刚度矩阵分别取式（14-5）、（14-6）和（14-5）的矩阵。经坐

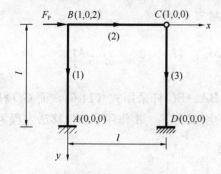

(a) 刚架单元及结点位移编码

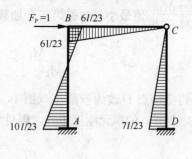

(b) $\overline{M}_1$ 图

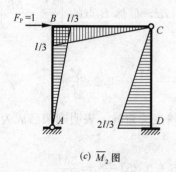

(c) $\overline{M}_2$ 图

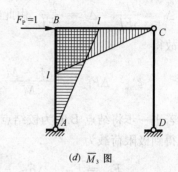

(d) $\overline{M}_3$ 图

图 14-17 例 14-6 图

标变换并运用"对号入座"方法可形成刚架的整体刚度矩阵，进而写出刚架在荷载参数 $F_P=1$ 作用下的位移法方程如下：

$$\frac{EI}{l^3}\begin{bmatrix} 15 & -6l \\ -6l & 7l^2 \end{bmatrix}\begin{pmatrix} \Delta_1 \\ \Delta_2 \end{pmatrix}=\begin{pmatrix} 1 \\ 0 \end{pmatrix}$$

解方程得：$\Delta_1=\dfrac{7l^3}{69EI}$，$\Delta_2=\dfrac{2l^2}{23EI}$。

将求得的结点位移代入单元刚度方程，可求出各杆端力，并绘出 $\overline{M}_1$ 图如图 14-17b 所示。在各控制截面中，A 点的比值 $\left|\dfrac{M_u}{M_1}\right|$ 最小，故得第一个加载步的荷载值为

$$F_{P1}=\left|\frac{M_u}{M_1}\right|_A=M_u\times\frac{23}{10l}=2.3\frac{M_u}{l}$$

把结点 A 改为铰结点，得到图 14-17c 的刚架，此时 BA 杆改用式（14-6）的单元刚度矩阵，则可形成此刚架在荷载参数 $F_P=1$ 作用下的位移法方程为

$$\frac{EI}{l^3}\begin{bmatrix} 6 & -3l \\ -3l & 6l^2 \end{bmatrix}\begin{pmatrix} \Delta_1 \\ \Delta_2 \end{pmatrix}=\begin{pmatrix} 1 \\ 0 \end{pmatrix}$$

解方程得：$\Delta_1=\dfrac{2l^3}{9EI}$，$\Delta_2=\dfrac{l^2}{9EI}$。据此绘出弯矩 $\overline{M}_2$ 图如图 14-17c 所示，其中 D 截面的

$\left| \dfrac{M_{\mathrm{u}} - M_1}{\overline{M}_2} \right|$ 值最小，故得第二个加载步的荷载增量为

$$\Delta F_{\mathrm{P2}} = \left| \frac{M_{\mathrm{u}} - M_1}{\overline{M}_2} \right|_{\mathrm{D}} = \left(M_{\mathrm{u}} - \frac{2.3 M_{\mathrm{u}}}{l} \times \frac{7l}{23} \right) \times \frac{3}{2l} = 0.45 \frac{M_{\mathrm{u}}}{l}$$

再把结点 D 改为铰结点（图 14-17d），此时 BA、BC 杆采用式（14-6），而 CD 杆采用式（14-7）的单元刚度矩阵，则可形成修改后的刚架在 $F_{\mathrm{P}} = 1$ 作用下的位移法方程为

$$\frac{EI}{l^3} \begin{bmatrix} 3 & -3l \\ -3l & 6l^2 \end{bmatrix} \begin{Bmatrix} \Delta_1 \\ \Delta_2 \end{Bmatrix} = \begin{Bmatrix} 1 \\ 0 \end{Bmatrix}$$

解得 $\Delta_1 = \dfrac{2l^3}{3EI}$，$\Delta_2 = \dfrac{l^2}{3EI}$。由此绘出 $\overline{M}_3$ 图如图 14-17d，显然 B 点的 $\left| \dfrac{M_{\mathrm{u}} - M_2}{\overline{M}_3} \right|$ 值最小，故得

$$\Delta F_{\mathrm{P3}} = \left| \frac{M_{\mathrm{u}} - M_2}{\overline{M}_3} \right|_{\mathrm{B}} = \frac{(1 - 0.6 - 0.15) M_{\mathrm{u}}}{l} = 0.25 \frac{M_{\mathrm{u}}}{l}$$

若进一步将结点 B 改为铰结点，则整体刚度矩阵将变为奇异，表明刚架已成为机构，由此得到极限荷载为

$$F_{\mathrm{Pu}} = F_{\mathrm{P1}} + \Delta F_{\mathrm{P2}} + \Delta F_{\mathrm{P3}} = (2.3 + 0.45 + 0.25) \frac{M_{\mathrm{u}}}{l} = \frac{3M_{\mathrm{u}}}{l}$$

思 考 题

14.1 什么是结构的弹性极限荷载和塑性极限荷载？为何后者一般要大于前者？对于杆系结构，是否存在两者相等的情况？

14.2 具有一个对称轴的截面与具有两个对称轴的截面相比，其受弯时的弹塑性发展过程有何异同？如何计算最终的极限弯矩？

14.3 如何判断静定梁和刚架是否已经达到极限状态？如何确定其极限荷载？

14.4 如果结构受荷期间又发生了支座移动或温度改变，那么其极限荷载的大小是否随之改变？为什么？

14.5 n 次超静定结构是否一定要出现 $n+1$ 个塑性铰才会成为破坏机构？试举例予以说明。

14.6 结构的极限受力状态应满足哪些条件？什么是可破坏荷载和可接受荷载？它们与极限荷载有何关系？

14.7 刚架的可能破坏机构通常可分为基本机构和组合机构。进行机构组合时该如何有效排除一些不必要的结果？其依据是什么？试举例加以说明。

习 题

14-1 试求图示截面的弹性极限弯矩 M_{s} 和塑性极限弯矩 M_{u}，设材料的屈服极限为 σ_{s}。

(a) 工字型截面；(b) T 形截面，设 $\sigma_{\mathrm{s}} = 235\mathrm{MPa}$。

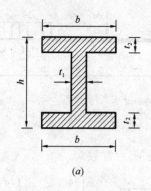

(a)

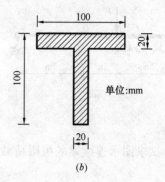

单位:mm

(b)

题 14-1 图

14-2 试求图示圆形截面和圆环形截面的极限弯矩，设材料屈服极限为 σ_s。

14-3 图示桁架各杆截面积均为 $A=900\text{mm}^2$，材料拉压屈服强度均为 $\sigma_s=310\text{MPa}$。（a）确定第一根杆件进入屈服时的荷载 F_{Ps}；（b）确定最终的极限荷载 F_{Pu}。

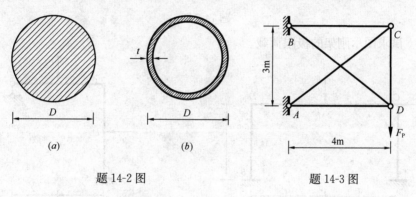

题 14-2 图　　　　　　　　题 14-3 图

14-4 计算图示静定梁的极限荷载。

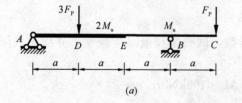

(a)

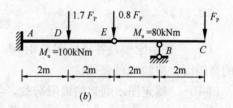

(b)

题 14-4 图

14-5 试求图示等截面梁的极限荷载 F_{Pu}，各截面极限弯矩 $M_u=$ 常数。

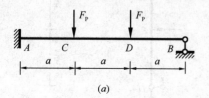

(a)

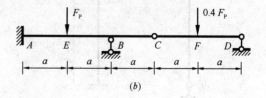

(b)

题 14-5 图

14-6 试求图示分段变截面梁的极限荷载 F_{Pu}。

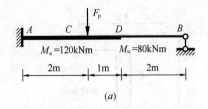

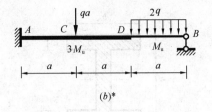

(a)   (b)*

题 14-6 图

14-7　试求图示连续梁的极限荷载，各跨极限弯矩 $M_u =$ 常数。

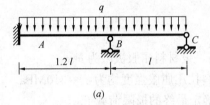

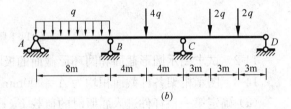

(a)   (b)

题 14-7 图

14-8　试求图示刚架的极限荷载。

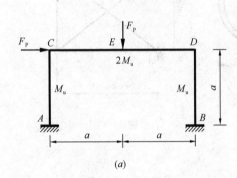

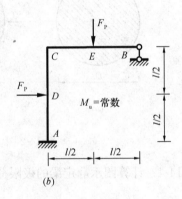

(a)   (b)

题 14-8 图

14-9*　图示刚架，各杆极限弯矩 $M_u =$ 常数，试确定其极限荷载 q_u，并绘出极限状态的弯矩图，检验 q_u 的正确性。

14-10*　确定图示刚架的极限荷载，各杆 $M_u = 105 \text{kNm}$。

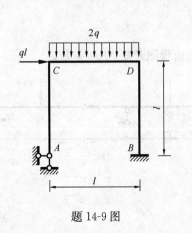

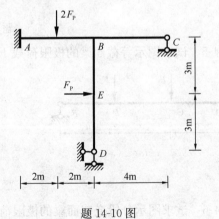

题 14-9 图   题 14-10 图

14-11* 用增量变刚度法计算题 14-8（*a*）刚架的极限荷载。

14-12** 图示单跨超静定梁，设截面为 $b \times h$ 的矩形，材料拉压屈服极限均为 σ_s。在图示荷载作用下，设加载至极限状态后立即卸载，试求以下两种状态的内力和应力：

（a）卸载至极限荷载的一半大小，作出此时的弯矩图和截面 *C* 的正应力分布图；

（b）直接卸载至零，作出梁的残余弯矩图和截面 *C* 的残余应力分布图；

（c）若卸载至零后再反向加载，试问此时的极限荷载大小有无改变，为什么？

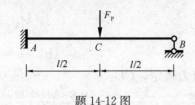

题 14-12 图

附录 A 习题答案及提示

9-1 （a）不能。

（b）能。提示：BC 杆剪力静定，CD 杆两端无相对线位移。

9-2 （a）能，$\mu_{BC}=1$。

（b）不能。

（c）能，$\mu_{BA}=0.75$。

（d）不能。

（e）能，$\mu_{BA}=4/7$。

（f）能，可简化为单结点情况，$\mu_{CB}=0.75$。

（g）能，为两结点情况。$\mu_{BA}=0.2$；$\mu_{CD}=0.2$。

9-3 （a）$\mu_{AB}=\dfrac{20}{67}$；$\mu_{AD}=\dfrac{15}{67}$。

（b）$\mu_{AB}=\dfrac{5}{41}$。

9-4 $M_{BC}=\dfrac{3ql^2}{28}$（下侧受拉）；

$F_{yB}=\dfrac{17ql}{28}$（↑）；

$\theta_B=\dfrac{ql^3}{28EI}$（↻）。

9-5 $\Delta=20.25\text{mm}$（↓）。

9-6 （a）$M_B=35.78\text{kNm}$（上侧受拉）；

$M_D=9.11\text{kNm}$（上侧受拉）。

（b）$M_B=32\text{kNm}$（上侧受拉）；

$M_G=68\text{kNm}$（下侧受拉）。

（c）$M_B=55.43\text{kNm}$（上侧受拉）；

$M_E=31.78\text{kNm}$（上侧受拉）。

9-7 （a）$M_C=\dfrac{ql^2}{4}$（外侧受拉）；

$M_A=\dfrac{ql^2}{4}$（右侧受拉）。

（b）$M_C=9.43\text{kNm}$（内侧受拉）；

$M_{DB}=37.71\text{kNm}$（左侧受拉）。

9-8 $M_A=11.81\text{kNm}$（右侧受拉）；

$M_C=10.83\text{kNm}$（外侧受拉）；

$M_{DC}=7.73\text{kNm}$（下侧受拉）。

9-9 （a）$M_C=45\text{kNm}$（内侧受拉）；

$M_A=105\text{kNm}$（左侧受拉）。

（b）$M_{CA}=\dfrac{23}{64}ql^2$（右侧受拉）；

$M_{CB}=\dfrac{27}{64}ql^2$（上侧受拉）。

提示：AC 杆有固端弯矩。

9-10 （a）$M_D=0.394F_Pl$（内侧受拉）；

$M_B=0.097F_Pl$（上侧受拉）。

（b）$M_B=0.186ql^2$（上侧受拉）；

$M_E=0.399ql^2$（内侧受拉）。

9-11 （a）$M_{DC}=24\text{kNm}$（上侧受拉）；

$M_A=4\text{kNm}$（左侧受拉）。

（b）$M_A=6.26\text{kNm}$（左侧受拉）；

$M_{ED}=28.17\text{kNm}$（上侧受拉）。

9-12 $M_A=161.89\text{kNm}$（左侧受拉）；

$M_{CA}=90.11\text{kNm}$（右侧受拉）；

$M_E=42.76\text{kNm}$（内侧受拉）。

提示：取半边结构计算，在求 AC 杆固端弯矩时，除均布荷载外，还需将 C 端剪力作为集中荷载。

9-13 $M_A=\dfrac{4EI}{250l}$（左侧受拉）；

$M_C=\dfrac{3EI}{250l}$（内侧受拉）；

$F_P=\dfrac{7EI}{125l^2}$。

9-14 (a) $M_A = 19.35\text{kNm}$（内侧受拉）；

   $M_{BA} = 20.65\text{kNm}$（下侧受拉）。

   提示：取 1/4 利用无剪力力矩分配法计算。

   (b) $M_A = 30.54\text{kNm}$（内侧受拉）；

   $M_{BA} = 29.45\text{kNm}$（下侧受拉）；

   $M_{BC} = 4.36\text{kNm}$（上侧受拉）。

9-15 $M_{BA} = 278.64\text{kNm}$（上侧受拉）；

   $M_{BC} = 149.31\text{kNm}$（上侧受拉）；

   $M_{CB} = 56.11\text{kNm}$（下侧受拉）；

   $M_{CD} = 18.64\text{kNm}$（下侧受拉）。

   提示：可将荷载分解为一组正对称和一组反对称。

9-16 $M_C = 21.18\text{kNm}$（外侧受拉）；

   $M_{DB} = 16.54\text{kNm}$（右侧受拉）；

   $M_{DE} = 59.56\text{kNm}$（上侧受拉）。

9-17 $F_P = 4.98\text{kN}$。

   提示：在结点 C 处添加水平链杆约束，得混合法基本结构，则基本结构在均布荷载作用下的约束力就等于 F_P。

9-18 (a) $M_A = \dfrac{5}{16}qh^2$；$F_{NCD} = -\dfrac{3}{16}qh$。

   (b) $M_A = 34.48\text{kNm}$（左侧受拉）；

   $M_B = 15.82\text{kNm}$（左侧受拉）；

   $M_C = 12.36\text{kNm}$（左侧受拉）。

9-19 (a) $M_A = M_D = 96\text{kNm}$（左侧受拉）；

   $M_B = M_C = 81\text{kNm}$（左侧受拉）。

   (b) $M_A = 17.84\text{kNm}$（左侧受拉）；

   $M_B = 25.97\text{kNm}$（左侧受拉）；

   $M_C = 21.21\text{kNm}$（左侧受拉）。

9-20 (a) $M_A = \dfrac{29}{60}qh^2$（左侧受拉）；

   $M_D = \dfrac{1}{10}qh^2$（内侧受拉）。

   (b) $M_A = 9.16\text{kNm}$（左侧受拉）；

   $M_B = 8.79\text{kNm}$（左侧受拉）；

   $M_C = 6.87\text{kNm}$（左侧受拉）。

9-21 (a) $M_A = 76\text{kNm}$（左侧受拉）；

   $M_B = 60\text{kNm}$（左侧受拉）；

   $M_G = 4.5\text{kNm}$（内侧受拉）。

   (b) $M_A = M_B = 50\text{kNm}$（左侧受拉）；

   $M_G = 24\text{kNm}$（内侧受拉）；

   $M_H = 12\text{kNm}$（外侧受拉）。

9-22 $M_A = M_B = 13.12\text{kNm}$（左侧受拉）；

   $M_C = 24.04\text{kNm}$（左侧受拉）；

   $M_F = 4.70\text{kNm}$（内侧受拉）。

9-23 $M_A = \dfrac{ql^2}{27}$（右侧受拉）；

   $M_B = \dfrac{19}{216}ql^2$（上侧受拉）；

   $M_{CD} = \dfrac{59}{216}ql^2$（上侧受拉）。

9-24 设底层柱反弯点在 3/5 柱高处，则

   $M_A = 72\text{kNm}$（左侧受拉）；

   $M_{DG} = 20\text{kNm}$（左侧受拉）。

9-25 略。

第 10 章

10-1 (a) $\Delta_{yC} = \dfrac{ql^4}{192EI}$（↓）；

   $\theta_B = \dfrac{ql^3}{48EI}$（↻）。

   (b) $\Delta_{yC} = \dfrac{17F_Pl^3}{192EI}$（↓）；

   $\Delta_{yD} = -\dfrac{5F_Pl^3}{768EI}$（↑）。

   (c) $\Delta_{yC} = \dfrac{\Delta}{2} + \dfrac{F_Pl^3}{192EI}$（↓）。

   (d) $\Delta_{yB} = \dfrac{\theta l}{2} + \dfrac{F_Pl^3}{12EI}$（↓）。

10-2 $\Delta_{yD} = \dfrac{5000\ \text{kNm}^3}{EI}$（↓）；

   $\theta_C = \dfrac{260\ \text{kNm}^2}{EI}$（↻）。

10-3 $\Delta_{yF} = \dfrac{376.875\ \text{kNm}^3}{EI}$（↓）。

10-4 提示：在平衡条件上，可校核结点 C、D 的力矩平衡和投影平衡，以及

柱顶或柱底截面以上部分的投影平衡；在位移条件上，可校核 A、B 截面 3 个方向的位移或 E 点 2 个方向的线位移是否为零，以及 $ABCD$ 封闭框格任一截面上的相对转角是否为零等。

10-5 AB、BC 节间上弦杆受压，下弦杆受拉，BC 节间数值较大；CD 弦杆内力较小；DE、EF 节间上弦杆受拉，下弦杆受压，DE 弦杆数值较大。AB、DE、EF 节间左上右下斜杆为拉杆，另三斜杆为压杆，AB 节间数值较大；BC 节间斜杆 Bc 为拉杆，bC 为压杆，数值较小；CD 节间 Cd 为拉杆，cD 为压杆，数值较大。

提示：任一竖直截面上各杆内力的合力及合力矩与相应连续梁同一截面的剪力、弯矩类同，可据此判断各杆内力的方向及相对大小。

10-6 提示：由变形线可绘出弯矩轮廓图。

10-7 提示：各跨弯矩轮廓图与图 10-9b 类似。因左右基本对称，故中柱柱端弯矩很小，或接近于零；边柱除顶层外，下层柱端弯矩也较小。

10-8 提示：各跨弯矩轮廓图与图 10-10c 类似。边柱三杆结点处梁端弯矩更大；中柱三杆结点处柱端弯矩更大。

10-9 内力左右正对称，上下（轴力除外）反对称。水平杆的杆端弯矩由两侧节间的异侧受拉逐渐过渡到中间节间的同为下侧受拉，数值由两侧向中间逐渐减小。

提示：可先取左右半边，再进一步取出上下半边分析。整体变形与一根实体梁接近。

10-10 该结构与一两铰刚架作用相同荷载时的内力接近。立柱外侧受拉。桁架弦杆由两边节间的上弦杆受拉过渡到中间的下弦杆受拉；斜腹杆由两边节间的外高内低斜杆为拉杆，而另一杆为压杆过渡到跨中节间的同为压杆，数值也由外向内减小；竖杆均为压杆。

10-11 提示：此时受力与撤除 F 处约束并作用向下集中力的情况一致。

10-12 路径 1：CA、CB，为主要路径；
路径 2：CD、DB、DA，为次要路径。
路径 1 内力要大些。

10-13 提示：正对称支座位移用力矩分配法判断；反对称支座位移用无剪力力矩分配法判断。

10-14 分解为 t_0 和 Δt 两部分，前者可由变形图判断，后者按载常数表和力矩分配法判定。

10-15 $F_{RB} = \dfrac{-x^3 + 3lx^2}{2l^3}$ （↑）；

$M_A = F_{RB}l - x$ （下侧受拉为正）。

10-16 提示：影响线为解除与所求量值对应的约束后，再沿量值正方向发生单位位移而得到的位移图线，可参照图 10-22 绘出。

10-17 F_{RB}（↑）：荷载布满第 1、2、4 跨；
F_{QB}^R：荷载布满第 1、2、4 跨得正最大，荷载布满第 3 跨和悬臂段得负最小；
M_2（下侧受拉为正）：荷载布满第 2、4 跨得正最大，布满第 1、3 跨和悬臂段得负最小。

10-18 $M_{B,max} = -90\text{kNm}$ （上侧受拉）；
$M_{B,min} = -315\text{kNm}$ （上侧受拉）；
$M_{C,max} = -15\text{kNm}$ （上侧受拉）；
$M_{C,min} = -255\text{kNm}$ （上侧受拉）；
$F_{QBC,max} = 157.5\text{kN}$；
$F_{QBC,min} = 45\text{kN}$；
$F_{QCB,max} = -30.75\text{kN}$；
$F_{QCB,min} = -144.75\text{kN}$。

10-19 略。

第 11 章

本章矩阵和向量中未标注单位的量，其单位组成统一为：力 kN，长度 m，角度 rad。

11-1 (a)

$$\boldsymbol{k}_{\ddot{u}}^{(1)} = \boldsymbol{k}_{\ddot{u}}^{(2)} = 10^3 \times \begin{bmatrix} 42 & 0 & 0 \\ 0 & 0.42 & 1.26 \\ 0 & 1.26 & 5.04 \end{bmatrix};$$

$$\boldsymbol{k}_{\ddot{u}}^{(3)} = 10^3 \times \begin{bmatrix} 0.42 & 0 & -1.26 \\ 0 & 42 & 0 \\ -1.26 & 0 & 5.04 \end{bmatrix}。$$

(b) $\boldsymbol{k}_{\ddot{u}}^{(1)}$ 同题 (a);

$$\boldsymbol{k}_{\ddot{u}}^{(2)} = 10^3 \times \begin{bmatrix} 27.031 & -19.958 & 0.756 \\ -19.958 & 15.389 & 1.008 \\ 0.756 & 1.008 & 5.040 \end{bmatrix};$$

$$\boldsymbol{k}_{\ddot{u}}^{(3)} = 10^3 \times \begin{bmatrix} 0.42 & 0 & 1.26 \\ 0 & 42 & 0 \\ 1.26 & 0 & 5.04 \end{bmatrix}。$$

11-2 (a) $\boldsymbol{K} = 10^3 \times$

$$\begin{bmatrix} 0.42 & 0 & -0.42 & 1.26 & 0 & 0 \\ 0 & 84.42 & 0 & -1.26 & -42 & 0 \\ -0.42 & 0 & 42.84 & 0 & 0 & 1.26 \\ 1.26 & -1.26 & 0 & 15.12 & 0 & 2.52 \\ 0 & -42 & 0 & 0 & 42 & 0 \\ 0 & 0 & 1.26 & 2.52 & 0 & 5.04 \end{bmatrix}$$

(b) $\boldsymbol{K} = 10^3 \times$

$$\begin{bmatrix} 5.04 & 0 & -1.26 & 2.52 & 0 \\ 0 & 69.45 & -19.96 & -0.50 & 19.96 \\ -1.26 & -19.96 & 57.81 & -0.25 & -15.39 \\ 2.52 & -0.50 & -0.25 & 15.12 & -1.01 \\ 0 & 19.96 & -15.39 & -1.01 & 15.39 \end{bmatrix}$$

11-3 (a)

$$\begin{bmatrix} \dfrac{EA}{l} & 0 \\ 0 & \dfrac{4EI}{l} \end{bmatrix} \begin{Bmatrix} u_B \\ \theta_B \end{Bmatrix} = \begin{Bmatrix} M \\ F_P \end{Bmatrix}$$

(b)

$$\begin{bmatrix} \dfrac{12EI}{l^3} & \dfrac{6EI}{l^2} \\ \dfrac{6EI}{l^2} & \dfrac{4EI}{l} \end{bmatrix} \begin{Bmatrix} v_A \\ \theta_A \end{Bmatrix} = \begin{Bmatrix} F_P \\ 0 \end{Bmatrix}$$

(c)

$$\begin{bmatrix} \dfrac{EA}{l} & 0 & 0 \\ 0 & \dfrac{4EI}{l} & -\dfrac{6EI}{l^2} \\ 0 & -\dfrac{6EI}{l^2} & \dfrac{12EI}{l^3} \end{bmatrix} \begin{Bmatrix} u_A \\ \theta_A \\ v_B \end{Bmatrix} = \begin{Bmatrix} -F_P \\ 0 \\ F_P \end{Bmatrix}$$

11-4 $\boldsymbol{K} = 10^4 \times \begin{bmatrix} 241.2 & 0 & -3.6 \\ 0 & 122.4 & 0 \\ -3.6 & 0 & 43.2 \end{bmatrix};$

$M_{BD} = 30.125 \text{kNm}$（右侧受拉）;

$F_{QBD} = 7.547 \text{kN}$;

$F_{NBD} = -58.824 \text{kN}$。

11-5 $\boldsymbol{K} = 10^4 \times \begin{bmatrix} 147.875 & 51.094 & -3.110 \\ 51.094 & 71.235 & -1.555 \\ -3.110 & -1.555 & 25.920 \end{bmatrix};$

$\overline{\boldsymbol{F}}_{AB} = [60.37 \quad 2.01 \quad 1.15$
$\quad -60.37 \quad -2.01 \quad 8.87]^T$

$\overline{\boldsymbol{F}}_{BC} = [109.83 \quad 6.91 \quad 21.13$
$\quad -109.83 \quad -6.91 \quad 13.41]^T$

11-6 (a) $\boldsymbol{P} = [30 \quad 0 \quad 22.5 \quad -37.5 \quad 0$
$\quad -7.5]^T$

(b) 整体刚度矩阵 $\boldsymbol{K}$ 参见题 11-2a 答案。

11-7 $\boldsymbol{P} = [-1.481 \quad 88.148 \quad 5.556$
$\quad -17.778]^T$。

11-8 (a) $\boldsymbol{P} = [30 \quad -18 \quad -12]^T$。

(b) $\boldsymbol{P} = [12 \quad 3 \quad -9 \quad 16 \quad -6]^T$。

11-9 $\boldsymbol{P} = [10 \quad 30 \quad -45]^T$; $\boldsymbol{K}$ 同题 11-4;

$\overline{\boldsymbol{F}}_{BD} = [29.41 \quad 6.23 \quad -0.06$
$\quad -29.41 \quad 13.77 \quad 12.58]^T$。

11-10 $\boldsymbol{P} = [0 \quad 45 \quad 15]^T$; $\boldsymbol{K}$ 同题 11-5;

$\overline{\boldsymbol{F}}_{AB} = [30.19 \quad 1.00 \quad 0.58$
$\quad -30.19 \quad -1.00 \quad 4.44]^T$

$\overline{\boldsymbol{F}}_{BC} = [38.91 \quad -8.55 \quad -4.44$
$\quad -70.91 \quad -15.45 \quad 21.70]^T$

11-11 (a) $M_A = 48.57$kNm（下侧受拉）；

$M_{BA} = 97.14$kNm（上侧受拉）；

$F_{QBA} = -18.21$kN。

(b) $M_A = 1.6$kNm（上侧受拉）；

$M_B = 92.8$kNm（上侧受拉）。

11-12 $10^4 \times \begin{bmatrix} 28.8 & 7.2 & 0 \\ 7.2 & 43.2 & -3.6 \\ 0 & -3.6 & 1.2 \end{bmatrix} \begin{Bmatrix} \theta_C \\ \theta_B \\ v_E \end{Bmatrix}$

$= \begin{Bmatrix} 0 \\ 30 \\ 30 \end{Bmatrix}$

11-13 $K = 10^4 \times \begin{bmatrix} 2.4 & -3.6 & -3.6 \\ -3.6 & 28.8 & 7.2 \\ -3.6 & 7.2 & 28.8 \end{bmatrix}$

$M_A = 59$kNm（左侧受拉）；

$M_B = 14.5$kNm（内侧受拉）；

$M_C = 21.5$kNm（外侧受拉）。

11-14 设 $\Delta = \begin{bmatrix} u_B & v_B & u_D & v_D \end{bmatrix}^T$，则

$K = \dfrac{EA}{l} \begin{bmatrix} 1+\dfrac{\sqrt{2}}{4} & \dfrac{\sqrt{2}}{4} & 0 & 0 \\ \dfrac{\sqrt{2}}{4} & 1+\dfrac{\sqrt{2}}{4} & 0 & -1 \\ 0 & 0 & 1+\dfrac{\sqrt{2}}{4} & -\dfrac{\sqrt{2}}{4} \\ 0 & -1 & -\dfrac{\sqrt{2}}{4} & 1+\dfrac{\sqrt{2}}{4} \end{bmatrix}$

11-15 $K = \dfrac{EA}{l} \times 10^{-3}$

$\times \begin{bmatrix} 728.553 & -570.060 \\ -570.060 & 1478.553 \end{bmatrix}$

$F_{NAB} = 0.662F_P$；

$F_{NAC} = 0.604F_P$；

$F_{NAD} = -0.758F_P$。

11-16 (a) $K = 10^3 \times$

$\begin{bmatrix} 1524.853 & -84.853 & 0 \\ -84.853 & 94.069 & 0 \\ 0 & 0 & 307.200 \end{bmatrix}$；

$M_A = 18.36$kNm（下侧受拉）；

$M_B = 49.61$kNm（上侧受拉）；

$M_C = 169.14$kNm（上侧受拉）；

$F_{QBC} = -38.05$kN；

$F_{NBD} = -63.42$kN。

(b) $K = 10^3 \times$

$\begin{bmatrix} 1362.459 & -343.388 & -13.824 \\ -343.388 & 471.149 & -54.432 \\ -13.824 & -54.432 & 345.600 \end{bmatrix}$；

$M_C = 13.82$kNm（下侧受拉）；

$M_D = 8.77$kNm（外侧受拉）；

$M_A = 4.72$kNm（上侧受拉）；

$F_{NBD} = -6.21$kN。

11-17 位移法方程：

$10^3 \times \begin{bmatrix} 64 & 16 & 0 \\ 16 & 64 & 16 \\ 0 & 16 & 32 \end{bmatrix} \begin{Bmatrix} \theta_B \\ \theta_C \\ \theta_D \end{Bmatrix} = \begin{Bmatrix} 60 \\ 30 \\ -30 \end{Bmatrix}$

$F_{yD} = 7.5 + 6000\,(\theta_C + \theta_D)$（kN，↑）

提示：按普通梁单元计算固端力和最后杆端力，按连续梁单元形成整体刚度矩阵。

11-18 $\Delta = 10^{-5} \times \begin{bmatrix} -44.672 & -45 \\ -8.934 & -71.803 \end{bmatrix}^T$

$M_A = 63.65$kNm（右侧受拉）；

$M_B = 50.78$kNm（内侧受拉）；

$M_C = 50.78$kNm（下侧受拉）。

11-19 原始刚度矩阵同式（11-5），答案参见题 11-3c。

11-20

$10^4 \times \begin{bmatrix} 147.875 & 51.094 & -3.110 \\ 51.094 & 71.235 & -1.555 \\ -3.110 & -1.555 & 25.920 \end{bmatrix} \begin{Bmatrix} u_B \\ v_B \\ \theta_B \end{Bmatrix}$

$= \begin{Bmatrix} 5140.45 \\ 6974.66 \\ 143.48 \end{Bmatrix}$

11-21 略。

第 12 章

12-1 (a) 1。

(b) 2。

(c) 4。

(d) 1。

(e) 2。

(f) 3。

12-2 (a) $m\ddot{y} + \dfrac{6EI}{a^3}y = -\dfrac{3}{4}F\sin\theta t$;

$$\omega = \sqrt{\dfrac{6EI}{ma^3}}\text{。}$$

(b) 设 $y = y_B$（↓），则

$$5m\ddot{y} + 2ky = 3F\sin\theta t$$;

$$\omega = \sqrt{\dfrac{2k}{5m}}\text{。}$$

12-3 (a) $\omega = \sqrt{\dfrac{3EI}{2ml^3}}$ 。

(b) $\omega = \sqrt{\dfrac{15EI}{mh^3}}$ 。

12-4 $\omega = 88.192\text{s}^{-1}$。

12-5 水平 $\omega = \sqrt{\dfrac{3EI}{ma^3}}$;

竖向 $\omega = \dfrac{4}{a}\sqrt{\dfrac{6EI}{7ma}}$ 。

12-6 $Y = 0.1\text{m}$; $y = -2.794\text{cm}$;

$F_I = -22.353\text{kN}$。

12-7 (a) $Y = 1.25\text{cm}$; $y = 1.20\text{cm}$;

$\ddot{y} = -4.801\text{m/s}^2$ 。

(b) $\xi = 0.04$。

12-8 $\xi = 0.0477$; $\beta = 10.487$。

12-9 $Y = 6.35 + 3.52 = 9.87\text{ mm}$;

$M_{max} = 30 + 16.64 = 46.64\text{ kNm}$。

12-10 $Y = -\dfrac{25}{128}\dfrac{Fa^3}{EI}$;

$$M_{B,max} = -\dfrac{27}{128}Fa ,$$

$$M_{D,max} = \dfrac{155}{256}Fa \text{ 。}$$

12-11 $Y = \dfrac{qh^4}{25.6EI}$; $M_{A,max} = 0.242qh^2$;

$M_{B,max} = M_{D,max} = 0.234qh^2$ 。

12-12 $\omega = \sqrt{\dfrac{84EI}{ma^4}}$, $M_{C,max} = 0.7Fa$。

12-13 $y(t) =$

$$\begin{cases} 0, & 0 \leqslant t \leqslant 0.2 \\ 0.005[1 - \cos 10(t - 0.2)], & 0.2 < t \leqslant 0.4 \\ 0.005[1 - \cos 10(t - 0.2)] \\ \quad + 0.02[1 - \cos 10(t - 0.4)], & t > 0.4 \end{cases}$$

$y(0.8) = 0.033\text{m}, v(0.8) = -0.165\text{m/s}$。

12-14 $y(t) =$

$$\begin{cases} \dfrac{F}{m\omega^2}\left(1 - \cos\omega t + \dfrac{\sin\omega t}{\omega t_d} - \dfrac{t}{t_d}\right), & t \leqslant t_d \\[3mm] \dfrac{F}{m\omega^2}\left[-\cos\omega t + \dfrac{\sin\omega t - \sin\omega(t - t_d)}{\omega t_d}\right], & t > t_d \end{cases}$$

12-15 $y(t) =$

$$\begin{cases} \dfrac{F}{m\omega^2}\dfrac{1}{t_d}\left(t - \dfrac{\sin\omega t}{\omega}\right), & t \leqslant t_d \\[3mm] \dfrac{F}{m\omega^2}\left[\left(1 - \dfrac{\sin\omega t_d}{\omega t_d}\right)\cos\omega(t - t_d)\right. \\ \qquad \left. + \dfrac{1 - \cos\omega t_d}{\omega t_d}\sin\omega(t - t_d)\right], & t > t_d \end{cases}$$

12-16 (a) $\omega_1 = 2.735\sqrt{\dfrac{EI}{ml^3}}$,

$$\omega_2 = 9.062\sqrt{\dfrac{EI}{ml^3}}$$;

$$\dfrac{Y_{11}}{Y_{21}} = \dfrac{-1}{3.610} , \dfrac{Y_{12}}{Y_{22}} = \dfrac{1}{0.277}$$ 。

(b) $\omega_1 = \dfrac{16}{l}\sqrt{\dfrac{3EI}{7ml}}$, $\omega_2 = \dfrac{8}{l}\sqrt{\dfrac{3EI}{ml}}$;

$$\dfrac{Y_{11}}{Y_{21}} = -1 , \dfrac{Y_{12}}{Y_{22}} = 1$$ 。

(c) $\omega_1 = \sqrt{\dfrac{48EI}{ml^3}}$, $\omega_2 = \sqrt{\dfrac{768EI}{7ml^3}}$;

$$\dfrac{Y_{11}}{Y_{21}} = -1 , \dfrac{Y_{12}}{Y_{22}} = 1$$ 。

(d) $\omega_1 = 3.028\sqrt{\dfrac{EI}{mh^3}}$,

$$\omega_2 = 7.927\sqrt{\dfrac{EI}{mh^3}}$$;

$$\dfrac{Y_{11}}{Y_{21}} = \dfrac{1}{1.618} , \dfrac{Y_{12}}{Y_{22}} = -\dfrac{1}{0.618}$$ 。

12-17 以 C 点水平和竖向位移作为 y_1、y_2，则

$$\omega_1 = 1.268\sqrt{\frac{EI}{ml^4}},$$

$$\omega_2 = 4.732\sqrt{\frac{EI}{ml^4}};$$

$$\frac{Y_{11}}{Y_{21}} = \frac{\sqrt{3}}{3}, \frac{Y_{12}}{Y_{22}} = -\frac{\sqrt{3}}{3}。$$

12-18 $\omega_1 = 0.560\sqrt{\frac{k}{m}},$

$$\omega_2 = 1.225\sqrt{\frac{k}{m}},$$

$$\omega_3 = 1.785\sqrt{\frac{k}{m}}。$$

$Y_{11} : Y_{21} : Y_{31} = 1 : 2.186 : 3.186;$
$Y_{12} : Y_{22} : Y_{32} = 1 : 1 : -2;$
$Y_{13} : Y_{23} : Y_{33} = 1 : -0.686 : 0.314。$

12-19 $\omega_1 = \sqrt{\frac{48EI}{ml^3}},$

$$\omega_2 = \sqrt{\frac{384EI}{5ml^3}},$$

$$\omega_3 = \sqrt{\frac{1920EI}{13ml^3}};$$

$Y_{11} : Y_{21} : Y_{31} = 1 : -1 : 1;$
$Y_{12} : Y_{22} : Y_{32} = 1 : 0 : -1;$
$Y_{13} : Y_{23} : Y_{33} = 1 : 2 : 1。$

12-20 $\omega_1 = 30.183, \omega_2 = 76.217;$
$Y_1 = -1.823\text{mm}, Y_2 = 6.715\text{mm};$
$M_{B,max} = 40.116\text{kNm}。$

12-21 $\omega_1 = 10, \omega_2 = 10\sqrt{6};$
$Y_1 = -4.630\text{mm},$
$Y_2 = -5.863\text{mm};$
$M_{A,max} = 173.625\text{kNm}。$

12-22 $Y_1 = 7.314\text{mm}, Y_2 = 11.968\text{mm};$
$M_{A,max} = 315.935\text{kNm}。$

12-23 $M_{1,max} = \frac{171}{1280}ql^2;$

$$M_{C,max} = \frac{31}{400}ql^2;$$

$$M_{2,max} = -\frac{155}{2560}ql^2。$$

12-24 $y_1 = -1.1295(1-\cos30.183t)$
　　　　$+0.1771(1-\cos76.217t)$ (mm),
$y_2 = 3.7014(1-\cos30.183t)$
　　　　$+0.1081(1-\cos76.217t)$ (mm);
$M_B = 24\sin20t - 20.232\cos30.183t$
　　　　$-3.768\cos76.217t$ (kNm)。

12-25 (a) $\eta_{1,max} = -3.2711\text{mm},$
　　　　$\eta_{2,max} = 0.6794\text{mm}。$
　　$Y_1、Y_2$ 和 $M_{A,max}$ 参见题 12-21。
　　(b) $\eta_1 = 3.2681(\sin5\pi t +$
　　　　　$0.0428)$(mm),
　　　$\eta_2 = 0.6787(\sin5\pi t -$
　　　　　$0.0435)$(mm);
　　　$y_1 = \eta_1 - 2\eta_2, y_2 = 2\eta_1 + \eta_2。$

12-26 (a) 设 $Y(x) = a\sin\frac{\pi x}{l}$，则

$$\omega_1 = \frac{\pi^2}{l}\sqrt{\frac{EI}{ml^2 + 2ml}};$$

设 $Y(x) = \frac{4a}{l^2}x(l-x)$，则

$$\omega_1 = \frac{8}{l}\sqrt{\frac{15EI}{8ml^2 + 15ml}}。$$

(b) 设 $Y(x)$ 为三角函数，则

$$\omega_1 = \frac{22.80}{l^2}\sqrt{\frac{EI}{m}};$$

设 $Y(x)$ 为均布荷载下的挠曲线，则

$$\omega_1 = \frac{22.45}{l^2}\sqrt{\frac{EI}{m}}。$$

12-27 $\omega_1 = 0.567\sqrt{\frac{k}{m}}。$

12-28 $\omega_1 = \frac{15.42}{l^2}\sqrt{\frac{EI}{m}},$

$$\omega_2 = \frac{49.97}{l^2}\sqrt{\frac{EI}{m}}。$$

12-29 $\omega_1 = 0.866\sqrt{\frac{EI}{ma^4}},$

$$\omega_2 = 4.398\sqrt{\frac{EI}{ma^4}} \ .$$

12-30 基底总剪力幅值：

$$F_{max} = m\omega \left| \int_0^t \ddot{y}_g(\tau)\sin\omega(t-\tau)\mathrm{d}\tau \right|_{max}$$

$$\approx \frac{ma\omega^2}{\omega^2 - \theta^2}$$

第 13 章

13-1 （a）稳定平衡；

（b）不稳定平衡；

（c）随遇平衡。

13-2 （a）$F_{Pcr} = \dfrac{3EI}{2l^2}$；

（b）$F_{Pcr} = \dfrac{6EI}{al}$；

（c）$q_{cr} = \dfrac{4ka^2}{5l^2}$；

（d）$F_{Pcr} = \dfrac{2EI}{al}$（正对称失稳）；

$F'_{Pcr} = \dfrac{6EI}{al}$（反对称失稳）。

13-3 （a）$F_{Pcr} = \dfrac{7-\sqrt{17}}{16}kl = 0.18kl$，

$y_1 : y_2 = -1.281$；

（b）$F_{Pcr} = \dfrac{9-\sqrt{17}}{8}kl = 0.61kl$，

$y_1 : y_2 = 1.781$。

13-4 参见题 13-2a、c 答案。

13-5 $\varPi = ky_1^2 - 2ky_1y_2 + 2ky_2^2 - \dfrac{F_P}{l}(y_1^2 - y_1y_2 + 1.25y_2^2)$，参见题 13-3b 答案。

13-6 （a）$F_{Pcr} = 1.895\dfrac{EI}{l^2}$；

（b）$F_{Pcr} = 7.768\dfrac{EI}{l^2}$；

（c）$F_{Pcr} = 25.182\dfrac{EI}{l^2}$；

（d）$F_{Pcr} = 4.116\dfrac{EI}{l^2}$；

（e）$F_{Pcr} = 18.274\dfrac{EI}{l^2}$. 提示：$BC$

段的挠曲线方程与两端简支梁相同，将坐标原点设在 B 点或 C 点较方便。

13-7 $\alpha l - \dfrac{4}{3}(\alpha l)^3 - \tan\alpha l = 0$；

$F_{Pcr} = 3.073\dfrac{EI}{l^2}$。

13-8 EI_1 较小时，AB 杆失稳形态为偏而不弯；EI_1 较大时，AB 杆为自身挠曲失稳。当 $I_1 = \dfrac{\pi^2}{3}I$ 时，两种失稳形态的临界荷载相等，$F_{Pcr} = \dfrac{\pi^2 EI}{l^2}$。

13-9 反对称失稳：

$1 + \cos\alpha l = \dfrac{\alpha l}{6}\sin\alpha l$，

或 $\dfrac{\alpha l}{2}\tan\dfrac{\alpha l}{2} = 3$，

或 $(\alpha^2 l^2 - 36)\tan\alpha l - 12\alpha l = 0$；

$F_{Pcr} = 5.688\dfrac{EI}{l^2}$。

提示：利用对称性取半边结构分析，还可进一步由上下半边的对称性判断失稳形态。

13-10 $F_{Pcr} = 15.142\dfrac{EI}{l^2}$（$AB$ 杆失稳）。

提示：在忽略轴向变形的条件下先求出两杆轴力，再分别计算一杆在另一杆约束下发生失稳的临界荷载，取较小者即得最终结果。

13-11 设 $y = a\sin\dfrac{\pi x}{l}$，$q_{cr} = \dfrac{2\pi^2 EI}{l^3}$。

13-12 设 $y = a(1 - \cos\dfrac{\pi x}{2l})$，

$F_{Pcr} = 3.385\dfrac{EI}{l^2}$，误差 5.75%；

精确解 $F_{Pcr} = 3.201\dfrac{EI}{l^2}$。

13-13 设 $y = a(1 - \cos\dfrac{\pi x}{2l})$，

$F_{Pcr} = 7.257\dfrac{EAb_1^2}{l^2}$。

13-14 $F_{\mathrm{Pcr}} = \dfrac{\pi^2 EA_1(4I+Ab^2)}{A_1 l^2 + 2\sqrt{2}\pi^2(4I+Ab^2)}$。

提示：按式（13-16）计算。

13-15 一个单元：$F_{\mathrm{Pcr}} = 10\dfrac{EI}{l^2}$，误差 1.32%；

两个单元：$F_{\mathrm{Pcr}} = 9.944\dfrac{EI}{l^2}$，误差 0.75%。

13-16 AB 杆作为一个单元：$F_{\mathrm{Pcr}} = 60\dfrac{EI}{l^2}$；

AB 杆作为两个单元：$F_{\mathrm{Pcr}} = 28.972\dfrac{EI}{l^2}$；

精确解 $F_{\mathrm{Pcr}} = 28.395\dfrac{EI}{l^2}$，误差分别为 111.30%、2.03%。

13-17 稳定方程：$\tan k\varphi_0 = k\tan\varphi_0$；

$q_{\mathrm{cr}} = 96.446\dfrac{EI}{R^3}$。

13-18 $q_{\mathrm{cr}} = \dfrac{3EI}{R^3}$。

提示：可用 $v(0) = v(2\pi)$ 的条件确定。

13-19 稳定方程：$\tan\dfrac{\pi k}{2} = \dfrac{3kI_1}{2(k^2-1)I}$；

$I_1 = I$ 时：$q_{\mathrm{cr}} = 16.884\dfrac{EI}{R^3}$。

提示：反对称失稳时，上下半拱可简化为两端固定但转角弹性支承的圆弧拱。

13-20 稳定方程：$\sin kl = 0$，其中：

$k^2 = \dfrac{F_{\mathrm{P}}^2 e^2 + GI_{\mathrm{p}}F_{\mathrm{P}}}{EI_y GI_{\mathrm{p}}}$。当 $kl = \pi$ 时，由具体参数可解出 F_{P}。

13-21 略。

第 14 章

14-1 （a）$M_{\mathrm{u}} = \left[bt_2(h - t_2) + \dfrac{1}{4}t_1 \right.$

$\left. (h - 2t_2)^2 \right]\sigma_{\mathrm{s}}$，对薄壁杆件可简化为 $M_{\mathrm{u}} = \left(bht_2 + \dfrac{h^2 t_1}{4} \right)\sigma_{\mathrm{s}}$；

（b）$M_{\mathrm{u}} = 19.646\,\mathrm{kNm}$。

14-2 （a）$M_{\mathrm{u}} = \dfrac{D^3}{6}\sigma_{\mathrm{s}}$；

（b）$M_{\mathrm{u}} = \dfrac{D^3}{6}\left[1 - \left(1 - \dfrac{2t}{D} \right)^3 \right]\sigma_{\mathrm{s}}$

14-3 （a）BD 杆先屈服，$F_{\mathrm{Ps}} = 313.875\,\mathrm{kN}$；

（b）$F_{\mathrm{Pu}} = 334.8\,\mathrm{kN}$。

提示：先求出弹性阶段的各杆内力，则内力最大的杆件首先屈服；此后桁架成为静定，第二根杆件屈服时的荷载即为极限荷载。

14-4 （a）$F_{\mathrm{Pu}} = \dfrac{M_{\mathrm{u}}}{a}$；

（b）$F_{\mathrm{Pu}} = 38.46\,\mathrm{kN}$。

14-5 （a）$F_{\mathrm{Pu}} = \dfrac{4}{3}\dfrac{M_{\mathrm{u}}}{a}$；

（b）$F_{\mathrm{Pu}} = 3.75\dfrac{M_{\mathrm{u}}}{a}$。

14-6 （a）$F_{\mathrm{Pu}} = 160\,\mathrm{kN}$；

（b）$q_{\mathrm{u}} = 1.866\dfrac{M_{\mathrm{u}}}{a^2}$。提示：至少有 4 种可能机构，最终判定正弯矩塑性铰在 B、D 间。

14-7 （a）$q_{\mathrm{u}} = 11.111\dfrac{M_{\mathrm{u}}}{l^2}$；

（b）$q_{\mathrm{u}} = 0.182 M_{\mathrm{u}}$。

14-8 （a）$F_{\mathrm{Pu}} = 3\dfrac{M_{\mathrm{u}}}{a}$；

（b）$F_{\mathrm{Pu}} = 3\dfrac{M_{\mathrm{u}}}{l}$。

14-9 $q_{\mathrm{u}} = 2.914\dfrac{M_{\mathrm{u}}}{l^2}$。

提示：在组合机构中，梁的正弯矩塑性铰不在中点处，需用求极值的方法确定。

14-10 $F_{\mathrm{Pu}} = 90\,\mathrm{kN}$。

14-11 $F_{\mathrm{Pu}} = 3\dfrac{M_{\mathrm{u}}}{a}$。

14-12 （a）$M_A = \dfrac{7}{16}M_u$；

截面 C 外缘应力：$\sigma_{C,外} = \pm\dfrac{19}{64}\sigma_s$。

（b）$M_A = \dfrac{M_u}{8}$；

截面 C 外缘应力：$\sigma_{C,外} = \pm\dfrac{13}{32}\sigma_s$。

提示：卸载过程符合弹性规律，也即卸载过程中由荷载增量引起的内力增量及应力增量可按弹性方法计算，再叠加此前的内力和应力值，即为卸载后的值。

附录 B 索 引

B

C

D

参 考 文 献

1. 李廉锟主编. 结构力学(下册)，第 4 版. 北京：高等教育出版社，2004.

2. 杨茀康，李家宝主编. 结构力学(下册)，第 3 版. 北京：高等教育出版社，1983.

3. 龙驭球，包世华主编. 结构力学Ⅰ-基本教程，第 2 版. 北京：高等教育出版社，2006.

4. 龙驭球，包世华主编. 结构力学Ⅱ-专题教程，第 2 版. 北京：高等教育出版社，2006.

5. 朱慈勉，张伟平主编. 结构力学(下册)，第 2 版. 北京：高等教育出版社，2010.

6. 姚谏主编. 建筑结构静力计算实用手册，第二版. 北京：中国建筑工业出版社，2014.

7. 夏志斌，潘有昌. 结构稳定理论. 北京：高等教育出版社. 1988.

8. 陈水福，金建明. 结构力学概念、方法及典型题析. 杭州：浙江大学出版社，2002.

9. 和泉正哲著，薛松涛，陈镕译. 建筑结构力学，第 10 版. 西安：西安交通大学出版社，2003.

10. Hibbeler R C. Structural Analysis, 8th edition. New Jersey：Prentice Hall，2012.

11. Leet K M，Uang C M and Gilbert A M. Fundamentals of Structural Analysis, 4th Edition. New York：McGraw-Hill Higher Education，2011.

12. Coates R C，Coutie M G and Kong F K. Structural Analysis，3rd Edition. London：Chapman and Hall Ltd，1988.

13. Roy R. C. and Andrew J K. Fundamentals of structural dynamics. New Jersey：John Wiley & Sons Inc，2006.